Teubner-Reihe UMWELT

L. Kalbe
Limnische Ökologie

Teubner-Reihe UMWELT

Herausgegeben von
Prof. Dr. Dr. Müfit Bahadir, Braunschweig
Prof. Dr. Hans-Jürgen Collins, Braunschweig
Prof. Dr. Bertold Hock, Freising

Diese Buchreihe ist ein Forum für Veröffentlichungen zum gesamten Themenbereich Umwelt. Es erscheinen einführende Lehrbücher, Monographien und Forschungsberichte, die den aktuellen Stand der Wissenschaft wiedergeben.

Das inhaltliche Spektrum reicht von den naturwissenschaftlich-technischen Grundlagen über umwelttechnische Fragestellungen bis hin zu juristisch, sozial- und gesellschaftswissenschaftlich ausgerichteten Titeln. Besonderer Wert wird dabei auf eine allgemeinverständliche, dennoch exakte und präzise Darstellung gelegt. Jeder Band ist in sich abgeschlossen.

Die Autoren der Reihe wenden sich vorwiegend an Studierende, Lehrende sowie in der Praxis tätige Fachleute.

Limnische Ökologie

Von Dr. habil. Lothar Kalbe
Landesumweltamt Brandenburg, Potsdam

Springer Fachmedien
Wiesbaden GmbH 1997

Dr. habil. Lothar Kalbe

Geboren 1935 in Leipzig. Von 1953 bis 1958 Studium der Biologie, Spezialfach Trink-, Brauch- und Abwasserbiologie, an der Universität Leipzig. Von 1958 bis 1979 als Hydrobiologe in der Wasserwirtschaftsdirektion Potsdam tätig. Danach bis 1991 als Wasserhygieniker am Bezirks-Hygieneinstitut Potsdam. Seit 1991 Leitung der Abteilung Ökologie und Umweltanalytik im Landesumweltamt Brandenburg in Potsdam.
1965 Promotion an der Humboldt-Universität zu Berlin über Ökologie und Saprobiewertung der Hirudineen. 1973 Promotion B an der Technischen Universität Dresden über Sauerstoff und Primärproduktion in hypertrophen Flachseen. 1982 Fachabschluß auf dem Gebiet der Kommunalhygiene als Fachbiologe der Medizin. 1991 Erteilung der Facultas docendi und Anerkennung der Habilitation. Seit 1993 Privatdozent an der Landesuniversität Potsdam für Limnische Ökologie.

Gedruckt auf chlorfrei gebleichtem Papier.

Die Deutsche Bibliothek – CIP-Einheitsaufnahme

Kalbe, Lothar:
Limnische Ökologie / von Lothar Kalbe.
  (Teubner-Reihe Umwelt)
  ISBN 978-3-8154-3510-6   ISBN 978-3-663-10671-5 (eBook)
  DOI 10.1007/978-3-663-10671-5

Umschlaggestaltung: E. Kretschmer, Leipzig

Vorwort

Dieses Buch ist aus einer Vorlesung des Autors an der Landesuniversität Potsdam hervorgegangen. Das große Interesse der Studenten aus den Bereichen Ökologie und Naturschutz sowie Geoökologie ermutigte mich, die Bezüge einer Allgemeinen Limnologie zur Ökologie und zu angewandten Problemkreisen des Gewässerschutzes stärker pointiert in einem Fachbuch zusammenzufassen. Daraus ergibt sich die Begründung für die vorliegende Publikation, obwohl auf ökologischem Gebiet eine Vielzahl sehr guter und moderner Lehrbücher existiert, so daß der eine oder andere nach dem "Warum" eines weiteren fragen könnte.

In den Vordergrund habe ich angewandte ökologische Themen gestellt, ohne jedoch auf die speziellen fachlichen Grundlagen zu verzichten. Dafür bietet sich die Limnologie als ökologische Wissenschaft geradezu an. Für kaum ein anderes Wissensgebiet läßt sich schon seit Begründung der Fachrichtung der Zusammenhang zwischen der Ökologie als Teil der Naturwissenschaften Biologie, Geographie, Chemie, Physik und den Anwendungsbereichen Fischereibiologie, Wasserwirtschaft, Wasserhygiene , Umweltschutz so deutlich machen.

Die Limnische Ökologie muß vor diesem Hintergrund gegenüber der klassischen Limnologie auf Randbereiche erweitert werden. So sind vor allem in den letzten Jahrzehnten wesentliche, neue Erkenntnisse über die Übergangslebensräume im Bereich der Verlandungszonen und angrenzender Feuchtgebiete gewonnen worden, die unbedingt einzubeziehen sind. Auch ökologische Pflanzen- und Tiergruppen wie Sumpfpflanzen und Wasservögel rückten als Glieder limnischer Ökosysteme in den Vordergrund und ergänzten die limnische und terrestrische Ökologie. Die Feuchtgebiete betreffend, finden sich zahlreiche Publikationen limnobotanischer, limnoherpetologischer und limnoornithologischer Thematik, die diesem Anliegen entsprechen.

Ich hoffe sehr, daß die sehr persönliche Sicht zu diesen Fragen, die in jahrzehntelanger Beschäftigung mit der Limnologie entstanden ist, vor allem auch bei Studierenden auf Interesse stößt.

Stücken, Januar 1997   Lothar Kalbe

Inhalt

1 Grundlagen und Definitionen

Die Ökologie als Wissenschaft hat in den letzten 20 Jahren einen ungeheuren Aufschwung genommen. Zweifellos sind dafür die ansteigende Belastung von Ökosystemen, die teilweise katastrophalen Zerstörungen oder Veränderungen von Naturlandschaften und die daraus resultierende Sorge der Wissenschaftler, Naturschützer und zunehmend auch Politiker die Ursache. Das Bewußtsein, daß nur die Kenntnis der Zusammenhänge von Ursache und Wirkung, insbesondere aber der Vernetzung der einzelnen Glieder eines Lebensraumes mit ihrer Umwelt und der sich in einem biologischen System abspielenden Prozesse die Möglichkeiten eines gezielten Schutzes, der Verbesserung oder des Managements auszuschöpfen vermag, führte vor allem in den biologischen Wissenschaften zu einer Besinnung auf ökologische Bezüge und zu einer Fundierung der ökologischen Grundlagen. In der Ökologie entwickelten sich spezielle Teilgebiete je nach Gegenstand der Beobachtung, wie Autökologie, Synökologie und Demökologie, aber auch lebensraumbezogen, wie Terrestrische oder Limnische Ökologie. Das vorliegende Buch wendet sich speziell der Limnischen Ökologie zu.

Der Begriff der Ökologie wird heute, eingedenk seiner großen politischen Bedeutung, oft sehr unwissenschaftlich und emotionell gebraucht. Das muß natürlich zu erheblichen Irritationen einerseits und Unsicherheiten andererseits führen; wohl für kein weiteres Wissensgebiet sind so viele wohlgemeinte Fehler unter Berufung auf ökologische Kenntnisse gemacht worden. Und noch heute geschieht dies unentwegt. So scheidet sich der Begriff der Ökologie in einen wissenschaftlichen und einen populistischen. In der Politik steht dabei die Ökologie als Synonym für Umweltschutz. Auch wenn niemand bestreiten wird, daß Umweltschutz ohne ökologische

Grundkenntnisse scheitern muß, kann aus wissenschaftlicher Sicht dieser begrifflichen Ausweitung nicht gefolgt werden. Gerade weil es so wichtig ist, daß Umwelt- und Naturschutzmaßnahmen ökologisch begründet werden, muß die eingeengte Definition der Ökologie als Wissenschaft von den Lebewesen und ihren Beziehungen zur Umwelt gewahrt bleiben, wie sie von deren Begründern formuliert wurde, nämlich als Lehre vom Naturhaushalt. Bereits HAECKEL (1866, 1870) definierte die Ökologie als Lehre von den Wechselbeziehungen zwischen Organismen und Umwelt, wobei unter Umwelt die Gesamtheit der Lebensbedingungen verstanden wurde, gleichgültig ob es sich um die belebten oder unbelebten Bedingungen handelt, die für das Leben der betreffenden Organismen Voraussetzung sind. Der Begriff der Organismen bezog sich auf die Gesamtheit aller Lebewesen pflanzlicher und tierischer Art. Zumindest in der klassischen Ökologie gehört der Mensch nicht in diese Betrachtungen. Das hat sich in jüngerer Zeit insofern geändert, als der Mensch als gesellschaftliches Wesen fast überall auf der Erde in die ökologischen Gefüge eingriff und zumindest sein Wirken Gegenstand der Ökologie sein muß. Einige Autoren gehen noch weiter, indem sie den Menschen als Glied der Gefüge (Ökosysteme) sehen. Selbst ein spezielles ökolologisches Teilgebiet entstand, die Humanökologie (FREYE, 1985), die als Wissenschaft von der Struktur und Funktion der vom Menschen veränderten Natur verstanden wird.

Unabhängig von der Position der Ökologen zur Einbeziehung des Menschen in ökosystemare Betrachtungen sollten die in jüngster Zeit geprägten modernen politischen Ökologiebegriffe wie "ökologische Gesellschaft", "ökologische Krise", "ökologische Steuer", "ökologische Diktatur" oder "ökologische Sicherheit" verbannt werden, weil sie keinen naturwissenschaftlichen Hintergrund besitzen und wohl in keinem einzigen Fall ökologisch klar definiert werden können.

Es gilt der Grundsatz:

> Umweltschutz wird vom Menschen betrieben; er muß vom Menschen betrieben werden, um die Lebensgrundlagen für Mensch und Natur zu erhalten, aber er wird mit den Zielvorstellungen des Menschen realisiert; diese stimmen durchaus nicht immer mit den ökologischen Bedingungen überein, auch wenn sie auf ökologischer Grundlage formuliert wurden.

Die **Limnische Ökologie** befaßt sich mit einem Teilgebiet der Ökologie. Gegenstand sind die Gewässerökosysteme. Insofern ist sie Bestandteil der Limnologie, der Wissenschaft von den Binnengewässern und ihrer Lebewelt, und Hydrobiologie, als Wissenschaft vom Leben im Wasser (einschließlich Meeresgewässer).

Sowohl Hydrobiologie als auch Limnologie sind ökologisch orientierte Wissenschaften, einbezogen werden aber auch floristische, faunistische, taxonomische und verhaltensbiologische Untersuchungsfelder. Die Limnische Ökologie orientiert sich demgegenüber ganz konsequent auf das Ökosystem und die dort realisierten Umweltbedingungen, Wechselbeziehungen zwischen den Arten und ihrer Umwelt, Lebensgemeinschaften und Leistungen der Organismen im System. Damit wird einerseits das Fachgebiet eingeschränkt, andererseits aber um ökologische Fragestellungen aus der Allgemeinen Ökologie und speziell aus Syn- und Demökologie erweitert (Abb. 1.1).

Im einzelnen befaßt sich die Limnische Ökologie mit folgenden Feldern:

- 		Wasser als Lebensraum für Pflanzen und Tiere,

- 		Morphologie der Gewässer,

- 		Hydrologie,

- 		Turbulenz und Strömung des Wassers,

- Chemische und physikalische Faktoren der Besiedlung,

- Stoffkreisläufe und Stoffumsetzungen, Energiebilanzen,

- Ebenen der Besiedlung (Primärproduzenten, Konsumenten, Destruenten),

- Leistungen der Organismen (Primärproduktion, Sekundärproduktion, Respiration, Selbstreinigung, Eliminierung von Schadstoffen, Eutrophierung, Saprobie, Ökologisches Gleichgewicht und Stabilität, Regeneration von Gewässerökosystemen),

- Klassifizierung von Gewässerökosystemen,

- Sanierung von Gewässerökosystemen.

Zum Arbeitsgebiet gehören auch die Randbereiche der Gewässer und sogenannte Feuchtgebiete (z. B. Verlandungszonen, überstaute Feuchtwiesen, Niedermoore, Hochmoore, Überschwemmungsflächen), die Übergangslebensräume zu terrestrischen Ökosystemen darstellen und einer Reihe ganz typischer Pflanzen und Tiere Lebensraum bieten: z. B. Sumpfpflanzen, Insekten, Lurchen, Sumpf- und Wasservögeln und Säugetieren.

Die Limnologie hat sich schon immer als angewandte Wissenschaft verstanden. Die großen Limnologen vergangener Jahre und der Jetztzeit, waren stets praxiswirksam im Sinne des Gewässerschutzes tätig, wobei es sowohl um die Beurteilung der Gewässerbelastung als auch um Möglichkeiten der Sanierung, Restaurierung und Selbstreinigung ging: z. B. AMBÜHL (1959), ELSTER (1962), FINDENEGG (1943), GESSNER (1955, 1959), HENTSCHEL (1923), KOLKWITZ u. MARSSON (1908, 1909), LIEBMANN (1951, 1958), LUND (1970), RODHE (1961), RUTTNER (1940, 1962), SCHWOERBEL (1971), SERNOV (1958), THIENEMANN (1924,1928), UHLMANN (1975), VOLLENWEIDER (1965), WESENBERG-LUND (1939), WETZEL (1969), WILHELMI (1915).

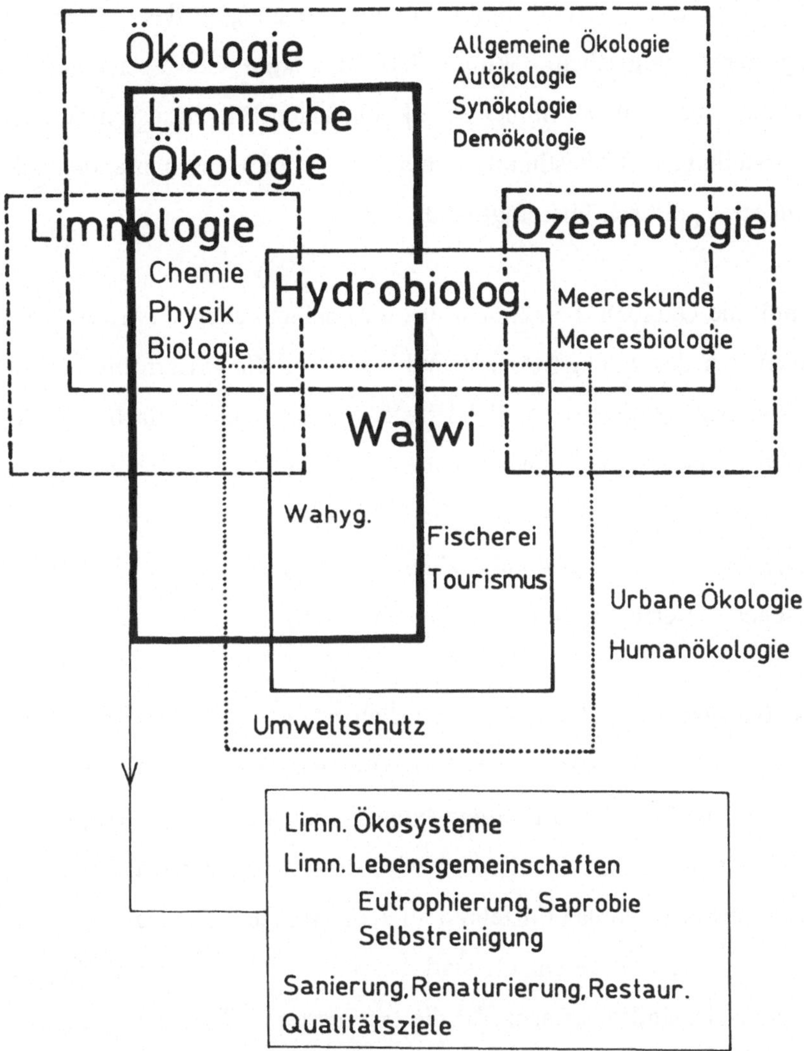

Abb. 1.1: Der Gegenstand der Limnischen Ökologie in seinen Beziehungen zu den Grenzgebieten, Wawi = Wasserwirtschaft, Wahyg. = Wasserhygiene

Die Limnische Ökologie ist die Grundlage für den Gewässerschutz. Ohne wissenschaftliche Bewertung der Gewässerökosysteme, der Stoff- und Energieumsetzungen, der Stoffkreisläufe, der Leistungen der einzelnen Arten, Kompartimente und Lebensgemeinschaften, des Beziehungsgefüges in einem System, der Gewässerbelastungen, Eliminierungs- und Selbstreinigungsleistungen des Systems und der Wirkung der ökologischen Faktoren läßt sich kein Gewässerschutz betreiben. Schutzmaßnahmen müssen immer auf ökologischen Erkenntnissen aufbauen, auch wenn Vorstellungen für bestimmte Schutzgüter vom Menschen entwickelt werden und wohl stets politisch überprägt sind.

Die Limnische Ökologie befaßt sich mit unterschiedlichen Gewässerökosystemen, angefangen bei den Fließgewässern und stehenden Gewässern bis hin zu Grundwasser, Quellen, temporären und Kleinstgewässern. Die vielfach vom Menschen geschaffenen "künstlichen" Ökosysteme wie Trinkwasseraufbereitungs- und Abwasserbehandlungsanlagen müssen gleichfalls einbezogen werden, wenngleich sie nur Sonderfälle darstellen. Grundsätzlich wirken in diesen Ökosystemen dieselben ökologischen Gesetze wie in natürlichen Systemen.

Gewässerökosysteme sind wie alle "natürlichen" auf der Erde offene Systeme. Sie werden auch bei weitgehender Abgeschlossenheit, wie z. B. bei einem Waldsee ohne Zu- und Abfluß, durch Einträge (inputs) und Austräge (outputs) von Energie und Stoffen geprägt. Am deutlichsten wird dies natürlich bei Betrachtung durchflossener Gewässer, wo das Einzelsystem als Bestandteil eines größeren Gewässersystems und dessen Vorgeschichte stark beeinflußte ökologische Bedingungen entwickeln muß. Das gilt aber auch für die Einflüsse aus den angrenzenden terrestrischen Systemen, z. B. durch Stoffeinträge beim Laubfall im Herbst oder bei der Überlappung von aquatischen und terrestrischen Ökosystemen im Bereich der Verlandungszonen. Damit stehen Gewässerökosysteme niemals unabhängig von der sie umgebenden Landschaft.

2 Gewässerökosysteme

Die Ökologie ist die Wissenschaft von den Beziehungen der Organismen untereinander und mit ihrer Umwelt. Damit ist der Gegenstand ökologischer Untersuchungen von vornherein in ein Raum-Zeit-Gefüge eingeordnet, das sich durch eine bestimmte Struktur auszeichnet und sowohl die räumliche Gestalt der Teile als auch die zeitlichen Ordnungen der Funktionen und Prozesse beinhaltet, die in einem System zustande kommen. Die in der Biosphäre lebenden Organismen (Pflanzen und Tiere) sind Bestandteil dieser durch Systeme gekennzeichneten Ordnung, deren Komponenten miteinander in Wechselwirkung stehen und in deren Zentrum sich das Ökosystem befindet (Abb. 2.1).

Die Größenordnung der Systeme ist unterschiedlich und hat verschiedene Aktionsbereiche, da das Einzelsystem jeweils als Teil eines größeren, umfassenderen Systems aufgefaßt werden kann. Jedes System umfaßt andererseits Systeme von geringerer Größe. Dieses Systemgefüge wird gerade bei Gewässern deutlich, denn mit allen seinen Einzelteilen stellt ein Gewässer ein System dar, läßt sich relativ gut gegenüber benachbarten abgrenzen und ist wiederum in eine Vielzahl von Systemen gegliedert (Uferpflanzenbereich, Wasserfläche, Tiefenwasserbereich, Sedimentzone usw.).

Andererseits steht das Gewässer mit Nachbarsystemen in Wechselbeziehung, es ist Bestandteil eines größeren Gewässersystems (z. B. Zuflüsse, Grabensysteme, Nachbarseen, Abflüsse, Einzugsgebiet, Grundwasser). Je nach Orientierung der wissenschaftlichen Untersuchung auf bestimmte Teile der ökologischen Rangordnung werden unterschiedliche Teilgebiete der Ökologie betrachtet.

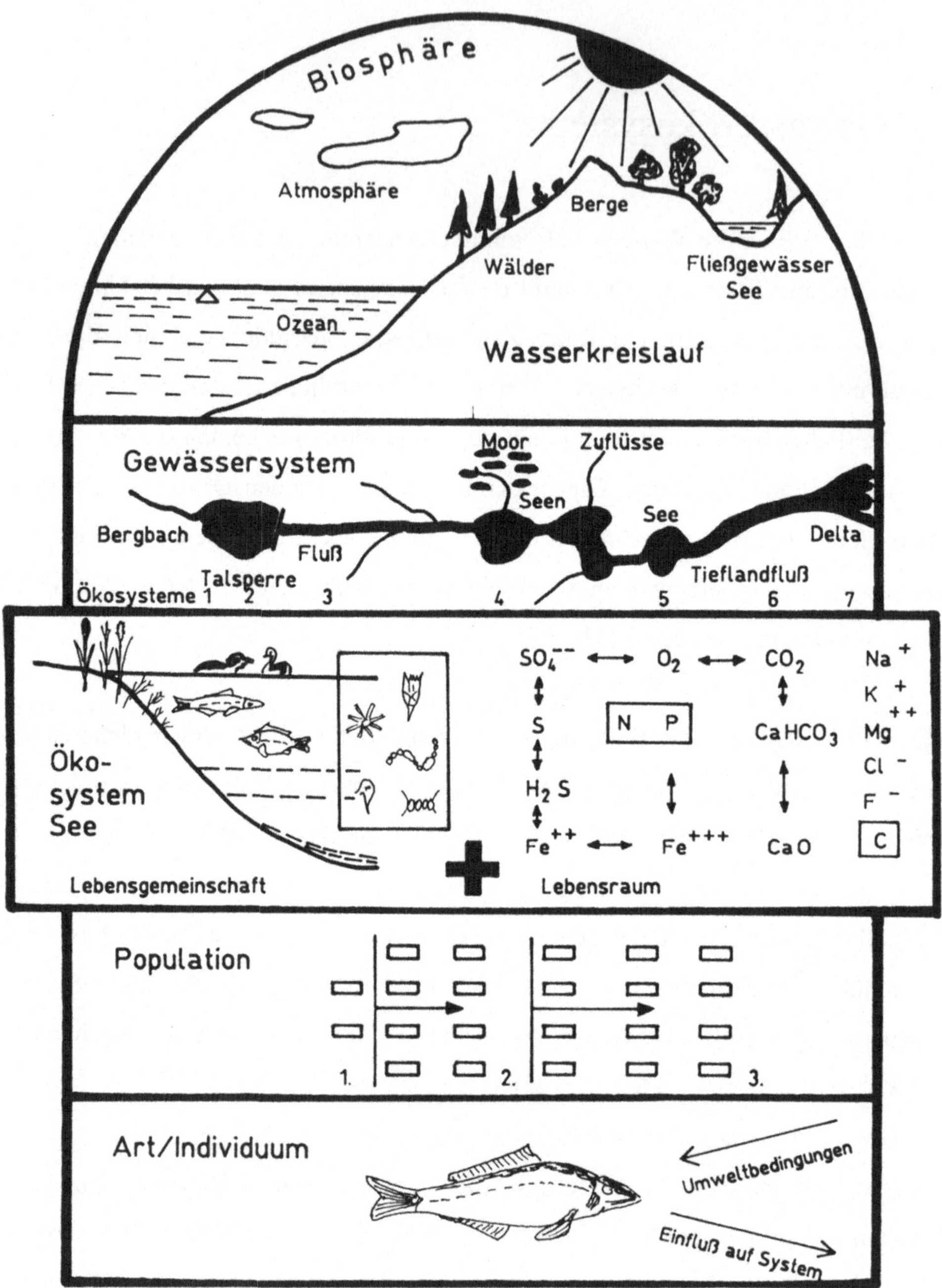

Abb. 2.1:   Hierarchie der biologischen Systeme und Stufenbau der Ökologie (STUGREN 1972, verändert)

Die allgemeine Ökologie befaßt sich mit den Prinzipien der Strukturierung der (überorganismischen) Systeme (STUGREN 1972). Bezogen auf die limnische Ökologie ist das das Arbeitsfeld der allgemeinen Gesetzmäßigkeiten des Lebens im Wasser. Die auf die Organismen bzw. Arten bezogene Betrachtungsweise umfaßt das Arbeitsgebiet der *Autökologie*. Die einzelne Art wird in ihren Beziehungen zur Umwelt, einschließlich zu anderen Arten untersucht und umfaßt für den limnischen Bereich die im und am Wasser lebenden Pflanzen und Tiere. Die auf die Ökosysteme bezogene Betrachtungsweise kennzeichnet die *Synökologie*, die sich mit den Lebensgemeinschaften, ihren Wechselbeziehungen untereinander und mit den Beziehungen zu den ökologischen Faktoren im Ökosystem beschäftigt. Gegenstand der populationsökologischen Untersuchungen, vor allem der Dynamik der Entwicklung der einzelnen Populationen und ihrer Leistungen im System, ist die *Demökologie*. Die Limnische Ökologie muß sich mit allen Teilbereichen der Ökologie auseinandersetzen, obwohl sich in den letzten Jahren eine deutliche Polarisierung auf die Ökosystemforschung und die Leistung der Systeme und Populationen abzeichnet.

Der Begriff des Ökosystems unterlag in den letzten Jahrzehnten einem Inhaltswandel. Früher wurden, zurückgehend auf MÖBIUS (1877), Ökosysteme als biozönotische Ordnung betrachtet, wobei deren Teile die Biozönose und das Biotop sind. Die **Biozönose** ist die Lebensgemeinschaft, die sich gegenseitig bedingt und in einem abgemessenem Gebiet dauernd durch Selbstregulation im Sinne eines biozönotischen Gleichgewichtes erhält. Das **Biotop** ist der Lebensraum dieser Biozönose. Speziell wegen der Problematik der Abgrenzbarkeit von Biotop und Biozönose in einer natürlichen Landschaft hat sich der moderne Begriff des Ökosystems durchgesetzt, wobei jedes Beziehungsgefüge der Lebewesen untereinander und mit ihrem Lebensraum gemeint ist, unabhängig von der räumlichen und funktionellen

Zuordnung zu einem ganzheitlichen oder Teilsystem. Die Abgrenzung des Ökosystems erfolgt im wesentlichen nach praktisch-analytischen Gesichtspunkten und schließt somit auch die Betrachtungsmöglichkeit kleinerer Einheiten (z. B. Ausschnitte der Lebensgemeinschaft, einzelne Kompartimente, bestimmte Lebensbereiche und Lebensräume) ein. Damit sind auch künstliche, "gestörte" oder Teilsysteme Ökosysteme, während Biozönosen als Spezialfälle hochkomplizierter und weitgehend ungestörter, natürlicher Ökosysteme anzusehen sind (MÜLLER 1976):

> Die Ökosystemforschung betrachtet die Organismen und ihre Umweltbeziehungen unter Nutzung der Systemtheorie vorwiegend kausalanalytisch, quantitativ und quantifizierend.

Als Elemente wirken im Ökosystem belebte und unbelebte Faktoren; diese stellen variable Zustandsgrößen dar und stehen in dynamischen Funktionsbeziehungen zueinander.

Der Stoffstrom im Ökosystem ist die Grundlage für alle Leistungen des Systems. Sie werden durch Zusammenwirken von Sonnenenergie, Erdoberfläche und Lebewesen erbracht. Die Leistungen der Organismen (Populationen) stellen sich in unterscheidbaren Ernährungsstufen (trophischen Stufen) dar: Produzenten, Konsumenten und Reduzenten (Destruenten).

Grundsätzlich besteht jedes Gewässerökosystem wie alle Ökosysteme dieser Erde aus einem Beziehungsgefüge der in ihm vorkommenden Lebewesen untereinander (Pflanzen und Tiere) und mit ihrem Lebensraum. Daraus ergibt sich die typische Struktur des Systems; sie ist das Ergebnis der Reaktion der Organismen auf ihre

Umwelt und der Interaktion der Organismen untereinander, schließlich aber auch der Aktion der Organismen auf ihre Umwelt. In der älteren ökologischen Literatur wird das Ökosystem meist zweigeteilt dargestellt, als unbelebter Lebensraum (Biotop), der sich aus dem Angebot von physikalischen und chemischen Bedingungen ergibt, und als Lebensgemeinschaft von Pflanzen und Tieren (Biozönose). Beide Teile verhalten sich zueinander wie Matrize und Abdruck (z.B. PEUS, 1954; SCHWERDTFEGER, 1968; TISCHLER, 1955). Abgesehen von der Problematik der Definitionen und Abgrenzungen der Begriffe Biotop und Biozönose, ist diese schematische Teilung des Ökosystems eine unzulässige Vereinfachung, weil der Lebensraum nicht allein durch die unbelebte Struktur des Systems bestimmt wird. Belebte Strukturen sind für bestimmte Pflanzen- und Tierarten direkter Lebensraum, denken wir nur an die auf oder in höheren Pflanzen lebenden Organismen. Zahlreiche Arten sind somit zugleich Lebensraum wie Bestandteil der Lebensgemeinschaft. Das Ökosystem ergibt sich letztendlich aus seinen besonderen Strukturen und Funktionen. Die Strukturen sind **physikalisch** durch die Gliederung des Raumes, **chemisch** durch Menge und Verteilung der anorganischen und organischen Stoffe und **biologisch** durch das Vorkommen der Produzenten, Konsumenten und Destruenten sowie deren Artenspektrum und Abundanzen bedingt. Die Funktion des Ökosystems ergibt sich aus den Leistungen seiner Elemente.

Die Abgrenzung limnischer Ökosysteme ist im allgemeinen unproblematisch. Stehende Gewässer sind fast immer gegenüber den angrenzenden terrestrischen Lebensräumen abgrenzbar, wenngleich natürlich dazwischen Übergangsbereiche existieren, die sowohl der einen als auch anderen Kategorie (limnisch oder terrestrisch) zugeordnet werden können. Wenn auch im Einzelfall die Abgrenzung des Ökosystems See oder Fließgewässer anhand der Grenzlinie des Gewässerbettes sinnvoll ist (KLAPPER 1992), muß auf Grund der zahlreichen Einflüsse eine mehr oder weniger breite Uferzone als zum Gewässer gehörig mit betrachtet werden. Die Einbeziehung der Verlandungsgebiete eines Sees zum Gewässerökosystem erfolgt dabei sicher gefühlsmäßig, kann aber davon unabhängig ziemlich genau beschrieben werden.

Etwas schwieriger erscheint die Abgrenzung einzelner Ökosysteme bei Fließgewässern. Schon aus praktischen Gründen würde die Auffassung eines ganzen Flusses oder Fließgewässersystems als Ökosystem ungünstig sein, zumal auf der Fließstrecke von der Quelle bis zur Mündung wohl stets stark differierende Lebensräume aufeinander folgen (SCHÖNBORN 1992). Hier muß eine Abgrenzung nach vorzugebenden Charakteristika erfolgen, z. B. nach morphologischen, hydrologischen oder biologischen Gesichtspunkten. Selbst relativ kurze Fließstrecken mit einheitlicher Struktur lassen sich auf diese Weise gut systemanalytisch beschreiben. Selbstverständlich sind dann auch Quellen, Altwässer, Nebenarme, Staustufen usw. als Ökosysteme abgrenzbar.

Limnische Ökosysteme werden im wesentlichen durch folgende Inputs beeinflußt:
- Zuführung von Wasser über Zuflüsse oder Niederschläge, die den Wasserhaushalt des Gewässers bestimmt,
- Einstrahlung von Lichtenergie und Wärme,
- Zufuhr von anorganischen und organischen Stoffen über Indirekt- und Direkteinträge (z. B. Direkteinleitung von Abwasser, Deposition aus der Luft, Zuflüsse),
- Einwanderung oder Eintrag (z. B. durch Wind) von Organismen.

Der **Wasserhaushalt** eines Gewässers ist sowohl in den globalen wie lokalen

Wasserkreislauf eingebettet. Gekennzeichnet wird er durch die allgemeine Wasserhaushaltsgleichung

$$N = V + A \tag{2.1}$$

(N = Niederschlag, V = Verdunstung und A = Abfluß).

Abb. 2.2 stellt den Wasserkreislauf in Deutschland dar. Tabelle 2.1 faßt einige wesentliche hydrologische Größen zusammen.

Für alle limnischen Ökosysteme ist die Verweilzeit des Wassers von sehr großer Bedeutung. Bei stehenden Gewässern ergibt sie sich aus dem Verhältnis von Volumen zu Zufluß und schwankt zwischen wenigen Tagen und vielen Jahren, bei Fließgewässern wird sie durch Zufluß, Profil des Fließes und Fließgeschwindigkeit bestimmt, und im Grundwasser ist sie eine Funktion von Versickerung, Versickerungsgeschwindigkeit, geologischer Struktur, Volumen und Gefälle.

Der Wasserhaushalt ist saisonalen Schwankungen unterworfen. Das ergibt sich vor allem aus der jahreszeitlich unterschiedlichen Intensität der Niederschläge und wechselnden Verdunstungsraten in Abhängigkeit von der Temperatur. Für Fließgewässer ergeben sich daraus stark differierende Abflüsse, Fließgeschwindigkeiten und Wasserstände, die für die im Gewässer lebenden Pflanzen und Tiere bestimmte Anpassungen erfordern, ohne die ein Leben auf Dauer hier nicht möglich wäre. In stehenden Gewässern sind die saisonalen Wirkungen nicht so nachhaltig, weil ein besserer Ausgleich wegen des im allgemeinen größeren Wasservolumens vorhanden ist. Aber auch hier können erhebliche Wasserstandsschwankungen auftreten, besonders in kleinen Gewässern, die die Lebewelt beeinflussen können.

Wasserkreislaufschema

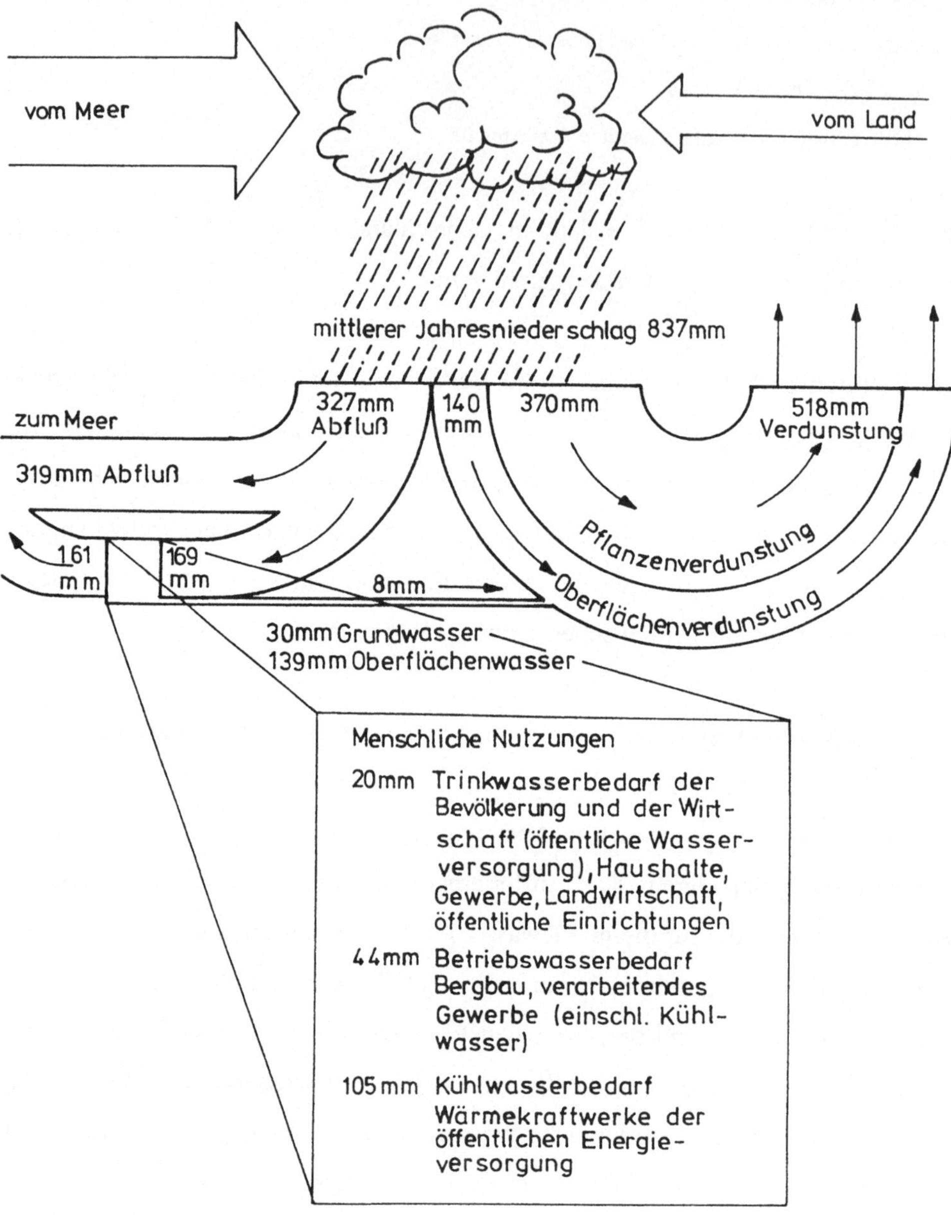

Abb. 2.2: Wasserkreislauf in Deutschland

Tabelle 2.1: Hydrologische Kenngrößen zur Beurteilung des Wasserhaushaltes und der Gewässer

Begriff	Dimension	Erklärung
Niederschlag	mm/Zeiteinheit	Regen, Tau, Nebel, Schnee
Verdunstung	mm/Zeiteinheit	Pflanzen, Oberflächen
Abfluß	m^3/s	Fließgewässer, Grundwasser
" HHQ	m^3/s	Höchster Hochwasserabfluß
" HQ	m^3/s	Hochwasserabfluß
" MQ	m^3/s	Mittelwasserabfluß
" MNQ	m^3/s	Mittl. Niedrigwasserabfluß
" NQ	m^3/s	Niedrigwasserabfluß, bezogen auf: Jahr, Monat
Abflußspende	l/km^2	einzugsgebietsbez. Abfluß
Einzugsgebiet	km^2	oberirdisch u. unterird., Fläche d.Gewässersystems, aus dem Zufluß erfolgt
Wasserstand	cm	HW (Hochwasser), MW (Mittelwasser), NW (Niedrigwasser)
Wassertiefe	m	Max. = Maximaltiefe Mittl. = Mittlere Tiefe

Die den Gewässern zugeführte **Strahlungsenergie** ist Voraussetzung für die Entwicklung der Lebensgemeinschaft. Die Sonnenenergie (Globalstrahlung), die die Erde erreicht, besteht aus zwei wichtigen Komponenten: Direkte Sonneneinstrahlung und diffuse Himmelsstrahlung. In den gemäßigten Breiten der Erde beträgt sie durchschnittlich 12000 KJ m^{-2} d^{-1}. Davon werden ca. 50% absorbiert und durchschnittlich lediglich 100 KJ durch Primärproduzenten verbraucht. Die Differenz von absorbierter und verbrauchter Energie im Verhältnis 6000 : 100 ergibt sich durch Umwandlung in Wärmeenergie, Verdunstungsenergie und reflektierte Energie. In

Gewässern reduziert sich der Anteil ausnutzbarer Energie weiter, weil große Teile vor allem tieferer Gewässer nicht erreicht werden.

Die Eindringtiefe der Lichtenergie ist abhängig von der Eigenfärbung des Wassers, vom Gehalt an suspendiertem Material und der im Wasser vorhandenen Biomasse (z. B. Bakterien, Plankton), was in Abb. 2.3 anhand eines ca. 30 m tiefen Sees dargestellt ist. Im allgemeinen dringen grüne und gelbe Farbanteile des Lichtes am tiefsten ein (ca. 540 - 600 nm Wellenlänge), blaues und violettes Licht (ca. 400 - 540 nm) dringt am wenigsten tief ein.

In erster Linie ist die Lichtenergie für die Assimilation der grünen Pflanzen erforderlich, sie bauen im Gewässer die pflanzliche Biomasse auf, die wiederum Ausgangspunkt für alle anderen Kompartimente des Lebens ist.

Pflanzen können sich im Gewässer nur dann ansiedeln, wenn eine Mindestlichtstärke vorhanden ist. Im allgemeinen wird diese mit 400 lx angegeben. In Gewässern mit größerer Tiefe gilt der Gewässerhorizont mit 400 lx Mindestlichtstärke als sogenannte **Kompensationsebene**, in der trophogene (Aufbau pflanzlicher Biomasse) und tropholytische Vorgänge (Zersetzung der Biomasse) sich die Waage halten.

In enger Beziehung zum Licht steht die Sichttiefe, die mittels einer weißen Scheibe gemessen wird und die Tiefe angibt, in der diese Scheibe gerade noch zu sehen ist. In den saubersten Seen werden Sichttiefen über 30 m gemessen, in den am stärksten belasteten erreicht die Sichttiefe kaum 50 cm. Das Zooplankton besiedelt zwar bevorzugt auch die durchlichteten Bereiche, ist aber direkt nicht vom Licht abhängig, sondern in erster Linie vom Nahrungsangebot. Deshalb leben zahlreiche Arten bei entsprechendem Nahrungsangebot auch in der tropholytischen Zone.

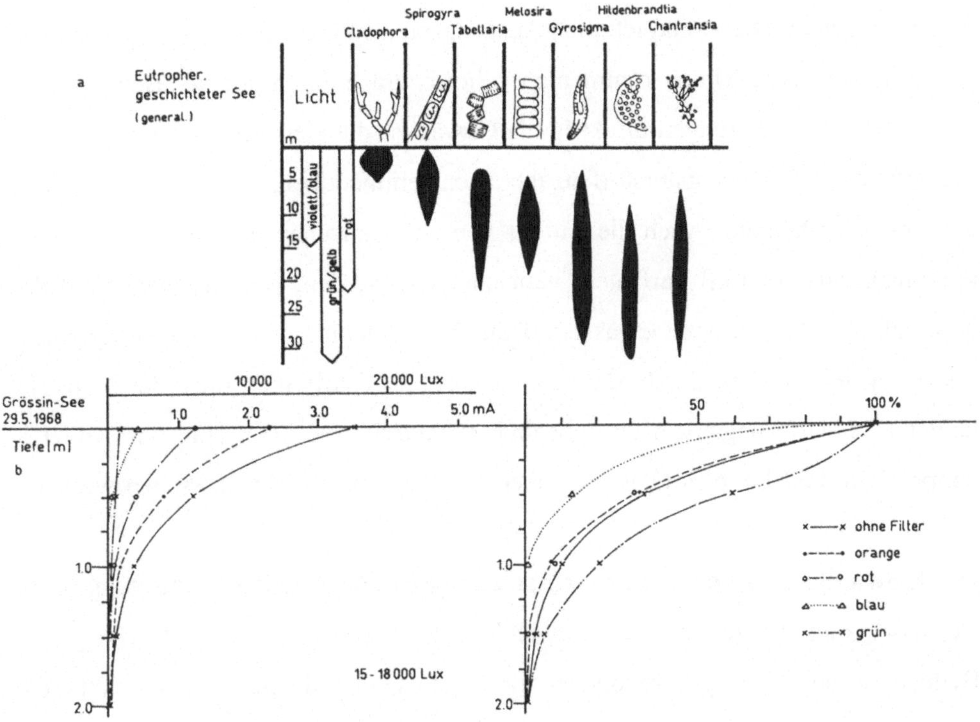

Abb. 2.3:   Lichtklima in einem eutrophen See und Verteilung der Phytoplankton- und Algengruppen (a) und Eindringtiefe des Lichtes in einem hypertrophen See des Havelgebietes (b)

Die **Zufuhr von anorganischen und organischen Stoffen** erfolgt vor allem über die Zuflüsse im Einzugsgebiet des Gewässers. Niederschläge waschen aus dem Umland teils erhebliche Stoffmengen aus, die direkt ins Gewässer gelangen können. Auch bei Passage des Bodens werden Salze, Pflanzennährstoffe und organische Verbindungen aufgenommen, die ins Grundwasser transportiert werden können und von dort aus auch verschiedene Oberflächengewässer erreichen. Je nach geologischer Struktur und Nutzung der Einzugsgebiete werden unterschiedliche Stoff-

frachten erreicht. Diese sind letztlich Ausgangspunkt für die Entwicklung der Lebewesen im Gewässer. Hinzu kommen aber Stoffeinträge durch direkte "Belastungen",
z. B. Abwassereinleitungen direkt in die Gewässer, die stets erhebliche Mengen an
"verwertbaren" Pflanzennährstoffen, aber auch hemmende oder toxische Verbindungen enthalten können. Auch die Zufuhr von anorganischen und organischen Verbindungen aus der Luft darf nicht vernachlässigt werden, weil sie manchmal den
natürlichen Gehalt in den Gewässern deutlich übersteigt; so werden elektrolytarme
Gewässer des Nordens durch Säurebildner aus Schadstoffemissionen der Industrie-
länder nachhaltig negativ beeinflußt und versauern. Auch der Transport von Bo-
denpartikeln und Laub in Gewässer über den Wind darf nicht übersehen werden.

Die **Einwanderung von Lebewesen** durch aktive oder passive Verbreitung in die
Gewässer kann für die weitere Entwicklung der Lebensgemeinschaft von großer
Bedeutung sein. Das gilt besonders für Organismen, die gegenüber den bereits
ansässigen Vorteile in der Vermehrungsstrategie besitzen und echte Konkurrenten
sind, oder die Räuber-Beute-Beziehungen verändern. Oft werden dabei Organismen
zum "Störfaktor", die aus anderen Verbreitungsgebieten durch den Menschen einge-
schleppt oder gezielt eingesetzt wurden und unbesetzte ökologische Nischen besie-
delten, z. B. Wollhandkrabben (*Eriocheir sinensis*), Kamberkrebse (*Orconectes
limosus*), Graskarpfen (*Ctenopharyngodon idella*), Silberkarpfen (*Hypophtalmicht-
hys molitrix*) und Marmorkarpfen (*Aristichthys nobilis*).

Die Pfade für die Einwanderung sind sehr unterschiedlich. Vielfach werden
natürliche Wasserwege genutzt, z. B. flußauf- oder flußabwärts. Weit verbreitet ist
die passive Verbreitung durch Wasserfahrzeuge, Wind oder Wasservögel, z. B.
Dauerstadien, Eier, Kleinlebewesen.

2.1 Lebensgemeinschaft

Lebensgemeinschaften in Gewässerökosystemen besitzen einige Besonderheiten durch die Dominanz bestimmter Tier- und Pflanzengruppen, die nur in Gewässern oder Feuchtgebieten vorkommen und sich durch spezielle Anpassungen an ein Leben im oder am Wasser auszeichnen. Dazu zählen zahlreiche Arten von Bakterien, Protophyten und Protozoen, Wasserpflanzen, Schwämme, Hohltiere, Plattwürmer, Muscheln, Krebse und Fische. Andere Pflanzen- und Tiergruppen sind durch auffällige Formen vertreten wie z. B. Insektenlarven, die vielfach im Wasser ihre Entwicklung vollziehen, oder Amphibien, die an das Wasser und an ein Leben an Land angepaßt sind, und schließlich die ökologische Gruppe der Wasservögel, die sich bevorzugt auf dem Wasser aufhält.

Die Lebensgemeinschaften der Gewässerökosysteme sind im allgemeinen jedoch ähnlich denen in terrestrischen Lebensräumen aufgebaut. Das Kompartiment der *Produzenten*, gebildet fast ausschließlich durch die grünen Pflanzen, ist die Grundlage für die Entwicklung der nachfolgenden Kompartimente der *Konsumenten* in mehreren Ebenen bis hin zur höchsten Ebene, den *Prädatoren* (Räuber). Die *Reduzenten* (Destruenten) sind das Kompartiment der Zersetzer von abgestorbener Biomasse. So ähnelt die Nahrungskette in Gewässersystemen grundsätzlich der anderer Lebensräume und wird meist nur durch 4 oder 5 Stufen gebildet (Abb.2.4).

Die Lebensgemeinschaft wird durch die Gesamtheit der Populationen gebildet, die im System leben. In der limnologischen Literatur wird fälschlicherweise oft von Mischpopulation, Phyto- und Zooplanktionpopulation gesprochen, ohne die Abgrenzung der einzelnen Populationen zu berücksichtigen.

Unter einer Population wird die Gesamtheit der Individuen einer Art verstanden, die über einen gemeinsamen genetischen Pool verfügt, der in einem bestimmten Raum alle Merkmale der Gruppe vereinigt. Es erfolgt ein ständiger Genaustausch.

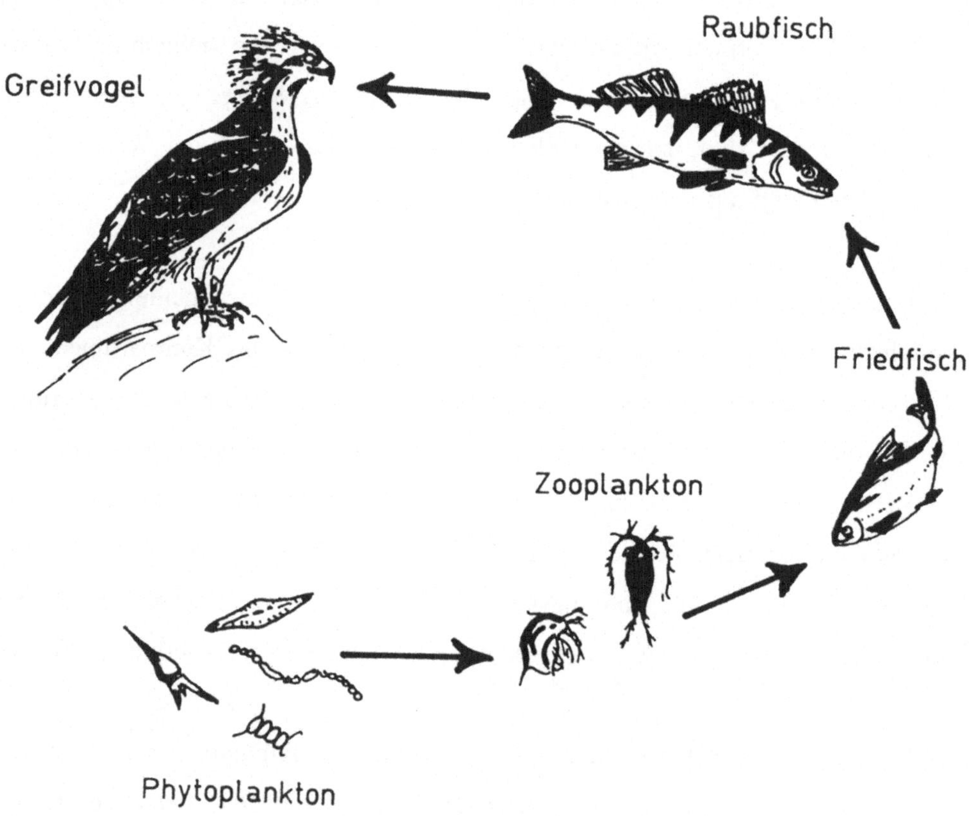

Abb. 2.4:   Nahrungskette in einem eutrophen Flachsee (KALBE 1983)

Ein besonderes Merkmal der Lebensgemeinschaft ist die große Zahl von Beziehungen der einzelnen Lebewesen zueinander, die über eine bestimmte Zeit Fließgleichgewichte ausbildet. Ganz typische Fließgleichgewichte sind die Räuber-Beute-Verhältnisse.

Die von WILSON u. BOSSERT (1973) abgeleiteten allgemeinen Gesetzmäßigkeiten wurden Beziehungen in den Gewässerökosystemen entlehnt (Verhältnis Raubfisch zu Friedfisch, dargestellt am Beispiel *Esox lucius* zum Beutefisch *Leuciscus rutilus*, Abb. 2.5).

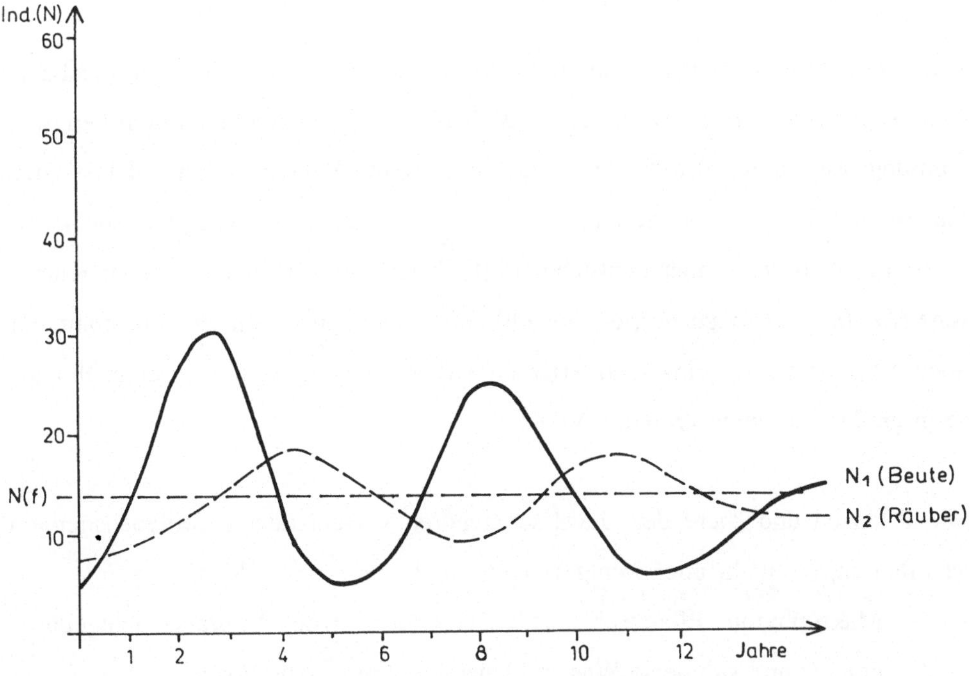

Abb. 2.5:   Räuber-Beute-Beziehungen in einem Flachsee. Zyklische Fluktuation in einem angenähert ausgewogenem System bei N(t), N_1 = Beute, N_2 = Räuber (WILSON u. BOSSERT 1973)

Generell gilt das auch für alle Beziehungen zwischen bevorzugter Nahrung und Nahrungskonsumenten, wie sie sich beispielsweise für die Kompartimente Produzenten (Wasserpflanzen) und Konsumenten I. Ordnung (Pflanzenfresser) einstellen. Nicht alle Populationen haben durch ihre Lebenstätigkeit einen meßbaren Einfluß auf das Ökosystem; sie sind lediglich Nutznießer der dargebotenen ökologischen Bedingungen, ohne wesentlich in das Gefüge einzugreifen. Das gilt z. B. für die meisten Wasservögel, auch manche Fisch- und Insektenarten. Die Aufnahme von Nahrung einerseits und Abgabe von Exkrementen andererseits bleibt auf so niedrigem Niveau, daß eine Beeinflussung nicht möglich wird. Meist sind diese Gruppen zahlen- oder biomassemäßig unbedeutend.

Auch der Einfluß mancher Prädatoren wird oftmals überschätzt. See- und Fischadler (*Haliaeetus albicilla, Pandion haliaetus*) beispielsweise entnehmen dem Gewässer Nahrung weit unter 0,1 % des Angebotes. Beim Verschwinden solcher Arten ändern sich die Ökosysteme nicht. Andere Arten können bei entsprechend großer Zahl ihres Auftretens einen deutlichen Einfluß ausüben, z. B. fischfressende Kormorane (*Phalacrocorax carbo*), die sowohl auf Zusammensetzung der Fischfauna als auch Abundanzen der einzelnen Arten einwirken können. Dazu gehören auch andere in großen Kolonien brütende Vögel.

Die Pflanzen und Tiere der Gewässer gehören verschiedenen Teillebensgemeinschaften an, die mehr oder weniger eigenständige Systeme bilden:
-      Makrophyton: Pflanzenbestände der Ufer und des Litorals, Gelegegürtel, emerse und submerse Wasserpflanzen, unterseeische Rasen,
-      Benthon: Organismen, die am Boden angeheftet sind oder dort zeitweilig leben, oder in den Sedimenten siedeln,
-      Periphyton (Aufwuchs): Tierische und pflanzliche Organismen, die an

Stengeln und Blättern von bewurzelten Pflanzen oder anderen Oberflächen über dem Bodensediment angeheftet sind,

- Plankton: Schwebende (treibende) Organismen, deren Ortsbewegungen mehr oder weniger durch Strömungen verursacht werden. Einige Zooplankter können durch aktives Schwimmen Ortswechsel vornehmen. Plankton besitzt unterschiedliche Größenklassen; die kleinsten Plankter gehören zum Nanoplankton (< 0,050 mm), größere Formen im mikroskopischen Bereich gehören zum Mikro- und Mesoplankton (0,05 bis 1 mm). Große Formen gehören zum Makroplankton, das über Millimetergröße liegt, im Süßwasser aber nur wenige Vertreter hat,

- Nekton: Schwimmende Organismen mit Eigenbewegung, z. B. Fische, Amphibien, Insekten,

- Neuston: Organismen, die auf der Wasseroberfläche bzw. im Oberflächenhäutchen leben. Meist mikroskopisch kleine Lebewesen.

An den Lebensgemeinschaften der Gewässerökosysteme sind die in Kapitel 10 genannten systematischen Gruppen beteiligt.

2.2 Ökosystem Grundwasser

Wasser hat eine große Bedeutung für die Natur, aber auch für den Menschen. Das zu einem Drittel die Landvorräte des Süßwassers bildende Grundwasser nimmt dabei eine besondere Stellung ein, weil es einerseits durch Schadstoffe weitgehend unbeeinflußt ist, andererseits langzeitig zur Verfügung steht. Ein großer Teil der Menschheit deckt aus diesen Vorräten seinen Trinkwasserbedarf. Aber das Grundwasser stellt auch ein biologisches System dar, ein Ökosystem. Selbstverständlich herrschen hier ganz andere Bedingungen als in Oberflächengewässern, und meist bildet die Lebewelt nur eine sehr kleine Biomasse.

2.2.1 Begriffsbestimmung

Grundwasser ist unterirdisches Wasser, es füllt die Hohlräume der Erde zusammenhängend aus. Zu unterscheiden sind:

Kluftengrundwasser: Es befindet sich in Klüften, Spalten und Karsthohlräumen, typisches Grundwasser der Gebirgsregionen mit Festgestein.

Porengrundwasser: Es füllt zusammenhängend Poren mit Wasser aus und bildet einen Grundwasserspiegel. Porengrundwasser ist typisch für Lockergesteinsgebiete, z. B. in den norddeutschen Tiefebenen. Es kann verschiedene Grundwasserleiter ausbilden, je nach geologischer Struktur. Wasserundurchlässige Schichten, sog. Stauer, können das Zusammenschließen der einzelnen Grundwasserstockwerke verhindern. Im allgemeinen ist das Grundwasser oberflächennaher Schichten jünger als darunterliegendes.

Kapillarwasser: Es steht mit dem eigentlichen Grundwasser in direkter Beziehung und steigt in Kapillaren nach oben. Es sorgt für eine Durchfeuchtung der über dem Grundwasserspiegel liegenden Erdschichten. Die Steighöhe richtet sich nach der Korngröße der Partikel. Beispiele:

Kies < 3 cm Steighöhe,

Sand < 80 cm Steighöhe,

Ton bis 250 cm Steighöhe.

Quellwasser: Es entstammt stets dem Grundwasser, kann in seiner Zusam-
                      mensetzung auf Grund seines Austritts durch Bodenschichten
                      jedoch im Chemismus und in seinen physikalischen Eigen-
                      schaften verändert sein.

Im allgemeinen ist Grundwasser Süßwasser. In Abhängigkeit von der geologischen
Struktur der Stauräume sind jedoch höhere Aufsalzungen möglich. Auch in Abhängigkeit von seiner Genese sind höhere Salzgehalte zu beobachten.

Die **Grundwasserbildung** erfolgt auf unterschiedlichem Weg (Abb. 2.6):

- Aufstieg juvenilen Wassers, es entsteht bei der magmatischen Differentiation
  und steigt dann in Poren und Klüften auf,

- Kondensation von Wasserdampf im Boden, spielt in semiariden Gebieten
  eine gewisse Rolle, in gemäßigten Breiten unbedeutend,

- Versickerung der Niederschläge, dadurch wird der Hauptanteil des Grundwassers gebildet. Die Sickergeschwindigkeiten sind sehr unterschiedlich und
  richten sich nach den geologischen Strukturen,

- Infiltration aus Oberflächengewässern, die physikalischen Vorgänge sind
  denen bei der Versickerung der Niederschläge vergleichbar. In manchen
  Gegenden bildet sich der Hauptanteil des Grundwassers aus diesen Quellen.
  Als Uferfiltrat wird der Teil bezeichnet, der sich durch Versickerung aus
  Seen und Fließgewässern bildet. In vielen größeren Wasserwerkseinzugs-
  gebieten mit hoher Inanspruchnahme der natürlichen Grundwasservorräte
  umfaßt das Uferfiltrat bis zu 50% und mehr ,

- Künstliche Infiltration von Oberflächenwasser zur Aufhöhung zu stark
  beanspruchter Grundwasserleiter über Infiltrationsanlagen (Sickerbeete,
  Becken, Schluckbrunnen).

-   Lösungs- und Eliminierungsprozesse im Boden und in geologischen Erd-
    schichten (als Boden gilt nur die durchlüftete Schicht mit Humus, Pflanzen,
    Bakterien, Pilzen und Tieren). Es werden organische Verbindungen, Stick-
    stoffverbindungen und Salze gelöst und mit dem Sickerwasser ins Grund-
    wasser transportiert. Organische Verbindungen werden abgebaut und mine-
    ralisiert, Stickstoffverbindungen und Phosphate durch Pflanzen verbraucht.
-   Lösungsprozesse in den geologischen Schichten, z. B. Aufsalzung mit NaCl,
    $MgCl_2$, $CaHCO_3$, SiO_2, $KAl(SO_4)_2$.

Typisches Grundwasser ist durch ein bestimmtes Kationen-Anionen-Verhältnis
ausgezeichnet, je nach vorherrschender geologischer Struktur. Im allgemeinen
überwiegen dabei als Ionen Ca^{++} und HCO_3^-. Solches Grundwasser wird auch als
Hydrogenkarbonatwasser bezeichnet. Überwiegen SO_4^{--} oder Cl^-, wird von Sulfat-
oder Chloridgrundwasser gesprochen. Auch Calciumionen können in besonderen
Fällen durch erhöhte Magnesiumgehalte (Mg^{++}) ersetzt werden. Abb. 2.7 kennzeichnet die charakteristische Zusammensetzung des Grundwassers in 14 Grundwasserlandschaften in Rheinland-Pfalz (LfW-Bericht 1989). Der Einfluß der geologischen Struktur läßt sich gut nachweisen.

Neben den durch die Ionenbilanzen charakterisierten Salzgehalt des Grundwassers
spielen einige chemische Verbindungen im Grundwasser örtlich eine große Rolle.
Zu nennen sind vor allem Eisen(II)verbindungen (Fe^{++}), die z. B. in brandenbur-
gischen Grundwässern mit anaerobem Milieu in höheren Konzentrationen (bis > 15
mg/l) auftreten, und Manganverbindungen im Milligrammbereich. Außerdem sind
in tertiären Schichten vielfach höhere Huminstoffgehalte typisch, die zu einer
deutlichen Braunfärbung des Grundwassers führen.

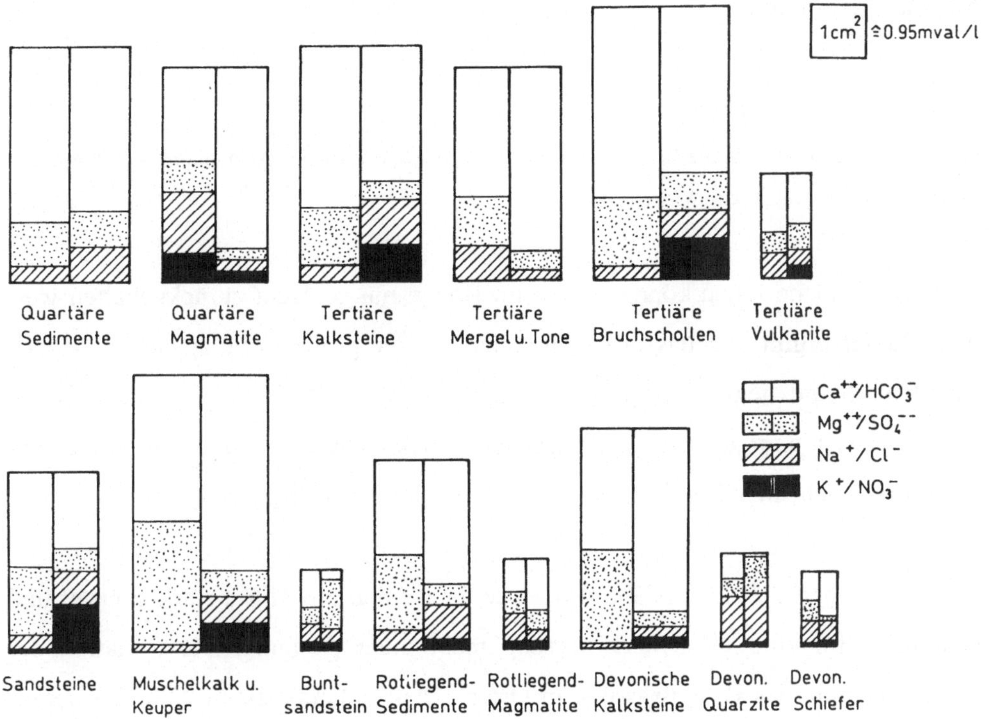

Abb. 2.7:   Charakteristische Zusammensetzung des Grundwassers in 14 Grundwasserlandschaften in Rheinland-Pfalz (LfW-Bericht 1989)

Eine ganz wesentliche Rolle für die Grundwasserbeschaffenheit spielen die Stoffumsetzungen, Selbstreinigungsprozesse und Sorptionsmechanismen im Boden.

Boden stellt ein hochwirksames Ökosystem dar, das eine enorme Dichte von Mikroorganismen aufweist. Diese Mikroben sind es in erster Linie, die die Selbstreinigung in Gang halten. Wesentlich ist aber auch die physikochemische Sorptionskapazität des Bodens (FIEDLER 1982; FIEDLER u. HOFMANN 1978). Am negativ geladenen Ton-Humus-Komplex der gemäßigten Breiten lagern sich positiv geladene Elemente und Verbindungen an. Die Sorptionskapazität T ergibt sich aus folgender Beziehung:

$$T = T_S + T_H \tag{2.3}$$

(T_S = Sorptionskapazität für die Gruppe der Schwermetalle, Erdalkalien und Ammonium, T_H = Sorptionskapazität für die Gruppe des Wasserstoffs).

Negativ geladene Ionen können damit im Boden nur schlecht zurückgehalten werden. Daraus ergibt sich das in vielen Gebieten eine große Rolle spielende **Nitratproblem**. Nitrat liegt als negativ geladenes Ion vor (NO_3^-). In gut durchlüftetem Boden werden anorganische und organische Stickstoffverbindungen zu Nitrat oxydiert, was leicht ins Grundwasser transportiert werden kann.

Vor allem oberflächennahe Grundwasserleiter werden mit Nitrat stark belastet und sind dann für eine Trinkwassernutzung nicht mehr geeignet. Die Situation der Nitratbelastung des Grundwassers im Osten Deutschlands ist in Abb. 2.8 dargestellt.

Saure Niederschläge haben in jüngerer Zeit zum Problem der **Versauerung** geführt. Mit der Versauerung des Bodens werden sowohl die Sorptionskapazität der Kolloide als auch die Humusgehalte erniedrigt. Das wiederum führt zur Erhöhung des Transportes von Schadstoffen ins Grundwasser. Die Versauerung des Bodens, des Sicker- und Grundwassers schreitet von der Oberfläche aus fort. In Rheinland-Pfalz wurde das anhand eines Querschnittes durch einen bewaldeten Hang näher untersucht (Abb. 2.9). Bei genügender Pufferung des Grundwassers (höherer Elektrolytgehalt) wird im Grundwasser keine pH-Werterniedrigung bewirkt; in elektrolytarmen Grundwässern z. B. der deutschen Mittelgebirge kommt es zur deutlichen Säuerung des Wassers und zur Einschränkung der Nutzungsmöglichkeiten.

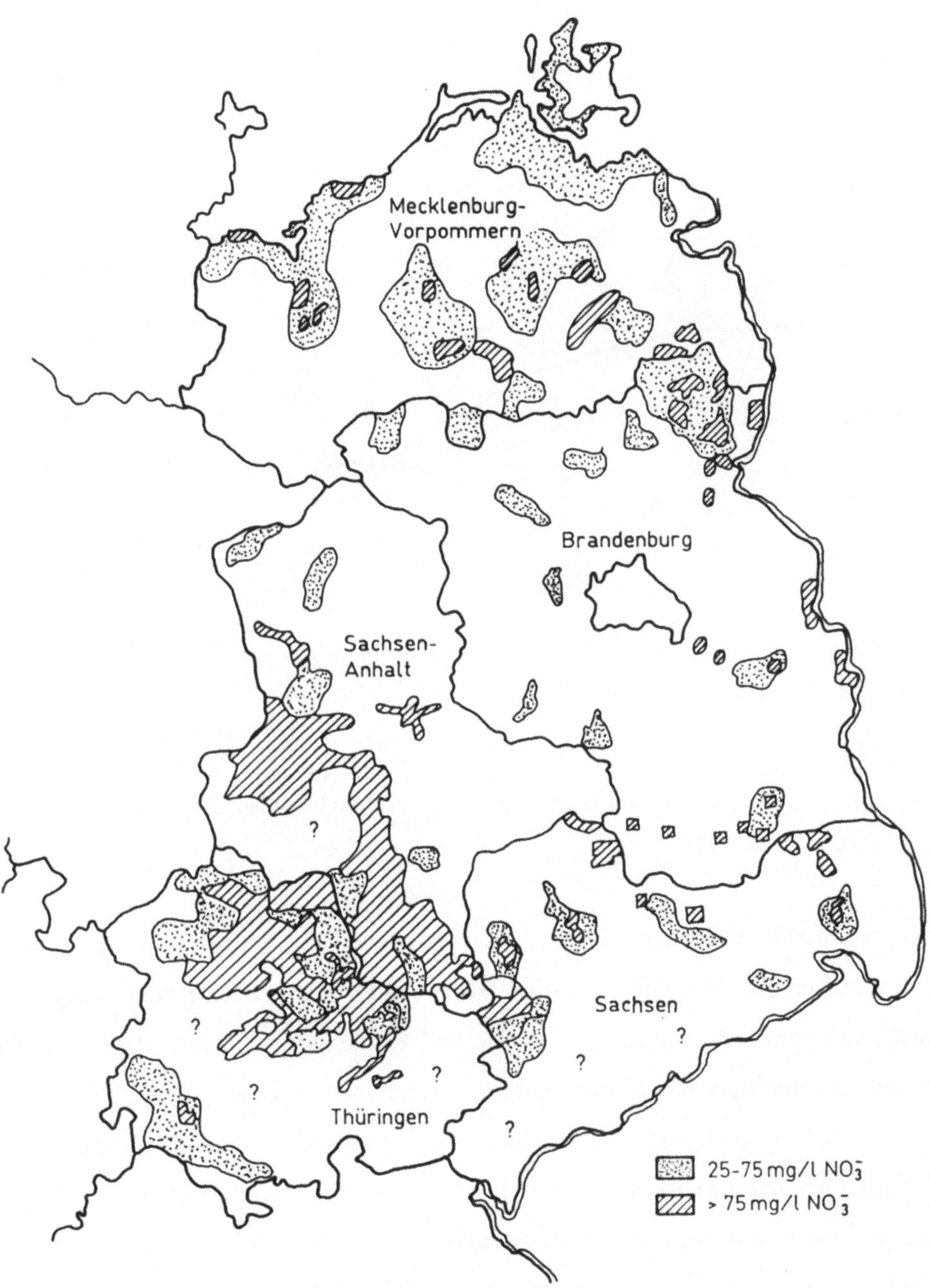

Abb. 2.8:   Potentielle Nitratbelastung des Grundwassers im Osten Deutschlands (BMFT-Projekt,
Nitratbelastung d. Grundwässer, KFA Jülich, STE 1993)

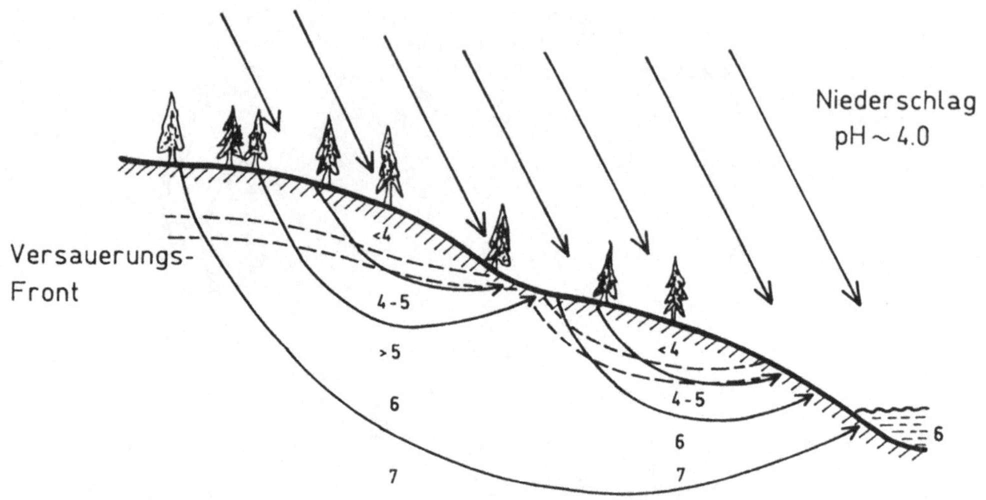

Abb. 2.9:   Versauerung des Grundwassers (pH) in Rheinland-Pfalz durch sauren Regen (LfW-Bericht 1991)

Die **organische Belastung** des Grundwassers spielt nur bei massivem Eintrag von Schadstoffen eine wesentliche Rolle. Die aus funktionierenden Bodenökosystemen ausgewaschenen Huminsäuren, Eiweiße und Kohlehydrate werden im allgemeinen nur in sehr niedriger Konzentration bis ins Grundwasser gelangen, weil sie auf dem Wege dorthin durch Mikroorganismen abgebaut werden. Organische Schadstoffe dagegen gelangen meist schnell bis ins Grundwasser, weil sie oft persistent sind, beispielsweise chlorierte Kohlenwasserstoffe, Tenside und Lösungsmittel (Leicht-flüchtige halogenierte Kohlenwasserstoffe = LHKW). Mineralöle sind leichter als Wasser und sammeln sich an der Oberfläche der Grundwasserleiter an. Tenside erniedrigen die Oberflächenspannung und wandern deshalb sehr schnell bis ins Grundwasser, LHKW sind schwerer als Wasser und sammeln sich auf den Stauern am Grunde der Grundwasserleiter. Obwohl Biozide im allgemeinen gut im Boden zurückgehalten werden, zahlreiche Wirkstoffe auch relativ gut abbaubar sind, gelangen persistente Stoffe bis ins Grundwasser. Tabelle 2.3 kennzeichnet die Verteilung verschiedener Biozide in 150 untersuchten Grundwassermeßstellen im Land Rheinland-Pfalz (LfW-Bericht 1991). In 41 % der untersuchten Grundwassermeßstellen wurden Pflanzenschutzmittel (PSM, Biozide) nachgewiesen, davon die Hälfte über dem Trinkwassergrenzwert. Die Ausbreitung verschiedener Organika ins Grundwasser ist in den Abb. 2.10 und 2.11 dargestellt.

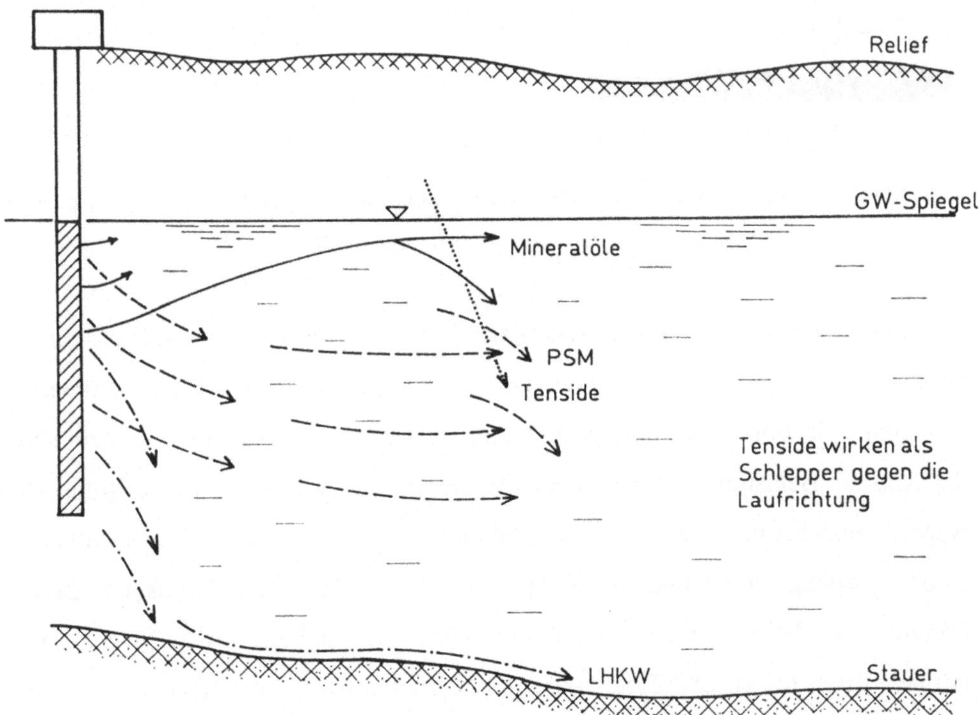

Abb. 2.10:		Vertikale Ausbreitung organischer Schadstoffe im Porengrundwasser (generalisiert), PSM = Pflanzenschutzmittel, LHKW = Leichtflüchtige Halogenkohlenwasserstoffe

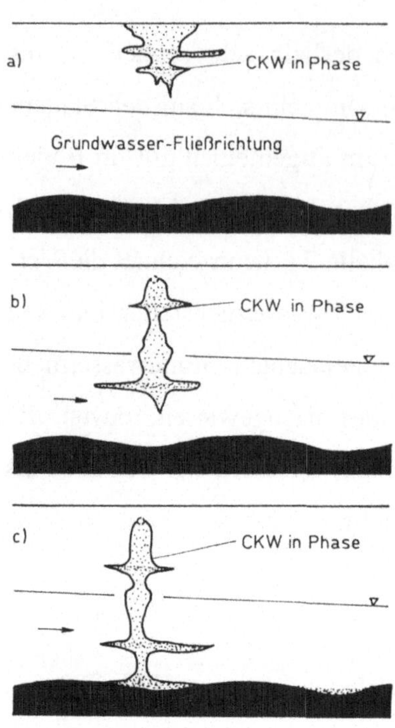

Abb. 2.11:   Ausbreitung von chlorierten Kohlenwasserstoffen in gelöster Form im Boden und im Grundwasser (nach BALLSCHMITTER et al. in RIPPEN 1991)

Die **Belastung mit Krankheitserregern** kann vor allem in Grundwässern mit geringer Verweilzeit und bei kurzen Transportwegen eine größere Rolle spielen. In Gebieten mit Porengrundwasser bei langen Transportwegen und -zeiten spielt dagegen die Belastung mit pathogenen Bakterien und Viren kaum eine Rolle. Hier werden zunächst in einem 1. Schritt durch adsorptive Vorgänge diese Mikroben im Boden zurückgehalten und in einem 2. Schritt absorptiv durch Phagen, Bodenorganismen, Pilze und Bodentiere eliminiert. Ungeachtet dieser Mechanismen können Viren bis zu 280 Tage aktiv und Bakterien bis zu 30 Tagen virulent bleiben, wenn sie erst einmal bis ins Grundwasser gelangt sind (WALTER 1981). Vor allem in anthropogen stark belasteten Gebieten können sich dadurch erhebliche mikrobiologische Kontaminationen ergeben.

Tabelle 2.3: Verteilung von PSM-Befunden (Einzelmeßwerte) nach Konzentrationsklassen im oberflächennahen Grundwasser in der pfälzischen und rheinhessischen Rheinebene (LfW-Bericht 1991) (BSG = Bestimmungsgrenze)

	n.n.	<BSG	>BSG	> 0,1µg/l	ges.
Amitrol	69	-	-	-	69
Atrazin	131	11	5	3	150
Atrazindesethyl	122	13	8	7	150
Atrazindesisopropyl	148	1	1	-	150
Bentazon	116	5	11	18	150
Dichlorprop	145	3	2	-	150
Lindan	148	2	-	-	150
Mecoprop	137	4	2	7	150
Metazachlor	149	1	-	-	150
Simazin	137	6	2	5	150

2.2.3 Ökologische Bedingungen im Grundwasser

Neben dem Chemismus besitzen einige ökologische Faktoren für die Besiedlung mit Organismen ausschlaggebende Bedeutung. Sie sind für das Grundwasser charakteristisch:

- Dunkelheit: Im Grundwasser herrscht ewige Dunkelheit. Außer den heterotroph lebenden Bakterien und Pilzen können keine Pflanzen im Grundwasser existieren. Die sich ansiedelnden Tiere müssen von ins Grundwasser eingetragenen organische Verbindungen oder von anderen heterotrophen Organismen leben. Da letztere nur in kleiner Zahl vorkommen, bleiben die Abundanzen sehr niedrig.

- Temperatur: Im Grundwasser herrscht großräumig eine weitgehend konstante Temperatur um 8 bis 10 °C. Eine Anpassung der Lebewesen an stärkere Temperaturschwankungen oder gar an extreme Temperaturen ist nicht erforderlich. Das ist zweifellos ein ökologischer Vorteil. Allerdings ist der Stoffwechsel der meisten Arten gegenüber den an der Erdoberfläche lebenden verlangsamt.

-   Größe der Hohlräume: Organismen, die das Grundwasser besiedeln, bleiben in der Regel klein, weil meist auch die Hohlräume sehr klein sind. Nur in Bereichen mit großen Kluften und Spalten bzw. unterirdischen mit Wasser gefüllten Höhlen können sich auch größere Tiere ansiedeln, z.B. Fische, Amphibien, Schnecken.

2.2.4 Organismen des Grundwassers

Im Grundwasser wurden 111 Tierarten als echte Grundwasserorganismen nachgewiesen (KLOSE 1980). Hinzu kommen zahlreiche Arten, die mit dem Sickerwasser oder über unterirdische Fließe ins Grundwasser gelangten, im allgemeinen aber keine Chance zur dauernden Besiedlung haben. Den Hauptanteil der Arten stellen mikroskopische Arthropoden und verschiedene Würmer:

28 Arten Copepodae,

26 Arten Gammaridae,

19 Arten Ostracoda,

15 Arten Acarina,

20 Arten Vermes (Annelidae, Turbellaria, Nematodae),

1 Art Mollusca,

2 Arten Vertebratae.

Die Organismen des Grundwassers sind auf eine Nahrungszufuhr über das Sickerwasser oder einströmendes Oberflächenwasser angewiesen. Auch die räuberisch lebenden Arten sind letztlich auf diesen Nahrungsimport angewiesen. Deshalb sind im allgemeinen die größten Abundanzen in sandig-kiesigen Flußablagerungen mit direkter Verbindung zu Oberflächengewässern zu erwarten. Alle Grundwasserorganismen spielen für die Selbstreinigung eine überragende Rolle. Sie sind es vor allem, die organische Restbelastungen im Grundwasser eliminieren.

Die meisten Grundwasserorganismen bleiben sehr klein, im allgemeinen nur wenige Millimeter groß. Trotzdem erreichen einige Arten auch Zentimetergröße, das hängt vor allem von der Struktur der Hohlräume ab. Typisch ist so z. B. die Verbreitung von 2 Subspecies des Grundwasserflohkrebses, *Niphargus aquilex aquilex* mit nur 5 mm Länge im engen Lückensystem der schwach durchströmten Talsande und *Niphargus aquilex schellenbergi* mit bis zu 23 mm Länge in groben Schotterablagerungen mit höherer Fließgeschwindigkeit. Meist sind die Grundwasserbewohner außerdem blind, lichtscheu und in der Regel pigmentfrei.

Unter den Grundwasserorganismen finden wir einige typische Eiszeitrelikte, die wohl auf Grund der gleichbleibenden Wassertemperatur überdauern konnten. Sicher spielt dafür auch die relative Armut an Nahrungskonkurrenten eine Rolle. Die bekannteste Art ist der Grundwasserkrebs *Bathynella natans*, bereits 1882 in einem Brunnen bei Prag entdeckt, der verwandtschaftliche Beziehungen zu ausgestorbenen paläozoischen Krebsen aufweist.

Häufigste Arten sind: *Aquilex aquilex* (Grundwasserflohkrebs), *Troglochaetus beranecki* (Höhlenborstenwurm), *Graeteriella unisetiger* und *Parastenocaris fontinalis* (Grundwasserruderfußkrebse), *Candona zschokkei* (Grundwassermuschelkrebs), *Schwiebea cavernicola* (Grundwassermilbe), *Lartetia quenstedti* (Höhlenschnecke) (Abb. 2.12).

Weitere in Höhlen lebende höhere Tiere sind der bekannte in Karsthöhlen Südeuro-

pas lebende Grottenolm (*Proteus anguinus*) und der in Mexiko lebende blinde
Höhlenfisch (*Anoptichthys jordani*).

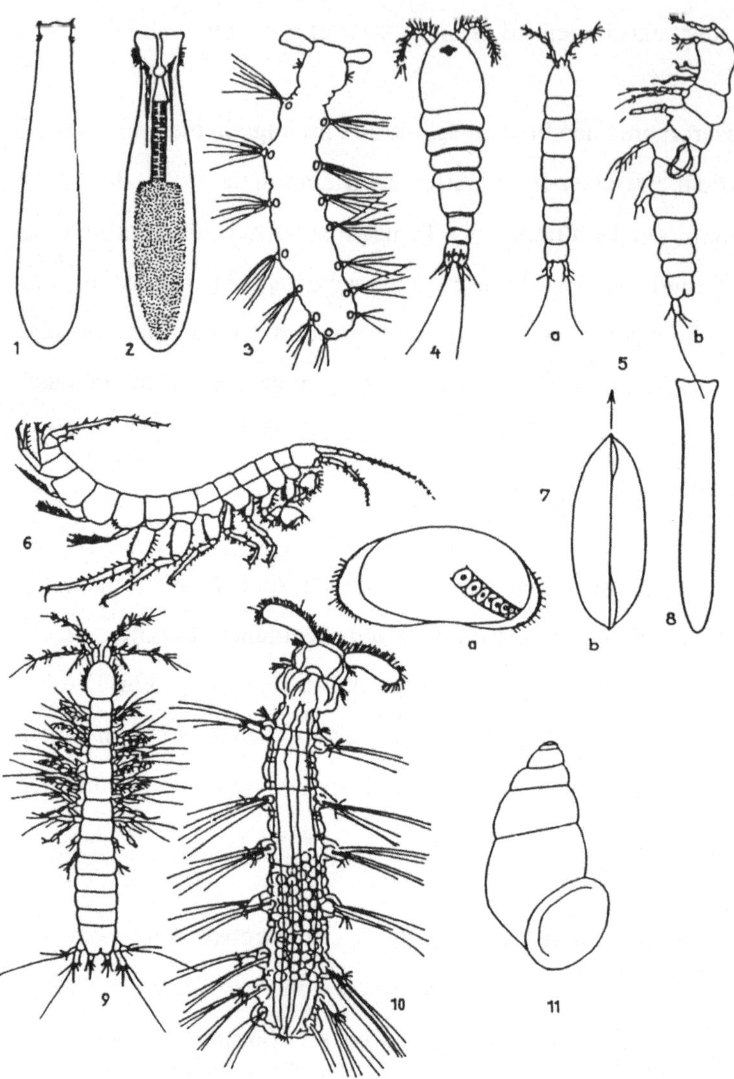

Abb. 2.12:   Grundwassertiere (nach EHRMANN 1944, umgezeichnet)

*1 Bothrioplana semperi; 2 Prorhynchus fontinalis; 3 u. 10 Troglochaetus baranecki;
4 Craeteriella unisetiger; 5 Parastenocaris fontinalis; 6 Niphargus aquilex; 7 Candona zschokkei; 8 Dentrocoelum hercynicum; 9 Bathynella natans; 11 Lartetia quenstedti*

2.2.5 Quellen

Quellen gehören ökologisch zwar nicht zum Grundwasser, weil bei Austritt des Wassers an die Oberfläche einige Umweltbedingungen schnell geändert werden; hinsichtlich des Chemismus und der Wassertemperatur sind sie jedoch den Bedingungen im Grundwasser vergleichbar. Deshalb werden sie hier abgehandelt. In ihnen leben sowohl typische Vertreter der Grundwasserfauna (an die Oberfläche verdriftete Arten) als auch der Bachfauna. Vor allem durch das Licht besiedeln bei ausreichendem Nährstoffangebot Pflanzen die Quellen. So finden wir bereits zahlreiche Diatomeenarten, seltener sind Grünalgen und Rotalgen.

Es werden verschiedene Quellentypen unterschieden:

- **Sturzquelle** (Rheokrene): Typisch ist der Austritt des Grundwassers durch einen Spalt aus felsigem oder steinigem Untergrund. Fließgeschwindigkeit und Turbulenz sind meist erheblich, so daß sich vor allem Organismen mit Haftmechanismen ansiedeln können. Typisch ist die Besiedlung mit festsitzenden Algen und abgeflachten Kleintieren.

- **Tümpelquelle** (Limnokrene): Der Austritt des Grundwassers erfolgt in einen Tümpel, der meist flach ist und oft auch nur eine kleine Fläche umfaßt. Die ökologischen Gegebenheiten verändern sich schnell, vor allem durch Anstieg der Wassertemperatur, so daß sich im allgemeinen günstige Entwicklungsbedingungen für zahlreiche Pflanzen- und Tierarten einstellen. Auf Grund des niedrigen Nährstoffangebotes im Grundwasser bleiben aber in den Tümpeln meist eingeschränkte Assimilationsleistungen auf niedrigem Niveau typisch.

- **Sickerquelle** (Helokrene): Typische Quellenart des Flachlandes. Das austretende Grundwasser bildet zunächst Sümpfe oder Feuchtwiesen. Erst nach Ansammlung größerer Wassermengen entstehen Rinnsale und Bäche. Die

Erwärmung des Wassers vollzieht sich rasch und in den Sumpfwiesen kommt es zu stärkerer Anreicherung mit Nährstoffen, so daß typische Oberflächengewässerorganismen günstige Lebensbedingungen finden. Die Flora und Fauna ähnelt der typischer Fließgewässer.

- **Thermalquellen:** Thermalquellen sind ein Sonderfall der Quellen. Je nach Temperatur siedeln unterschiedliche Tier- und Pflanzenarten. Mesophile Organismen vermögen noch zu existieren; sie werden bei höheren Temperaturen aber von thermophilen Arten verdrängt. Bei Wassertemperaturen von 40 - 50 °C konnten ca. 180 verschiedene Pflanzenarten und einige Tierarten nachgewiesen werden, bei 85 °C wurden einige Cyanobakterien (Blaualgen) gefunden, bei 90 °C lebten noch Bakterien.

2.3 Ökosystem Fließgewässer

Im allgemeinen nehmen Fließgewässer ihren Anfang in den Quellen. Zunächst entstehen schmale Rinnsale, die nur wenig Wasser führen. Erst durch Zusammenfluß weiterer Quellabflüsse und Rinnsale entwickeln sich Bäche, die je nach Gefälleverhältnissen schnell oder träge die Landschaft durchfließen. Beim Zusammenfluß der Bäche entstehen dann Flüsse oder in deren Unterläufen Ströme. Bis auf temporäre Fließgewässer münden alle Fließgewässer schließlich in die Meere. Die morphologischen und hydrographischen Differenzierungen ergeben sehr unterschiedliche ökologische Bedingungen, die wiederum Voraussetzung für eine vielseitige Besiedlung mit Organismen sind. Trotzdem gehören die Fließgewässer eines Einzugsgebietes zu einem Gewässersystem, denn zwischen Bach, Fluß und Strom existieren vielfältige Wechselbeziehungen. Auffällig sind diese bei Betrachtung des Systems im Längsschnitt. Elemente der Flora und Fauna werden jeweils von oberhalb in die unteren Fließgewässerabschnitte eingetragen, vermögen sich dort eine zeitlang zu erhalten oder passen sich an die neuen ökologischen Bedingungen an. Schwieriger sind solche Beziehungen der Fließrichtung entgegen zu entdecken. Aber auch hier bestehen manche Verbindungen; Fische wandern oft gegen die Strömung, Insekten fliegen zur Eiablage flußaufwärts, Wasservögel tragen Eier, Dauerstadien, Sporen, Protozoen und Protophyten in die Fließgewässeroberläufe. So erfolgt eine passive wie aktive Wanderung sowohl flußauf- wie flußabwärts.

2.3.1 Ökologische Bedingungen in Fließgewässern

Im Gegensatz zum Grundwasser und zu stehenden Gewässern sind Fließgewässer durch einen schnellen Wasseraustausch charakterisiert. ARISTOTELES beschrieb das so: "Man kann nicht zweimal im selben Fluß baden." Der schnelle Wasseraustausch bewirkt den raschen Wechsel bestimmter ökologischer Bedingungen im System. Je nach Beschaffenheit des Gewässerbettes, des Gefälles, der Uferbeschaffenheit und des Stoffeintrages kann ein Wechsel auf engstem Raum beobachtet werden. Die wichtigsten für Fließgewässer typischen ökologischen Bedingungen sind:

- Strömung und Turbulenz,
- Fließgeschwindigkeit,
- Temperatur,
- Kleinflächigkeit,
- Chemismus.

Strömung und Turbulenz: Fließgewässer besitzen eine ständige Strömung und Turbulenz. Der Normalfall ist die sogenannte Turbularströmung, die mit einem ständigen Wechsel der Fließbewegung einhergeht und eine Durchmischung des Wasserkörpers bewirkt. Laminarströmung (Strömung in parallelen Schichten) ist in natürlichen Fließgewässern nicht möglich, sieht man von kleinen Fließabschnitten und einigen speziellen Lebensräumen ab (Abb. 2.13).

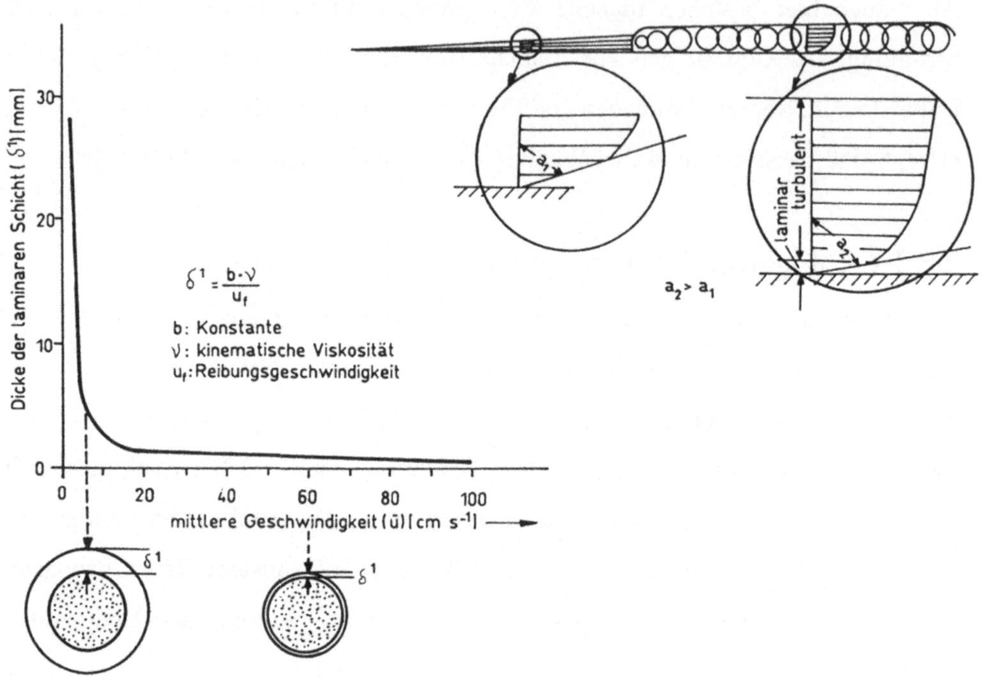

Abb. 2.13:   Turbular- und Laminarströmung in Fließgewässern (nach SCHÖNBORN 1992)

Laminare Strömungen sind so vor allem im Porenraum des Sedimentes und in den Grenzschichten Substrat-Wasser zu erwarten. Die Mächtigkeit solcher Grenzschichten hängt von der Struktur (Rauhigkeit) und Morphologie des Substrates ab. Mit zunehmender Fließgeschwindigkeit wird die Grenzschicht immer dünner.

Bei v = 1 m/s beträgt die Schichtdicke < 1mm. Die Grenzschicht ist für viele Fließgewässerorganismen die einzige Chance fürs Überleben, vor allem in   stärker strömenden Gewässern (AMBÜHL 1962).

Der Abfluß (Wassermenge) in einem Fließgewässer ist starken Schwankungen in Abhängigkeit vom Zufluß, den Niederschlägen und dem Gewässerprofil unterworfen. Am deutlichsten wird dies bei Betrachtung der Abflüsse im Verlaufe des Jahres. Es werden Niedrigwasserführungen (NQ), Mittelwasserführungen (MQ) und Hochwasserführungen (HQ) unterschieden. Die abgeführte Wassermenge schwankt in diesen Bereichen in mehreren Größenordnungen (Tabelle 2.4).

Tabelle 2.4: NQ, MQ und HQ ausgewählter Flüsse mit besonderer Berücksichtigung deutscher Gewässer (MARCINEK 1975; PLEISS 1977, ergänzt)

	NQ	MQ	HQ (m³/s)
Amazonas:		110 000	
Nil:	43	1 585	10 810
Rhein:	590	2 200	12 200
Elbe (Barby):	160	585	3 480
Saale:	12	105	641
Havel (Mündung):	10	79	285
Spree (Cottbus):	2	14	225
Oder:	262	586	1 519

Der Wechsel der Turbulenz und der Strömung verlangt von den Organismen entsprechende Anpassungen, um im System auf Dauer leben zu können. Die wichtigsten Anpassungen sind:

-   Dauerndes Festheften am Substrat, wie die meisten Chlorophyceen, Diatomeen und Wassermoose, die entweder flutende Rasen oder dichte Krusten auf Steinen, Ästen und Blättern bilden.

-   Stromlinienförmiger Körperbau, um der Strömung möglichst geringen Widerstand zu bieten. Die meisten Fische und verschiedene Insektenlarven haben vorn breiter gerundete und hinten zugespitze Körper.

- Flacher Körperbau, der ein Anschmiegen auf der Unterlage ermöglicht (Abb. 2.14). Sehr viele Organismen sind so flach, daß sie in der Grenzflächenschicht von Unterlage und überhinströmendem Wasser im Strömungsschatten leben. Typische Vertreter sind Planarien, Steinfliegen- und Eintagsfliegenlarven, einige Hirudineen (*Glossiphonia*), Mützenschnecken (*Ancylus*). Bei Eintagsfliegenlarven ist als weiterer Mechanismus der Bau der Kiemenblättchen am Hinterleib zu erwähnen, so daß sie sich fächerförmig an den Untergrund anschmiegen können und so eine Sogwirkung erzielen. Eine ähnliche Wirkung haben auch die Gehäuse der Köcherfliegen (Trichoptera), wenn sie flache Außenflügel besitzen.

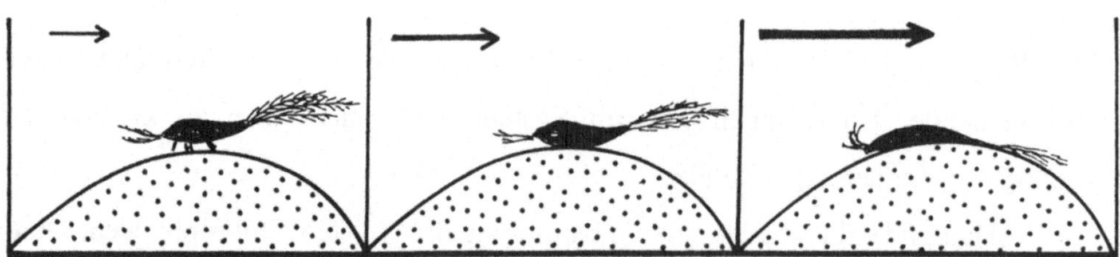

Abb. 2.14:   Anschmiegen von Fließgewässerorganismen auf fester Unterlage in Abhängigkeit von der Strömung

- Ausbildung von Haftmechanismen, die ein Festhalten auf der Unterlage (Steine, Holz) ermöglichen, z. B. Saugnäpfe der Hirudineae (Blutegel), Simuliidae (Kriebelmücken, *Simulium*) und Blepharoceridae (Lidmücken, *Liponeura*), Haftfäden von Mollusken (Byssusfäden der Dreikantmuschel, *Dreissena polymorpha*) und der Eier verschiedener Kleintiere und Häkchen an den Gliedmaßen fast aller Insektenlarven. Besonders bemerkenswert sind die Anpassungen der Dipterenlarven *Simulium* und *Blepharocera*, die am Hinterende des Körpers nicht nur einen Saugnapf besitzen, sondern sich mit dem Vorderende durch einen Seidenfaden anheften, der auch beim Losreißen als "Sicherheitsseil" wirkt. Auch klebrige Unterseiten verschiedener Tiere, wie bei Schnecken und Plattwürmern, erfüllen den Zweck des Festhaftens bei größerer Strömung.

- Besiedlung von Spalten, Winkeln und Unterständen, in denen die Turbulenz gering bleibt. Allerdings leben die Organismen immer mit der Gefahr des Abspülens beim Herauskriechen aus dem Versteck oder bei Veränderung des Gewässerbettes bei sehr hoher Strömung. Der Strömungsschatten (sog. Totwasser) hinter Hindernissen im Flußbett, z. B. hinter großen Steinen, ist für zahlreiche Kleintiere der eigentliche Lebensraum.

- Positive Rheotaxis (rheo = Strömung, taxis = Einordnung) wird bei den meisten schwimmfähigen Tieren beobachtet; sie ordnen sich gegen die Strömung ein.

- Positive Thigmotaxis (thigmo = Berührung) ist bei zahlreichen Fließgewässertieren angeboren; sie klammern sich an jede Oberfläche an, z. B. Eintagsfliegenlarven.

Innerhalb einer systematischen Gruppe sind die Anpassungen an den Faktor Turbulenz sehr unterschiedlich. Für die Hirudineenarten eines Baches ist das Verteilungsmuster unterhalb einer Stromschnelle bezeichnend (Abb. 2.15).

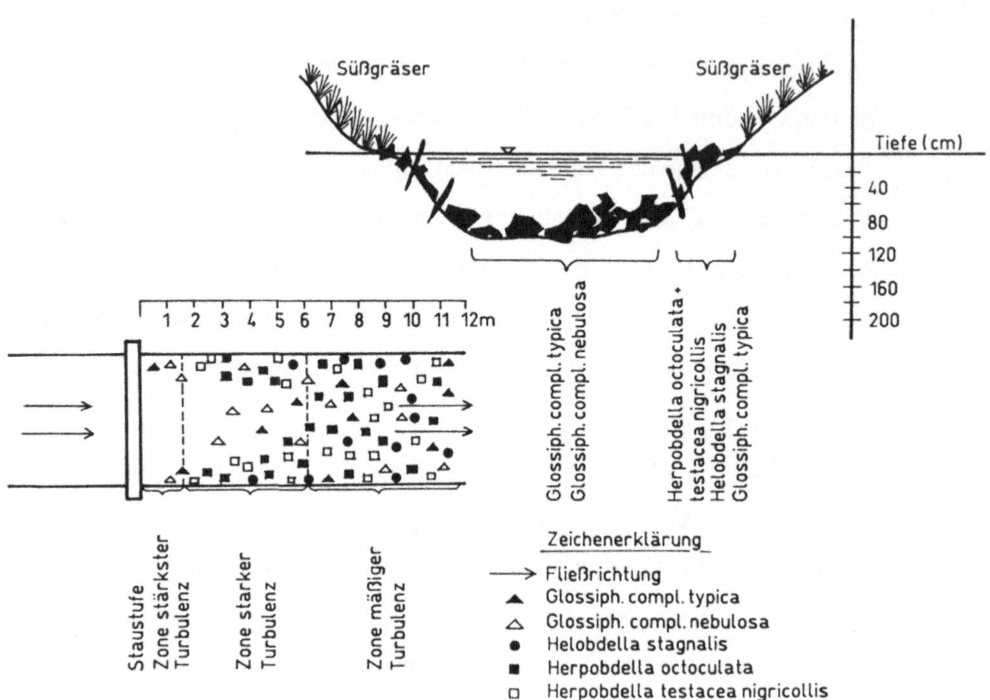

Abb. 2.15:   Anpassung von Hirudineenarten an die Strömung unterhalb einer Stautufe (KALBE
1966)

Ein besonderes Problem, mit denen die Bewohner schnell fließender Gewässer fertigwerden müssen, ist die Abdrift. Selbst bei bester Anpassung an die Strömungsgeschwindigkeit und Turbulenz kommt es zum Ablösen vom Untergrund und zur Verdriftung in unterhalb gelegene Bereiche geringerer Strömung (Tabelle 2.5). Organismische Drift ist eine typische Erscheinung im schnell fließenden Bach fast aller Tiere, auch der Arten, die über gute Haftmechanismen verfügen. Genauere Untersuchungen ergaben jahreszeitliche und tägliche Unterschiede, so daß angenommen werden muß, daß Drift nicht zufällig geschieht, sondern mit bestimmten Verhaltensmustern korreliert.

Tabelle 2.5: Abdrift von Fließgewässerorganismen in Abhängigkeit von der Fließgeschwindigkeit (m/s, Grenzwert)

Art/Gattung	Haftmechanismus	Fließgeschwindigkeit (m/s)
Larven der Simuliidae	Haftorgan	2,8
Hydropsyche	Netz	1,5
Ancylus	abgeflacht	1,2
Dugesia gonocephala	abgeflacht	0,9
Larven d. Ephemeridae	abgeflacht	0,8
Larven d. Perlidae	abgeflacht	0,6
Gammarus		< 0,5
Larven d. *Calopteryx*		< 0,5
Larven d. Trichoptera	Gehäuse, Fäden	0,8

Typisch dafür ist der Tag-Nacht-Wechsel der Drift gerade bei den gut angepaßten Arten. Offensichtlich existiert ein Hell-Dunkel-Zeitgeber, der die Drift steuert und vermutlich im Sinne der Verbreitung der Art biologisch sinnvoll ist (Abb. 2.16). Die meisten Organismen setzen sich weiter unterhalb wieder fest und besiedeln neue Lebensräume (Kolonisierung).

Die Drift kann erhebliche Ausmaße annehmen. Für einen norwegischen Fluß konnten tägliche Driften von Chironomiden-Larven ins Meer in einer Größenordnung bis zu 4 t/a gemessen werden.

Die Drift birgt die Gefahr in sich, daß Oberläufe der Bäche allmählich verarmen, wenn die Größenordnung der Abwanderung die Reproduktionsrate übersteigt. Dem stehen zwei Strategien entgegen:

- Aktive Aufwärtsbewegung der Organismen im Tag-Nacht-Wechsel, wie bei Fischen, Gammarus, Gerris, Köcherfliegenlarven,

- Kompensationsflug von Wasserinsekten wie bei Eintags- und Steinfliegen. Die Abdrift der Larven wird durch den bachaufwärts erfolgenden Flug der Imagines kompensiert (Abb. 2.17).

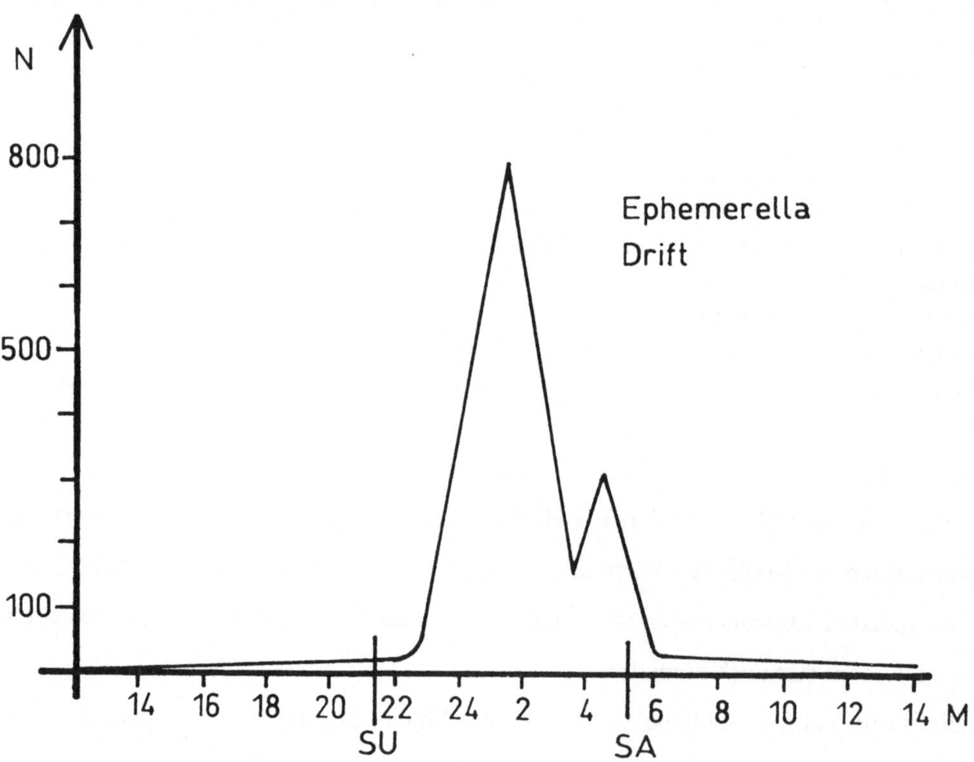

Abb. 2.16:   Abdrift von Bachorganismen im Tag-Nacht-Rhythmus (SCHÖNBORN 1992), N = Anzahl der Organismen, M = Uhrzeit, SU = Sonnenuntergang, SA = Sonnenaufgang

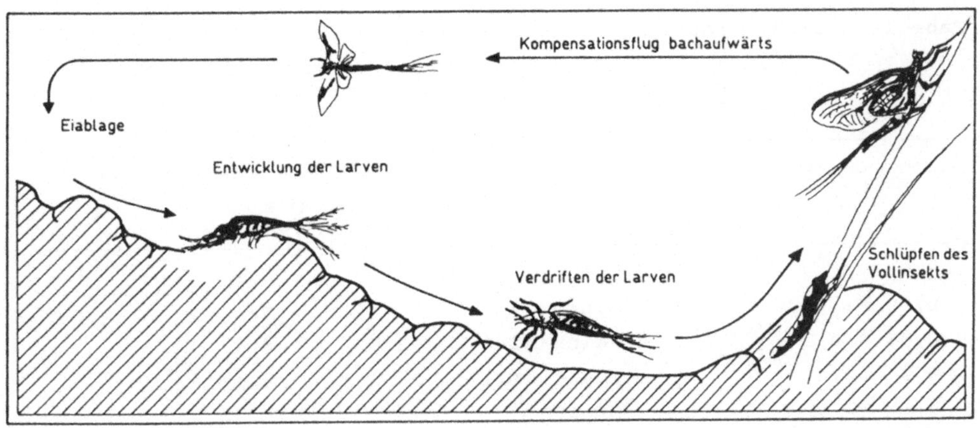

Abb. 2.17:   Bachaufwärts gerichteter Kompensationsflug von Wasserinsekten nach Schlupf zum Ausgleich potentieller Verarmung der Bachoberläufe (BRITZ 1980)

Fließgeschwindigkeit: Die Fließgeschwindigkeit unterliegt in Abhängigkeit vom Gefälle, vom Querschnitt, von Staueinrichtungen und von der Wasserführung Veränderungen. In den gemäßigten Breiten Europas schwankt sie zwischen 0,1 und 2,0 m/s, wesentlich größere Geschwindigkeiten werden nicht erreicht. Neben den Besonderheiten für die Organismenwelt (siehe oben) ergeben sich durch die Strömung vielfältige Veränderungen der Gewässer selbst, z. B. durch Partikeltransport, Sedimentablagerungen und Profilverschiebungen. Der Partikeltransport ist bei hohen Strömungen am größten und umfaßt auch gröbere Bestandteile: Kies, Steine und Geröll bei mehr als 2 m/s, grober Sand bei > 1 m/s, Sand bis 0,3 m/s und organische Sedimente bei < 0,3 m/s. Mit der Verringerung der Fließgeschwindigkeit, Verbreiterung der Fließgewässer und Verringerung der Turbulenz überwiegen in den Unterläufen der Flüsse feine anorganische und organische Sedimente, die zu Schlammablagerungen in Ruhezonen führen. Tabelle 2.6 kennzeichnet die für den Transport unterschiedlicher mineralischer Komponenten erforderlichen Fließgeschwindigkeiten.

Tabelle 2.6: Erforderliche Fließgeschwindigkeiten für den Transport mineralischer Komponenten unterschiedlicher Korngrößen (SCHÖNBORN 1992, leicht verändert)

Korngröße (mm)	Bezeichnung	Fließgeschwindigkeit v = m/s
< 0,002	Ton	< 0,1
0,002 - 0,06	Schluff	< 0,1
0,06 - 0,2	Feinsand	0,1
0,2 - 0,6	Mittelsand	0,17
0,6 - 2,0	Grobsand	0,25
2,0 - 6,0	Feinkies	0,5
6,0 - 20,0	Mittelkies	0,75
20,0 - 60,0	Grobkies	1,50
> 60,0	Steine	> 1,50

Die Anpassung der Organismen an die Strömung bringt einige ökologische Vorteile. Die wichtigsten sind:

- Relative Vergrößerung des Nahrungsangebotes, in der Zeiteinheit wird mehr Nahrung zur Verfügung gestellt, weil Detritus, Kleinlebewesen und andere Nahrungspartikel an einen Standort ständig herangeführt werden (AMBÜHL 1962). Zahlreiche Fließgewässerbewohner tragen durch entsprechende Fangstrategien dieser Tatsache Rechnung, z. B. Fangnetze und Siebe der Köcherfliegenlarven, Filterorgane der Simuliidae und Strudelorgane von Bryozoen und Rotatorien.

- Sauerstoffanreicherung durch Turbulenz, Eintrag aus der Atmosphäre. Vor allem in Stromschnellen, unterhalb von Sohlabstürzen und im Bereich von Hindernissen wird der Sauerstoffeintrag sehr hoch. Sauerstoffliebende Organismen sind bevorteilt.

- Verhinderung organischer Ablagerungen mit Faulschlammbildung.

Temperatur

Nach der Strömung bzw. Turbulenz spielt die Temperatur in Fließgewässern als limitierender ökologischer Faktor die größte Rolle.

Je nach Art der Genese des Fließgewässers stellen sich differente Temperaturbedingungen ein. Die Temperatur des Quellwassers liegt in gemäßigten Breiten bei 8 bis 10 °C. Allgemein gilt, sie entspricht der mittleren Jahrestemperatur der Luft der jeweiligen Örtlichkeit. Sie schwankt sehr wenig, so daß im quellnahen Abschnitt eines Fließgewässers fast konstante Temperaturen über das ganze Jahr hin bestehen bleiben. Mit der Entfernung von der Quelle gewinnt der Einfluß der Lufttemperatur an Gewicht; es erfolgt ein Wärmeaustausch mit der Umgebung.

Die Temperaturschwankungen sind abhängig von der Jahreszeit, sie nehmen mit der Entfernung von der Quelle zu, erreichen aber nie die Temperaturschwankungen der Luft, d. h., Gewässer erwärmen sich langsamer und kühlen auch langsamer ab. Auch die täglichen Temperaturschwankungen sind im Fließgewässer gedämpft. Die Amplitude der Schwankungen übersteigt in stärker beschatteten Fließgewässern selten 2 bis 3 °C (WARD 1985).

Relativ gleichmäßige Temperaturen sind für die meisten Fließgewässerbewohner günstige Voraussetzungen für eine langandauernde Besiedlung. Trotzdem ist die gerade in den Oberläufen oft sehr niedrige Temperatur für manche Arten eine echte Besiedlungsschranke. Erstens, weil bei niedriger Temperatur der Stoffwechsel verlangsamt ist, und zweitens, weil für die Fortpflanzung speziell der Hirudineen und Insekten eine Mindesttemperatur erforderlich ist. Für die meisten bachbewohnenden Hirudineen ist eine Temperatur von > 11 °C erforderlich (HERTER 1968; KALBE 1966).

Die Turbulenz des fließenden Wassers bewirkt eine gleichmäßige Temperatur im Flußquerschnitt. Temperaturschichtungen (vertikale Temperaturgradienten) sind mit Ausnahme der stark rückgestauten Niederungsflüsse und der Mündungsbereiche der großen Strömungen unmöglich.

Eisbildungen auf Fließgewässern sind erst bei sehr niedrigen Außentemperaturen zu beobachten. Auf langsam strömenden Flüssen erfolgt die Eisbildung rascher. Mit wechselnden Wasserständen kann es zum Ab- bzw. Aufbruch des Eises und zu Eisversetzungen kommen. Solche Eistreiben bewirken im Extremfall die Zerstörung bestimmter Lebensbereiche, z. B. des Litorals der Uferzonen. Nach SCHÖNBORN (1992) kann es zur fast vollständigen Ausräumung der Lebensgemeinschaften kommen.

Kleinflächigkeit der Habitate

Abgesehen von den großen Flüssen und Strömen, die im allgemeinen großflächige, gleichförmige Strukturen ausbilden, ist ein typisches Merkmal der Fließgewässer das kleinflächige Mosaik unterschiedlicher Habitate. Bestimmt wird dies durch den Wechsel von Strömung, Substrat, Gefälle, Beschattung und geografischen Gegebenheiten. So können stark kiesige, sandige oder schlammige Substrate auf wenigen Metern anstehen. Es bilden sich unterhalb von Barrieren Kolke mit teilweise erheblichen Vertiefungen. An Ufern mit starker Erosionswirkung entstehen Unterstände; oft durch die Wurzeln der Uferbäume stabilisiert. Fließabschnitte mit guter Sonnenexposition entwickeln kräftige Algen- oder Unterwasserpflanzenbestände. Die Lebensbedingungen in solchen Habitaten sind sehr unterschiedlich, sie bewirken die oft erstaunliche Vielfalt der Besiedlung. Entscheidend für die Entwicklung der Mannigfaltigkeit der Lebensräume im Fließgewässer ist neben der Kleinflächigkeit der Habitate die Morphologie des Gewässers, die sich vor allem aus den geografischen und geologischen Gegebenheiten bildet. Hinzu kommen Einflüsse aus dem Wechsel der Abflüsse und Wasserstände, die für die Herausbildung der Uferzonen maßgeblich sind. Daraus ergeben sich Längszonierung, Mäanderbildung und Profilgestaltung.

Üblicherweise beginnen Fließgewässer als kleine Rinnsale. Durch Zusammenfluß zahlreicher Rinnsale nehmen sie an Größe und Breite zu. Vor allem nach Erreichen breiterer Täler verändert sich der Verlauf, aus mehr oder weniger geradlinig die Landschaft durchfließenden Gewässern werden stärker mäandrierende Fließe, deren Bett ständigen Veränderungen unterworfen ist. Typisch sind kräftige Erosionen an den Prallhängen und stärkere Ablagerungen von Kies, Sand und Sedimenten an den Gleithängen (Abb. 2.18).

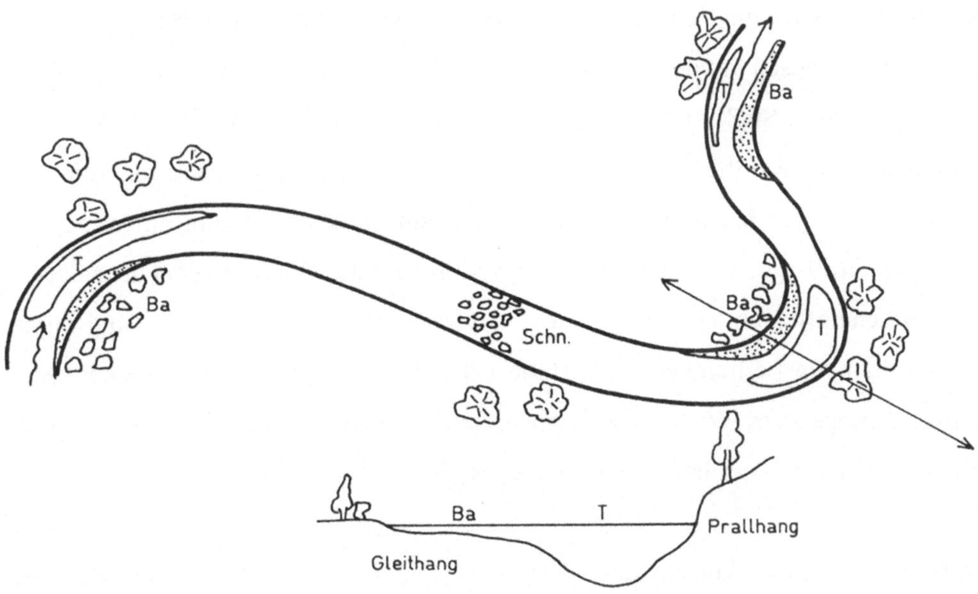

Abb. 2.18:   Mäanderbildung bei Fließgewässern (BROOKES 1988)

T = Tiefenwasserrinne; Ba = Bodenauflandung; Schn = Bachschnelle

Chemismus

Der Chemismus der Fließgewässer wird durch vier Hauptfaktoren bestimmt:

1.)   geologischer Untergrund der Einzugsgebiete, einschließlich der Quellgebiete,

2.)   Einflüsse der umgebenden Landschaft, der Art der angrenzenden terrestrischen Ökosysteme, der Besiedlung mit Pflanzen und der jeweiligen Nutzung durch den Menschen,

3.)   Chemismus der atmosphärischen Deposition (z. B. Regenwasser, Staub),

4.)   Direkteintrag von belastenden Stoffen.

An gelösten Anionen werden in der gemäßigten Zone hauptsächlich Carbonate, Silikate, Sulfate und Chloride transportiert. An Kationen sind es Calcium, Magnesium, Kalium, Natrium und Aluminium. Hinzu kommen gelöste Gase, die teils den Stoffumsetzungen im Gewässer ihren Ursprung verdanken, im wesentlichen aber durch Gasaustausch mit der Atmosphäre ins Wasser gelangen: Sauerstoff (O_2), Kohlendioxid (CO_2), Stickstoff (N_2) und Schwefelwasserstoff (H_2S). Aus der Konzentration der Einzelstoffe und dem Verhältnis zueinander ergibt sich die typische Charakteristik des jeweiligen Gewässers, die ein breites Spektrum aufweist. Der Gesamtelektrolytgehalt bestimmt die Pufferfähigkeit des Wassers gegenüber Säure- oder Baseneinflüssen, er wird vielfach als Gesamtsalzgehalt bezeichnet und durch die Kenngrößen Leitfähigkeit und Härte näher beschrieben. In Abhängigkeit vom Puffervermögen des Wassers und den unterschiedlichen Zuführungen von Säurebildnern stellt sich ein bestimmter pH-Wert ein.

Näheres zu den Wirkungen des Chemismus auf die Lebewelt der Gewässer als ökologische Faktoren siehe Kapitel 3.

2.3.2 Klassifizierung der Fließgewässer

Fließgewässer können nach sehr unterschiedlichen Prinzipien klassifiziert werden. Üblicherweise werden Klassifizierungen je nach Zielstellung vorgenommen. Im großen und ganzen sind es aber fünf unterschiedliche Einteilungsprinzipien:

- Klassifizierung nach hydrologischen Kriterien, z. B. nach Fließgeschwindigkeit und Abfluß,

- Klassifizierung nach der ökologischen Längsgliederung, z. B. nach den Fischregionen oder nach der Zuordnung von Kleinlebewesen,

- Klassifizierung nach den Leistungen bzw. Eigenschaften der Lebensgemeinschaften, z. B. nach Trophie und Saprobie,

- Klassifizierung nach dem Chemismus,

- Klassifizierung nach der "Güte", z. B. im Hinblick auf die formulierten Schutzziele bzw. Schutzgüter (Trinkwasser, Badewasser, Fischereigewässer).

Hydrographische Einteilungsprinzipien

Nach den hydrologischen Kenngrößen lassen sich unterschiedliche Fließgewässertypen abgrenzen. Im allgemeinen erfolgt die Einteilung in Bäche, Flüsse und Ströme, wobei vor allem die Wasserführung ausschlaggebendes Kriterium ist. **Bäche** besitzen eine kleine, wenngleich meist gleichmäßige Wasserführung. In der Regel sind sie schnell fließend, das gilt aber nur für Bergbäche; Niederungsbäche erreichen meist nur geringe Fließgeschwindigkeiten. **Flüsse** sind breiter und besitzen größere Abflüsse. Von **Strömen** spricht man, wenn die Wasserführung über 500 m^3/s steigt.

Die wichtigsten Einteilungskriterien sind in Tabelle 2.7 zusammengestellt. BRAUKMANN (1987) charakterisiert Bäche sowohl hinsichtlich ihrer Höhenerstreckung als auch ihres Gefälles und der Wassertemperaturen (Tabelle 2.8).

Tabelle 2.7: Einteilung der Fließgewässer nach hydrologischen
Kenngrößen

Bezeichnung		MQ (m^3/s)		Mindestbreite (m)
Bach	I. Ordnung	0,06 - 0,18		
	II. Ordnung	0,30 - 0,70		1,0
	III. Ordnung	1,20 - 3,90		3,0
Fluß		> 4,00	>	5,0
Strom		> 500	>	100

Tabelle 2.8: Höhenzonale und klimatische Charakteristik regionaler
Bachtypen (nach BRAUKMANN 1987, verändert SCHÖNBORN 1992)

Höhenzonale Bachtypen	Höhe m ü. NN	Gefälle o/oo	Temperatur °C	Bereich °C
Hochgebirgsb.	3200 - 800 >	600 - 10	2 - 6	2 - 10
Subalp. Bäche	1600 - 400	320 - 4	3 - 8	3 - 14
Montane Bergb.	800 - 200	80 - 1	6 - 10	6 - 18
Submontane Bb.	400 - 50	40 - 0,5	8 - 10	11 - 17
Hochlandbäche	600 - 120	10 - 0,2	7 - 11	9 - 17
Tieflandbäche	120 - 0	10 - 0,2	10 - 12	15 - 18

Klassifizierung nach der ökologischen Längsgliederung

Ein Fließgewässer unterliegt von der Quelle bis zur Mündung kontinuierlich morphologischen und hydrologischen Änderungen. Diese sind im wesentlichen eine
Funktion des Gefälles und des Abflusses. So entsteht aus einem Bach ohne scharfe
Grenze der Fluß und schließlich der Strom. Auf diesem Wege ändern sich die
meisten chemischen und physikalischen Kenngrößen (SCHÖNBORN 1992). Damit
im Zusammenhang steht die biozönotische Längsgliederung. Das bekannteste
biologische Gliederungsbild entwickelte die Fischereibiologie (STEINMANN 1915;

THIENEMANN 1925) anhand dominierender Fischarten (Leitarten) für mittel-
europäische Verhältnisse. Es werden im allgemeinen fünf Fischregionen unterschieden: Forellen-, Äschen-, Barben-, Blei- und Brackwasserregion (Flunder- oder
Kaulbarschregion) (Abb. 2.19). Die Aufeinanderfolge der Regionen ist nicht zwin-
gend; in Abhängigkeit von den ökologischen Bedingungen können manche über-
sprungen werden. Vor allem in den Niederungsgebieten fehlen den Bächen manchmal die Salmonidenregionen (Forellen- und Äschenregion) und meist die Barbenregion. Durch Belastung der Gewässer und Ausbau kann das Schema für praktische
Fragestellungen kaum noch angewandt werden.

Die Forellenregion wird wie folgt charakterisiert:

Leitfisch ist die Bachforelle (*Salmo trutta fario*), daneben leben weitere Fischarten
hier: Bachsaibling (*Salvelinus fontinalis*), Elritze (*Phoxinus phoxinus*), Schmerle
(*Noemacheilus barbatulus*), Groppe (*Cottus gobio u. poecilopus*) und Bachneunauge
(*Lampetra planeri*). Die Oberläufe der Bäche besitzen meist sandig-kiesigen oder
auch steinigen Untergrund, nur mit geringer Unterwasservegetation. Der Sauerstoffgehalt ist hoch, immer > 6 mg/l, die Wassertemperaturen bleiben auch im
Sommer niedrig (ca. 10 °C). Die Fließgeschwindigkeit ist hoch, > 1,0 m/s, im allgemeinen finden sich Unterstände und Kolke durch Auswaschungen, die den hier
lebenden Fischen Ruhezonen bieten. Die Bäche sind immer unbelastet und besitzen
eine gute Wasserbeschaffenheit mit klarem Wasser. Neben den genannten Leitfischarten wird die Lebewelt durch verschiedene Planarien, Köcherfliegenlarven, Stein-
fliegenlarven und Eintagsfliegenlarven dominiert. Unter den Protophyten spielen
Diatomeen eine große Rolle.

Die Forellenregion ist typisch für flachere Bereiche der Hochgebirge und vor allem
für Mittelgebirgsbäche.

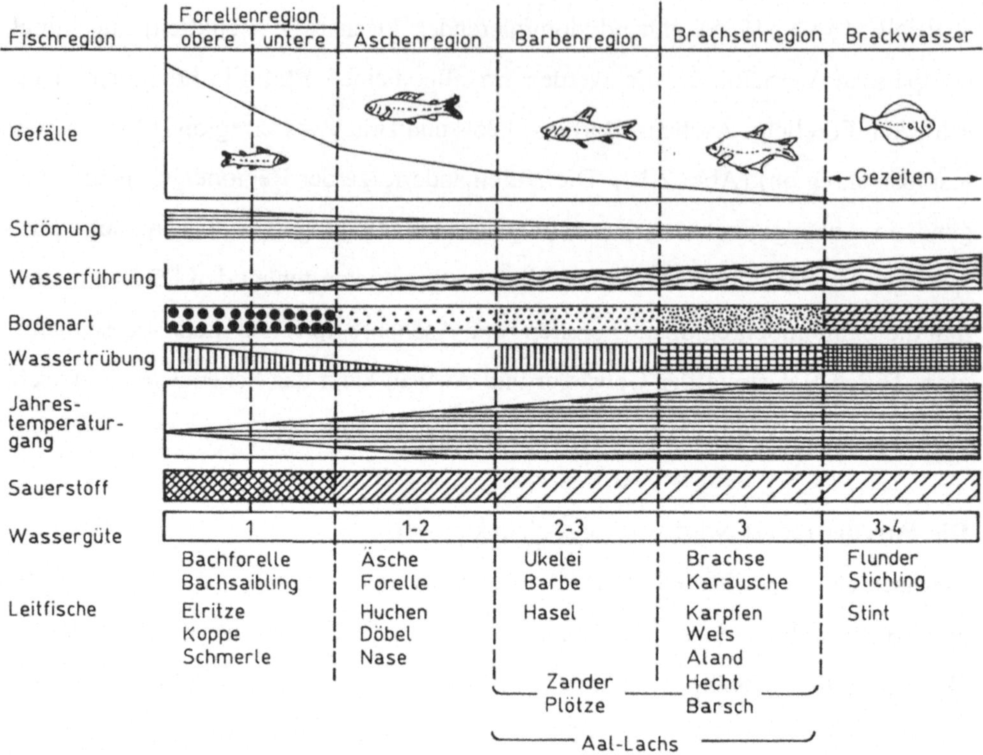

Abb. 2.19:   Fischregionen mitteleuropäischer Fließgewässer (nach KLEE 1985 u. SCHÖNBORN 1992), Bodenart: abnehmende Korngröße; Sauerstoff: abnehmender Gehalt; Wassertrübung: ab- und zunehmend

Die **Äschenregion** schließt sich an die Forellenregion an, wenn die Bäche in flachere Gebirgsbereiche eintreten, sich die Fließgeschwindigkeit zumindest in bestimmten Strecken oder im Uferbereich verlangsamt und so Zonen für Sedimentablagerungen vorhanden sind. Deshalb wird der sandig-kiesige Untergrund durch schlickige Bereiche unterbrochen; hier wachsen dann auch höhere Wasserpflanzen und Algen (z. B. *Vaucheria, Cladophora*). Charakteristikum der Äschenregion ist der stark mäandrierende Bach- oder Flußverlauf mit typischen Prall- und Gleithängen und hier unterschiedlicher Fließgeschwindigkeit. Die Wassertemperaturen sind gegenüber den Forellenbächen deutlich erhöht, bleiben aber ganzjährig immer unter 20° C. Der Sauerstoffgehalt ist immer hoch, mindestens 5 mg/l, die Belastung des

Wasser ist gering. Leitfisch ist die Äsche (*Thymallus thymallus*), außerdem leben hier noch Bachforelle, Döbel (*Leuciscus cephalus*), Nase (*Chondrostoma nasus*) und Flußneunauge (*Lampetra fluviatilis*). In den Mittelgebirgsbächen lebt hier die Flußperlmuschel (*Margaritifera margaritifera*). Mit großen Abundanzen kommen in der Äschenregion Köcherfliegenlarven, Chironomidenlarven, Bachflohkrebse (*Gammarus* spec.) vor.

Die **Barbenregion** ist in vielen mitteleuropäischen Flußsystemen auf Grund stärkerer Belastungen der Mittelläufe und intensiver Besiedlung und Nutzung der Einzugsgebiete nicht mehr vorhanden. Dort, wo dieser Gewässertyp noch existiert, herrschen mannigfaltige Habitatstrukturen mit teils sandigen, teils lockeren organischen Sedimenten vor, in die größere Kiesbänke eingelagert sind. Auch Wasserpflanzenbestände sind vielfach großflächig vorhanden, z. B. gebildet aus *Glyceria fluviatilis, Potamogeton nodosus, Potamogeton pectinatus*. Die Wasserbeschaffenheit ist meist gut mit hohen Sauerstoffwerten, relativ klarem Wasser und erhöhten Nährstoffgehalten. Die organische Belastung ist niedrig. Die Barbenflüsse sind oft flach und breiter ausufernd. Leitfisch der Region ist die Flußbarbe (*Barbus barbus*), die fast überall selten geworden ist. In Baden-Württemberg finden sich Barben noch häufiger in den Schwarzwaldflüssen, in Donau, Hoch- und Oberrhein, Neckar, Kocher, Jagst und Tauber. In Ostdeutschland ist wohl die Zschopau eines der letzten Vorkommensgebiete.

Begleitfische sind: Flußneunauge (*Lampetra fluviatilis*), Stint (*Osmerus eperlanus*), Lachs (*Salmo salar*), Hasel (*Leuciscus leuciscus*), Ukelei (*Alburnus alburnus*). Interessant ist die Hirudineenfauna der Barbenregion. Die zunehmende Belastung hat zu höheren Abundanzen der Kleintiere als Nahrung im Gewässer geführt.

Bleiregion: In der Niederung schließt sich an die Barbenregion die durch den Leitfisch, den Blei (*Abramis brama*), charakterisierte Region an. Die ökologischen Bedingungen ähneln stärker denen in Flachseen, die Strömung ist deutlich herabgesetzt, es bilden sich meist mächtige organische Sedimentbänke, die Ufervegetation kann durch Verlandungspflanzen dominiert werden. In naturnah erhaltenen Flußabschnitten sind Altwässer und Nebenarme typisch. Häufig sind Mollusken, wie *Unio, Anodonta, Sphaerium, Dreissena* und *Theodoxus*. In vielen Fällen ist in den langsam strömenden Flüssen oder Strömen ein echtes Potamoplankton ausgeprägt, das sich in Häufigkeit und Artenzusammensetzung kaum von dem eines eutrophen oder hocheutrophen Sees unterscheidet.

Neben dem Leitfisch sind fast alle Arten der Karpfenfische (Cyprinidae), Welse (*Silurus glanis*), Flußbarsch (*Perca fluviatilis*), Zander (*Stizostedion lucioperca*), Aal (*Anguilla anguilla*), Hecht (*Esox lucius*) vertreten.

Die **Brackwasser- oder Kaulbarschregion** liegt stets im Einflußbereich mariner Lebensräume in Mündungsnähe. Leitfisch ist der Kaulbarsch (*Gymnocephalus cernua*), der allerdings auch in die Bleiregion einwandert. Aus dem Meeresbereich wandern Flundern (*Platichthys flesus*) ein, für die das mit den Gezeiten einströmende Salzwasser wichtig ist. Ökologisch ist die Brackwasserregion durch schnellen Wechsel der Salzgehalte gekennzeichnet. Deshalb leben zahlreiche halophile Organismen in diesem Gewässerabschnitt.

Die Veränderungen der ökologischen Bedingungen im Fließgewässerlängsschnitt durch die verschiedenen Fischregionen für wichtige chemische und physikalische Faktoren charakterisiert Abb. 2.20.

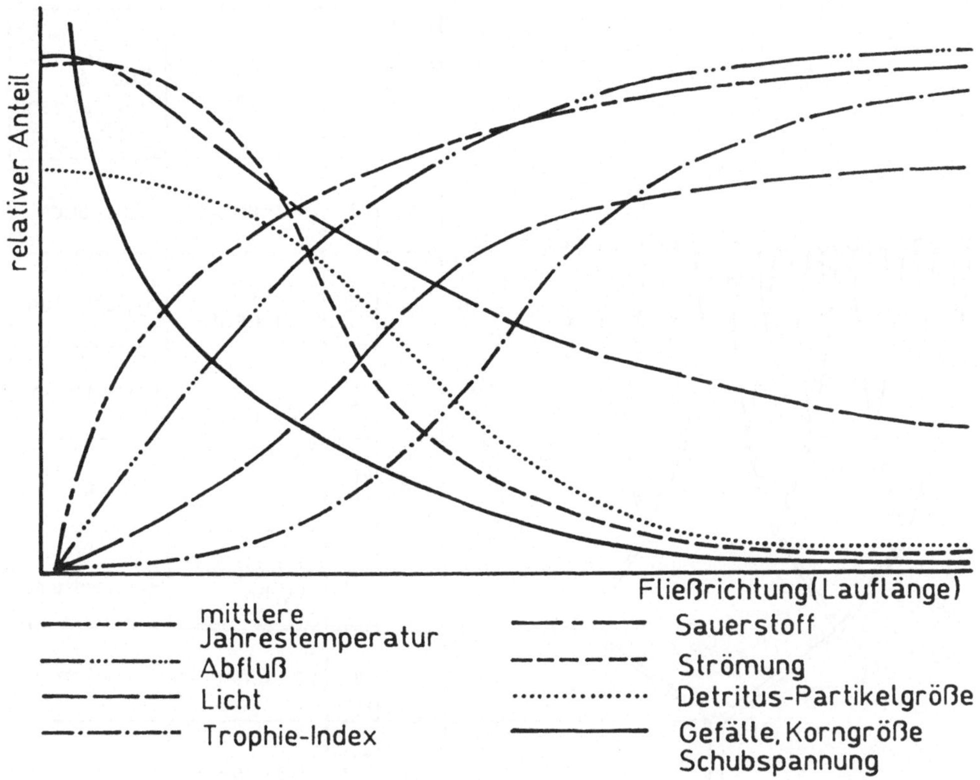

Abb. 2.20:   Veränderung der ökologischen Bedingungen im Fließgewässerlängsschnitt durch die Fischregionen nach chemischen und physikalischen Faktoren (KÜSTER 1978)

Dieser longitudinalen Zonierung folgt auch eine Änderung anderer Lebensgemeinschaften (ILLIES 1952, 1958, 1961). Danach werden die beiden oberen Fischregionen (Salmonidenregionen) als Rhitron und die drei unteren Fischregionen als Potamon bezeichnet (Lebensstätten Rhitral bzw. Potamal). Das Rhithral entspricht dem hydrologischen Begriff des Baches, das Potamal dem des Flusses bzw. Stromes (Abb. 2.21).

Zugeordnet zur Lebensgemeinschaft sind die typischen Pflanzen und Tiere des Rhitrons und Potamons. Im Rhitron dominieren die an höhere Turbulenzen angepaßten Arten.

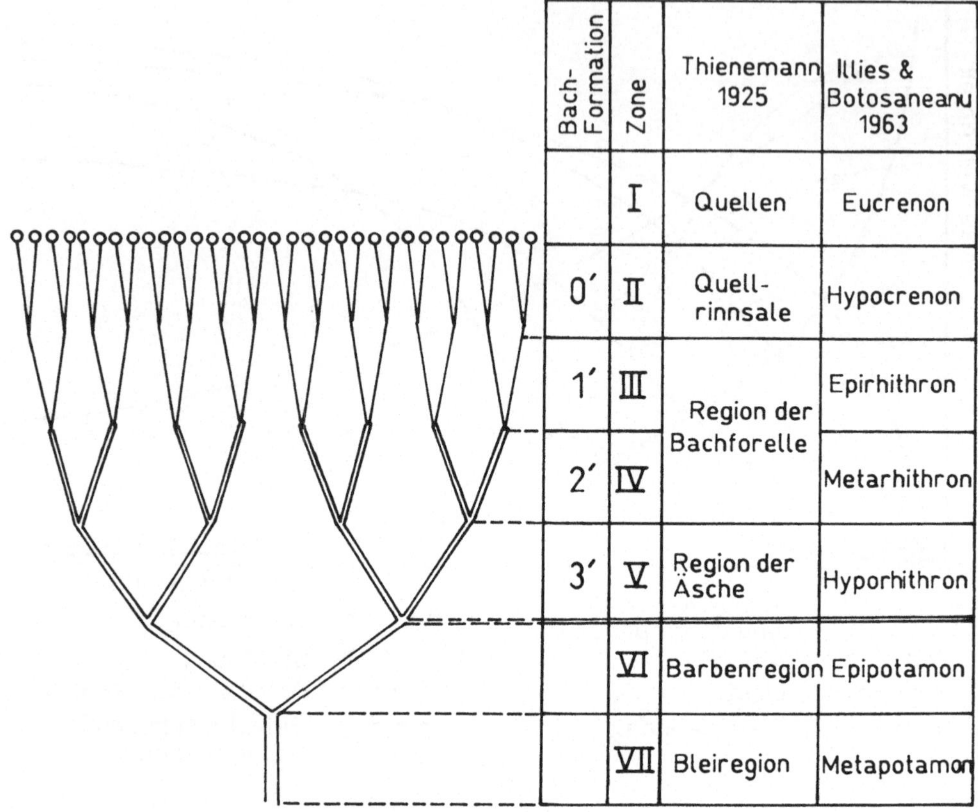

Abb. 2.21: Zonierung von Rhitron und Potamon in Abhängigkeit von unterschiedlichen Lebensbedingungen (SCHÖNBORN 1992)

In das klassische Schema der Fischregionen lassen sich vor allem kleine Fließgewässer in Niederungsbereichen kaum einordnen (BERG u. BLANK 1989). Oft fehlen die typischen Leitfischarten völlig, z. B. die Bachforelle, Äsche und Flußbarbe. Andererseits stellen kleine krautfreie Bäche in schwach kuppiger Landschaft Baden-Württembergs, Brandenburgs und Mecklenburg-Vorpommerns wertvolle Refugien für seltene Begleitfischarten der "Salmonidenregionen" dar, wie Elritze, Schlammpeitzger, Schmerle und Groppe.

Klassifizierung nach Trophie und Saprobie

Die Klassifizierung nach der **Trophie** ist bei Fließgewässern nicht üblich, obwohl sich im Längsschnitt ein Flußlauf hinsichtlich seiner Trophie deutlich vom oligotrophen zum eutrophen Status entwickelt, manchmal auch zum hypertrophen. Darauf hat SCHMASSMANN (1955) mit seiner Trophieskala zur Klassifizierung der Flüsse hingewiesen. Es fehlt nicht an Versuchen, eine solche Trophieklassifizierung mit der Saprobie zu verbinden. Das scheint schon auf Grund theoretischer Überlegungen nicht statthaft zu sein. Die Trophie beschreibt die Leistung der Populationen eines Ökosystems zum Aufbau von organischer Substanz in Abhängigkeit von der Versorgung mit anorganischen Nährstoffen durch autotrophe Populationen, die Saprobie dagegen die Leistungen der Populationen beim Abbau organischer Stoffe durch überwiegend heterotrophe Populationen.

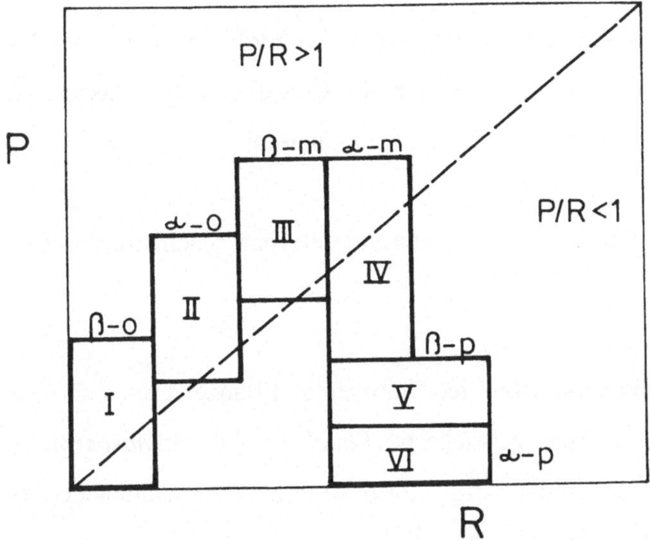

Abb. 2.22:   Saprobie und Trophie in Abhängigkeit vom Produktions-Respirations-Verhältnis des Ökosystems (CASPERS und KARBE 1967), P = Produktion; R= Respiration; o = oligosaprob; m = mesosaprob; p = polysaprob; I bis VI= Güteklassen

Anhand des Produktions-Respirationsverhältnisses P/R wird deutlich, daß Eutrophierungs- oder Hypertrophierungsprozesse nur bis P/R = 1,0 denkbar sind; in den meisten Fällen liegt P/R gerade in hypertrophen Systemen deutlich > 1,0. Polysaprobie und α -Mesosaprobie lassen sich mit Trophiestufen nicht beschreiben (Abb. 2.22).

Oligo- und ß-Mesosaprobie lassen sich dagegen gut mit den Trophiestufen Oligotrophie, Eutrophie und Hypertrophie korrelieren.

Die Eutrophierungsmechanismen entsprechen denen in stehenden Gewässern. Auf Einzelheiten wird im Abschnitt 2.4 eingegangen. Merkmal zunehmender Trophie in Fließgewässern ist die Zunahme der Makrophytenbestände, die bei nährstoffreichen Fließen mit langsamer Strömung und bei entsprechender Flachheit des Gewässers bis zur totalen Verkrautung führen kann. Bei Strömen in den Niederungen tritt mit zunehmender Tiefe der Gewässer und Eintrübung des Wassers an die Stelle der Makrophyten das Flußplankton (Potamoplankton).

KLAPPER (1992) charakterisiert einige Fließgewässertypen nach trophischen Gesichtspunkten (ergänzt):

Bergbach: In der Quellregion nährstofflimitiert, nur wenige Pflanzenarten sind dem Streß des stark fließenden Wassers gewachsen (*Vaucheria, Batrachospermum, Lemanea, Fontinalis*). Diatomeen bilden millimeterdicke Polster. In Waldbächen ist die Primärproduktion durch Lichtmangel eingeschränkt. Oft besitzen Bergbäche ein geringes Puffervermögen elekrolytarmer Weichwässer, mit sinkenden pH-Werten, weshalb diese Gewässer fischfeindlich sind.

Aubach: Bäche des Gebirgsvorlandes mit Mäandern. Gefälle, Fließgeschwindigkeit und Schleppkraft geringer, Temperaturamplitude höher als im Bergbach. Diffuse und punktförmige Quellen der Nährstoff- und Abwasserbelastung führen zu höherer Trophie. Die Bäche weisen eine stark differierende Gliederung in (lotische) Strömungsbereiche und (lenitische) Stillwasserzonen mit hartem und weichem Gewässergrund auf, oft mit Altwässern. Die Aubäche sind bei geringer Belastung von großer ökologischer Wertigkeit.

Gefällarme Bäche und Flüsse der Niederungen: Meist eutroph oder stärker eutroph mit kräftiger Makrophytenentwicklung. Diese führt zur Abflußhemmung durch Verkrautung.

Rückgestaute Fließgewässer: Starke Sedimentation von Schwebstoffen und mächtige Schlammablagerungen. Teilweise anaerobe Sedimentoberfläche, führt zur Remobilisierung der Phosphate. Entwicklung eines autochthonen Potamoplanktons bei verlängerten Aufenthaltszeiten (Vermehrungsrate > Verlustrate durch Ausspülung). Oft setzt sich das Plankton aus oberhalb in Seen oder Staubereichen produzierten Organismen zusammen. Rückgestaute Fließgewässer neigen im allgemeinen zur Eutrophierung, wobei vielfach das Phytoplankton dominiert.

Bewässerungskanäle in den Tropen und Subtropen: Wegen höherer Temperatur oft hocheutroph, dabei dominieren meist schwimmende Makrophyten (Wasserhyazinthe, *Eichhornia crassipes*). In Verbindung mit der Hypertrophierung kommt es zur Entwicklung von Helminthosen bei primärem Körperkontakt des Menschen, z. B. Bilharziose ("Blutharnen"), da auch die Zwischenwirte (Schnecken der Gattungen *Bulinus, Biophalaria*) häufig sind.

Ästuare: Mündungsbereich der Flüsse mit wechselnder Fließgeschwindigkeit/ Strömung, Wasserständen und Salzgehalt, diese Bedingungen führen bei den meisten Organismen zu Streß. Typische Süßwasserformen können im Ästuar nicht leben.

Überschwemmungsflächen (Inundationsgebiete): Mit großer ökologischer Bedeutung, im Frühjahr durch raschere Erwärmung stürmische Entwicklung von Kleintieren, die die Nahrungsgrundlage für Fische, Amphibien und Wasservögel darstellen, hohe Artenmannigfaltigkeit durch mosaikartigen Wechsel der Lebensbedingungen. In den Randbereichen entstehen großflächig Röhrichte und Erlenbrüche. Erhaltung von Restgewässern und Feuchtwiesen auch nach Abzug des Hochwassers. Während der Überflutung sind Inundationsflächen Sedimentationsräume für Schwebstoffe, damit Nährstoffeliminierung.

Die Klassifizierung der Fließgewässer nach der **Saprobie** ist vor allem im Hinblick auf die Gütebewirtschaftung der Gewässer von großer Bedeutung. Ihr liegt ein System von Saprobien zugrunde, das bereits zu Beginn des 20. Jahrhunderts entwickelt wurde (KOLKWITZ u. MARSSON 1908, 1909). Ökologischer Hintergrund ist die Beobachtung, daß zahlreiche, vor allem niedere Organismen wegen ihrer strengen Anpassungen an bestimmte organische und Sauerstoffbelastungen sich hervorragend als Indikatoren eignen. Das Saprobiensystem ist somit ein Indikatorsystem für unterschiedliche organische Belastungen und der daraus abzuleitenden Sauerstoffverhältnisse. KOLKWITZ und MARSSON nutzten für die Aufstellung des Systems die Erfahrung, daß sich nach massiver Abwassereinleitung typische Organismen entfalteten, die mit den Bedingungen niedrigen Sauerstoffgehaltes und teilweise Anaerobie gut zurecht kommen. Mit dem Voranschreiten der Selbstreinigung und damit der Verbesserung der Wasserbeschaffenheit veränderte sich auch die Lebewelt zugunsten empfindlicherer Arten; heterotroph lebende Organismen gingen gegenüber autotrophen zurück. Das ursprüngliche Saprobiensystem umfaßte drei Saprobiestufen: Polysaprobie - Mesosaprobie - Oligosaprobie. Später wurde zunächst die mesosaprobe Stufe in α- und ß-Mesosaprobie geteilt, weil gerade in diesem Bereich hinsichtlich der Stoffwechselleistungen deutliche Unterscheidungsmerkmale vorliegen (Übergang von überwiegend heterotropher zu autotropher Lebensweise). Danach hat es nicht an Versuchen gefehlt, auch die anderen Saprobiestufen weiter zu untergliedern; in der Praxis hat sich das nur zum Teil durchgesetzt.

Das System wurde später von mehreren Hydrobiologen überarbeitet, ergänzt, spezifiziert und revidiert (z. B. WILHELMI 1927; LIEBMANN 1951; BEER 1954; PANTLE u. BUCK 1955; SRAMEK-HUSEK 1956; SLADECEK 1964; BREITIG 1961; ZELINKA u. MARVAN 1961; FJERDINGSTAD 1965; FRIEDRICH 1990).In neuerer Zeit ist vor allem durch Teamwork in zahlreichen Arbeitsgruppen eine deutliche Verbesserung der limnologischen Grundlagen für die Einstufung der Saprobien erreicht worden (z. B. Ausgewählte Methoden Wasseruntersuchung 1978, Materialien LAWA 1976, DIN 38410 1990). Hinsichtlich der Wahl der Indikatorarten ergab sich bis heute eine Verschiebung von ursprünglich fast allen Pflanzen- und Tiergruppen über vorzugsweise Protozoen und Protophyten bis hin zum Makrozoobenthon. Die Wahl der jeweiligen Systeme hängt im entscheidenden Maße vom Kenntniszuwachs über die ökologischen Ansprüche der Arten und von der Praktikabilität in der Routineuntersuchung ab. Hinzu kommt in der derzeitigen Hydrobiologie eine deutliche Einbuße gerade bei der Artenkenntnis von Protophyten und Protozoen; deshalb wird stärker auf das Makrozoobenthon ausgewichen, obwohl manche der gebrauchten Indikatorarten keine stenöken Organismen sind (z. B. Hirudineen, KALBE 1966). Die Saprobieanalyse mit Hilfe des Makrozoobenthon liefert offensichtlich im oligo-, ß-meso- und α-mesosaproben Bereich brauchbare Ergebnisse. Höhere α-Meso- und Polysaprobie werden dagegen mit den wirbellosen Kleintieren nur ungenügend repräsentiert, da hinsichtlich der Leistungen und Abundanzen eindeutig Protozoen (Ciliaten, farblose Flagellaten), Bakterien, Protophyten und Pilze dominieren und vermutlich auch die sensibleren Indikatoren sind. Ein Vorteil der Makrozoobenthonanalyse liegt aber dessen ungeachtet in der geringeren Untersuchungshäufigkeit wegen längerer Generationszeiten der Arten gegenüber den Mikroorganismen (Untersuchungshäufigkeit maximal zweimal im Jahr).

Das Saprobiensystem hat seine ökologischen Grundlagen in den Selbstreinigungsprozessen verunreinigter Fließgewässer. Die Beseitigung der belastenden organischen Stoffe ist das Werk der Organismen und ihrer Enzyme (Fermente). Im Anfangsstadium der Verschmutzung sind es vor allem niedere Organismen, hauptsächlich Bakterien, farblose Flagellaten, Hefen und andere Pilze. In den späteren Stadien der Selbstreinigung treten zunehmend höhere Tiere und Pflanzen auf. Beim Abbau der Belastungsstoffe entstehen Spalt- und Endprodukte, die das Leben der Organismen beeinflussen können. Zum Sauerstoffmangel durch Verbrauch bei der Mineralisierung der Stoffe kommt auch die Wirkung bestimmter Abwassergifte. Die Selbstreinigung ist in erster Linie als Leistung der Organismengemeinschaft zu verstehen, die vor allem in der Spaltung von Eiweiß und Kohlenhydraten liegt. Damit kann die Selbstreinigung eines Gewässers als Abwehrmechanismus des Ökosystems verstanden werden.

Der Saprobiegrad, die **Saprobität**, kann sowohl durch stoffwechseldynamische Messungen als auch durch die Analyse der Lebensgemeinschaften ermittelt werden (CASPERS u. KARBE 1967). Üblich ist die mikroskopische Untersuchung von typischen Proben aus einem Fließgewässer, z. B. aus der Schlamm-Wasser-Kontaktzone oder aus dem Aufwuchs oder durch Analyse des Makrozoobenthon, wobei hauptsächlich Insektenlarven statusbestimmend sind. Für die Berechnung der Saprobität ist sowohl die Häufigkeit als auch die Zahl der Indikatorarten ausschlaggebend. Den Indikatorarten kann je nach Sensibilität ein Indikationsgewicht zugeordnet werden. Gute Zusammenstellungen der Indikatorarten finden sich bei BREITIG (1982) und in DIN 38410/Teil 2 (1990). Der **Saprobienindex**, der sich aus Saprobiewert der Indikatorart und Abundanz ergibt, wird nach PANTLE u. BUCK (1955) berechnet:

$$S = (s\,h)\,h^{-1} \tag{2.4}$$

(S=Saprobienindex, s·h=Summe aller Produkte der Saprobiewerte und Häufigkeit (Abundanzskala), h=Summe aller Häufigkeitswerte)

Tabelle 2.9 kennzeichnet die Klassengrenzen für die Stufen in Anlehnung an die LAWA-Richtlinien (1976) und DIN 38410/Teil 2 (1990). Im allgemeinen wird das Klassifizierungssystem in Deutschland siebenstufig angewandt, wobei zwischen den Klassen I - IV jeweils Zwischenklassen eingeführt wurden. Aus ökologischer Sicht wären 4 Stufen ausreichend, die durch die Saprobiegrade oligosaprob - ß-mesosaprob - α-mesosaprob - polysaprob gekennzeichnet sind.

Die Einführung zusätzlicher Saprobiestufen, wie Xenosaprobie als Bereich einer "besseren" Oligosaprobie und Hypersaprobie als Bereich einer "schlechteren" Polysaprobie, ist zwar möglich, bringt aber kaum genauere Aussagen. Hypersaprobie wird durch das ausschließliche Vorkommen von Bakterien, Pilzen und farblosen Flagellaten bestimmt; Xenosaprobie wird hauptsächlich durch das Auftreten von Arten der Quellregion determiniert.

Tabelle 2.9: Klassifizierung der Fließgewässer nach Parametern der Saprobie (Saprobieindex, P/R-Verhältnis, Sauerstoffverhältnisse), in Anlehnung an LAWA-Richtlinie 1976, CASPERS u.
KARBE (1967)

Beschaffenheitsklasse	I	II	III	IV
Saprobie	oligo-	ß-meso-	α-meso-	polysaprob
Saprobienindex	< 1,5	1,5-2,5	>2,5-3,5	>3,5
allochthone Belast.	gering	hoch	sehr hoch	extr.hoch
O_2-Min. mg/l	> 8,0	> 4,0	> 2,0	< 2,0
BSB_5 mg/l	< 2,0	< 10,0	< 20,0	> 20,0
P/R (mittl.)	> 1,0	1,0->1,0	< 1,0	<< 1,0
NH_4^+-N (mg/l)	< 0,1	< 0,5	< 1,0	> 1,0

Klassifizierung nach chemischen Kriterien

Eine Klassifizierung nach chemischen Kriterien ist grundsätzlich möglich. In den meisten Fällen erfolgte eine solche Klassifizierung in Verbindung mit einer **Güteklassifizierung**, auch in Verbindung mit biologischen Parametern (z. B. TGL 22764/1981; EU-Richtlinie "Qualitätsanforderungen an Oberflächengewässer für die Trinkwassergewinnung" v. 16. 6. 1975). Solche Klassifizierungen sind eindeutig nutzungsorientiert.

Eine Klassifizierung hinsichtlich bestimmter chemischer Eigenschaften ist unter konkreter Zielstellung üblich, wird aber selten praktiziert, z. B. nach der Härte des Wassers (weich - mittel - hart - sehr hart) in Abhängigkeit vom Elektrolytgehalt (z. B. KLUT-OLSZEWSKI 1965; HÖLL 1986) oder nach dem Salzgehalt (Chloriden). Für letzteres hat ZIEMANN (1971) auf der Grundlage der Arbeiten verschiedener Autoren (z. B. LIEBMANN 1951; HUSTEDT 1957; WETZEL 1969) ein gut geprüftes, ökologisch begründetes System der Halobien (Salzanzeiger) für salzbelastete Fließgewässer Thüringens entwickelt. Danach werden unterschieden:

Infrahalobie: Extrem salzarme, meist saure Gewässer,

Oligohalobie: Typische Süßgewässer mit halophoben Indikatoren,

Mesohalobie: Versalzte Gewässer mit halophilen und halobionten Indikatorarten,

Polyhalobie: Extrem stark versalzte Gewässer mit halobionten Indikatoren.

Auch für andere chemische Verbindungen und Elemente wurden Indikatorzusammenstellungen erarbeitet, z. B. für Fe, Mn und S (LIEBMANN 1951); diese sind aber weniger im Gebrauch.

Klassifizierung nach den Güteanforderungen

Eine "Güte"-Klassifizierung erfolgt stets nutzungsbezogen. Sie stimmt angenähert mit der Klasseneinteilung nach der Saprobität überein, schließt jedoch hauptsächlich chemische Parameter ein, die sich an den verschiedenen Nutzungen orientieren (Badewasserqualität, Qualität des Fischwassers, Rohwasserqualität für die Gewinnung von Trinkwasser). In der modernen Immissionskontrolle der Oberflächengewässer werden gewässerspezifische "Zielvorgaben" für die Wasserbeschaffenheit erarbeitet, die sich im wesentlichen an chemischen Parametern orientieren und auch spezielle Schadstoffgrenzwerte berücksichtigen. Im allgemeinen lehnen sich Zielvorgaben an Güteklassengrenzen an (z. B. politisches Ziel: die Güteklasse II). Die Charakterisierung der Güteklassen erfolgt in Deutschland gemäß LAWA-Richtlinien (1990) (auf Zwischenklassen wird im folgenden verzichtet):

Güteklasse I: Unbelastete bis sehr gering belastete Gewässer mit reinem, stets angenähert sauerstoffgesättigtem und nährstoffarmem Wasser, geringem Bakteriengehalt, mäßig besiedelt durch Algen, Moose, Planarien, Insektenlarven.

Güteklasse II: Mäßig belastete Gewässerabschnitte mit geringer Verunreinigung durch Abwasser und guter Sauerstoffversorgung, sehr großer Artenvielfalt und Individuendichte von Algen, Kleintieren und Fischen. Sehr gute Fischgewässer, meist zum Baden geeignet.

Güteklasse III: Stark verschmutzte Gewässerabschnitte mit hoher Belastung organischer, sauerstoffzehrender Stoffe und niedrigem Sauerstoffgehalt, örtlich Faulschlammablagerungen, Vorkommen von Abwasserbakterien, Pilzen und Ciliaten, Rückgang von Algen und höheren Wasserpflanzen. Für anspruchsvolle Nutzungen nicht geeignet, verschiedentlich Fischsterben.

Güteklasse IV: Übermäßig verschmutzt mit organischen, sauerstoffzehrenden Abwässern, Fäulnisprozesse, anaerob bis geringe Sauerstoffgehalte, Bakterien, Pilze, Flagellaten und Ciliaten dominieren. Fische fehlen. Für fast alle Nutzungen ungeeignet.

2.4 Standgewässerökosysteme

Stehende Gewässer sind nach Entstehungsgeschichte, Größe, Tiefe und Einzugsgebiet außerordentlich verschiedenartige Ökosysteme. Landläufig werden zwar die meisten natürlich entstandenen Gewässer ab einer bestimmten Größe als Seen bezeichnet, das ist aber nicht korrekt. Gemeinsames Charakteristikum für alle stehenden Gewässer ist der relativ geringe Wasseraustausch mit der Umgebung (Zufluß/Abfluß) gegenüber Fließgewässern. Es fehlt außer im Mündungsbereich der Zuflüsse und im Abflußbereich eine regelmäßig gerichtete Strömung.

Es werden folgende Gewässertypen unterschieden:

Seen: Meist tiefe, oft auch größere Standgewässer mit einer Durchschnittstiefe über 2,0 m. Es werden geschichtete und ungeschichtete Seen unterschieden; ab einer bestimmten Wassertiefe bildet sich aufgrund unterschiedlicher Lufttemperaturen im Jahresverlauf ein vertikaler Temperaturgradient heraus, der den Wasserkörper über einen längeren Zeitraum stabil schichtet und dabei den Wasseraustausch erheblich einschränkt. In der gemäßigten Zone stellen sich Temperaturschichtungen im Sommer und im Winter im allgemeinen ab Wassertiefen von 6 bis 10 m ein. Bei ungeschichteten Seen können sich nur temporär Temperatur- und Sauerstoffschichtungen einstellen. Eine Sonderform sind Vertikalschichtungen in Abhängigkeit vom Salzgehalt des Wassers (z. B. Einschichtung von Salzwasser über dem Grund).

Der tiefste See der Erde ist der Baikalsee in Sibirien mit 1740 m. Der größte Süßwassersee ist der Obere See in den USA mit einer Fläche von 81 000 km^2, aber nur einer Tiefe von 308 m.

Tabelle 2.10 gibt eine Übersicht über die tiefsten und größten Seen der Erde, in Europa und Deutschland.

Weiher: Im Volksmund werden Weiher meist als Seen bezeichnet, wenn sie relativ großflächig sind. Sie sind jedoch unabhängig von der Größe sehr flach, ihre Durchschnittstiefe beträgt höchstens 2,0 m. Typischer Vertreter eines großen Weihers ist der Neusiedler See in Österreich/Ungarn, der bei einer Fläche von ca. 330 km^2 nur an wenigen Stellen tiefer als 2,0 m ist. Besonders in Niederungsgebieten sind zahlreiche Flachgewässer Weiher, z. B. in Brandenburg: Fahrlander See, Rangsdorfer See, Blankensee, Rietzer See, Gülper See. Solche "Flachseen" besitzen oft für den Naturschutz große Bedeutung.

Tabelle 2.10: Die größten Süßwasserseen der Erde, Europas und Deutschlands

See	Land	Fläche (km²)	Tiefe max. (m)
Oberer See	USA, Kanada	81 000	308
Viktoriasee	Tansania	69 500	69
	Kenia, Uganda		
Huronsee	USA, Kanada	59 600	228
Michigansee	USA	57 750	266
Tanganjikasee	Burundi, Sambia	32 900	1470
	Tansania, Zaire		
Baikalsee	Rußland	31 500	1745
Großer Bärensee	Kanada	31 300	137
Chöwdsgöl Nuur	Mongolei	2 760	267
Ladogasee	Russland	18 400	225
Onegasee	Russland	9 900	110
Vänersee	Schweden	5 546	98
Peipussee	Russland	3 600	14,5
Vätternsee	Schweden	1 899	119
Balaton	Ungarn	596	11
Genfer See	Schweiz	581	310
Bodensee	Deutschland	538	252
	Österreich		
	Schweiz		
Müritz	Deutschland	117	33
Scharmützelsee	Deutschland	13	29
Schwielowsee	Deutschland	8,4	8
Gr. Stechlinsee	Deutschland	4,1	70

Tümpel: Gewässer, die nur zeitweilig Wasser führen, oft im Sommer austrocknend (temporäre Standgewässer). Im allgemeinen besitzen sie keinen ständigen Durchfluß, die Speisung mit Wasser erfolgt meist durch Niederschläge, Grundwasser oder temporäre Zuflüsse. Charakterisiert werden Tümpel auf Grund ihrer meist sehr geringen Wassertiefe vor allem durch folgende Bedingungen:

-     Extrem starke Temperaturschwankungen im Tag-Nacht-Rhythmus,

-     zeitweilige Austrocknung.

Die in Tümpeln lebenden Organismen müssen sich diesen ökologischen Bedingungen anpassen. Länger lebende Organismen können nur überdauern, wenn sie Anpassungen entwickelten, z. B. Eingraben in den feuchten Schlamm (Fische, Amphibien, Schnecken), Schutzeinrichtungen gegen das Austrocknen (Deckel für Schneckengehäuse), Entwicklung von Dauerstadien (Trockenstadien bei Protozoen, Dauereier bei Crustaceen). Bevorteilt werden Organismen mit kurzen Entwicklungszyklen, wie Insektenlarven, Kiemenfußkrebse, Kleinkrebse.

Die explosionsartige Vermehrung mancher Tümpelbewohner ist sehr auffällig. Interessantestes Beispiel ist der Kiemenfußkrebs (*Lepidurus* sp.), der eine Größe von 6 bis 7 cm erlangt und in kleinen Waldtümpeln lebt. Die Entwicklung vom Ei zum erwachsenen Krebs vollzieht sich in wenigen Tagen. Voraussetzung ist das Aussetzen der Eier mindestens einer Trockenperiode und anschließenden Frostperiode. Da nicht in jedem Jahr beide aufeinanderfolgen, kommt es auch nicht jährlich zur Entwicklung der Krebse. Die Lebensdauer der erwachsenen Krebse ist sehr kurz, weil die Tümpel schnell austrocknen. In dieser Zeit müssen viele Eier produziert werden. Ähnliche Phänomene finden wir auch bei Dauereiern und Dauerkeimen der Cladoceren und Bryozoen. Auch die Entwicklung höherer Tiere in Tümpeln ist dem jährlichen Wechsel von Wassereinstau und Austrocknung unterworfen. In kleinen Tümpeln der Gebirge kommt es zur Massenproduktion von Eiern und zum Ausschlüpfen von Larven in ungeheurer Zahl bei verschiedenen Amphibien, z. B. Kröten und Unken (*Bombina variegata, Pelobates fuscus, Bufo calamita*); Überlebensstrategie ist hier die Massenproduktion von Nachkommen, weil nicht in jedem Jahr die Zeit für eine Entwicklung der erwachsenen Tiere ausreicht.

Talsperren: Talsperren sind künstlich angelegte Seen, meist mit größerer Tiefe. Sie dienen als Speicher, zur Trink- oder Brauchwassergewinnung, manchmal auch dem Hochwasserschutz. Sehr oft sind Talsperren auf Grund der größeren Tiefe vertikal temperaturgeschichtet. Im Gegensatz zu Seen kann die Schichtung bei größerer Wasserbeanspruchung aufgelöst werden. Entscheidend dafür ist die Bewirtschaftung des Wassers durch Gestaltung des Abflußregimes, z. B. über Grundablässe, Entnahmebauwerke in bestimmten Tiefen und Überläufe. Damit ändern sich gegenüber Seen einige wichtige ökologische Bedingungen, die Einfluß auf die Lebewelt haben können. Gravierendste Einflüsse durch die Bewirtschaftung ergeben sich durch den extrem stark schwankenden Wasserstand in der Talsperre mit Absenkungen über 10 m oder kurzfristigen Anstiegen nach Regenperioden. Dadurch können ausgedehnte Uferpartien längere Zeit trocken fallen oder kurzfristig überflutet werden. Deshalb fehlt solchen Talsperren meist ein echtes Litoral mit emersen und submersen Wasserpflanzen. Bei erheblicher Absenkung des Wasserspiegels kann es zur Auflösung der Vertikalschichtung kommen, so daß im Sommer nährstoffreiches Tiefenwasser an die Oberfläche gelangen kann oder das erwärmte Oberflächenwasser des Epilimnions bis zum Profundal gelangt und hier aus dem Sediment Nährstoffe aufnehmen kann. Beides führt zur Erhöhung der Primärproduktion des Phytoplanktons. Typische Schichtungsbilder einer bewirtschafteten Talsperre zeigt Abb. 2.23.

Teiche: Teiche sind künstlich angelegte Flachgewässer, meist zur Fischproduktion. Ihre Wassertiefe erreicht oft nicht mehr als 1,5 m. Je nach Bewirtschaftung wechseln die ökologischen Bedingungen. Häufigste Form in den gemäßigten Breiten sind Karpfen- und Forellenteiche. Zur Abfischung und zur Regeneration des Teichgrundes werden Fischteiche im allgemeinen abgelassen. Damit kommt es zum Trockenfallen im Herbst, manchmal auch über Winter. Eine Sonderform der Teiche sind sog. Abwasserteiche, die der Reinigung von kommunalem Abwasser dienen; sie sind auf Grund der höheren organischen Belastungen und der zeitweiligen

Verringerung des Sauerstoffangebotes oft für höhere, anspruchsvollere Tiere nicht geeignet.

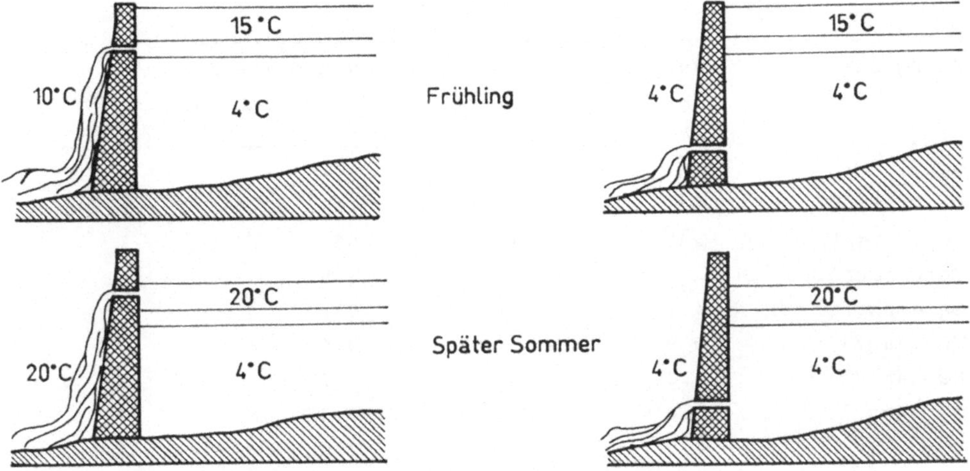

Abb. 2.23:   Schichtung von Talsperren im Wechsel der Jahreszeiten bei unterschiedlicher Füllung in Abhängigkeit von der Nutzung

Sonst entsprechen die ökologischen Bedingungen in manchem denen der Weiher oder Tümpel. Die Regulierung des Wasserstandes über sog. Mönche gewährleistet im allgemeinen über das Sommerhalbjahr gleichmäßige hydrologische Bedingungen. Ursprünglich entstanden in China und Europa Fischteiche vielerorts in der Nähe von Klöstern, wo die Mönche in der Fastenszeit auf Fischnahrung zurückgriffen.

Restgewässer des Bergbaus: Sie stellen eine besondere Form von Standgewässern dar. Bei der Gewinnung von Sand, Kies und Ton und bei der Auskohlung im Tagebaubetrieb entstehen Restlöcher, die sich mit dem Anstieg des Grundwassers zu manchmal recht tiefen Seen oder Weihern entwickeln können.

Tabelle 2.11: Chemismus von Restgewässern des Braunkohlenbergbaus in Ostdeutschland (zusammengestellt aus MÜLLER 1959; KALBE 1958/59; PIETSCH 1965)

Kenngröße	Bergwitzsee (Halle)	Witznitzsee (Leipzig)	Viktoria-III-See (Senftenberg)
pH	4,7	7,5	3,1
Cl^- (mg/l)	37	65	41
SO_4^{--} (mg/l)	790	542	654
Karbonathärte °dH	-	5,0	4,5
Gesamthärte °dH	431,6	0,05	23,0
NH_4^+ (mg/l)	0,9	0,03	0,4
NO_3^- (mg/l)	3,0	11,1	3,5
NO_2^- (mg/l)	0,0	0,1	0,05
PO_4^{3-} (mg/l)	0,0	0,0	0,09
SBV (ml/l n/HCl)	n.n.	1,75	n.n.
CSV_{Mn} (mg/l)	3,5	9,5	22,2

(SBV = Salzsäurebindungsvermögen, CSV_{Mn} - Chemischer Sauerstoffbedarf $KMnO_4$)

Die Größe der Restgewässer ist sehr unterschiedlich und letztlich abhängig von der Mächtigkeit des abgebauten Kohleflözes und der Art und Weise der Verkippung des Haldenmaterials. In Deutschland entstanden vor allem im linksrheinischen Abbaugebiet, in der Leipziger Tieflandsbucht und in der Lausitz größere zusammenhängende Seengebiete.

Braunkohlenrestgewässer erreichen in Mitteleuropa Tiefen über 50 m. Gegenüber natürlichen Seen sind gerade diese Gewässer jedoch in Abhängigkeit vom Chemismus der angeschnittenen geologischen Schichten in ihren ökologischen Bedingungen sehr abweichend. Typisch sind z. B. die stark sauren Braunkohlenrestgewässer der Lausitz in Deutschland auf Grund des hohen Pyritgehaltes und der schwefelsauren Sande über dem Kohleflöz (Tabelle 2.11).

Solche Gewässer benötigen für ihre Entwicklung bis hin zu einem stabilen Gleichgewicht oft eine sehr lange Zeit. Allein die Erreichung angenähert neutraler pH-Werte braucht sehr viele Jahre, weil die Lösung weiterer Säurebildner gegen den Prozeß einer Neutralisation durch Zuflüsse und Stoffeinträge wirkt. Außerdem lagern sich vielfach noch Jahrzehnte nach Anstau lockere Abraummassen im Gewässer um, so daß immer wieder chemische und morphologische Veränderungen zustandekommen. Andererseits stellt die Entwicklung eines Braunkohlenrestgewässers ein einzigartiges ökologisches Experiment dar, bei dem Zusammenhänge zwischen Chemismus und Lebewelt sehr gut erfaßt werden können und die Ansiedlung von Lebewesen sehr genau untersucht werden kann.

2.4.1 Lebensräume eines Sees

Von ganz entscheidender Bedeutung für die Herausbildung der differenzierten Lebensräume eines Sees sind die hydrographischen und morphologischen Bedingungen des Systems. In den gemäßigten Breiten sind Seen ab einer bestimmten Tiefe temperaturgeschichtet; das beeinflußt in ganz wesentlichem Maße die Stoffumsetzungen und die Verfügbarkeit der Nährstoffe für die Pflanzen- und Tierpopulationen. Der thermischen Schichtung der Seen liegt das Phänomen der **Dichteanomalie des Wassers** zugrunde. Wasser besitzt bei einer Temperatur von 4 °C die größte Dichte (genau 3,94 °C bei Normaldruck). Bei höheren Temperaturen nimmt sie rasch ab. So ist die Dichtedifferenz zwischen 29 und 30 °C etwa 30mal so groß wie zwischen 4 und 5 °C. Bei Temperaturen unter 4 °C nimmt die Dichte gleichfalls ab (Abb. 2.24). Bei höherem Druck und/oder erhöhtem Salzgehalt liegt das Dichtemaximum tiefer, z. B. im Meerwasser bei 3,5% bei 3,5 °C. Schichtet sich in Süßwasserseen Wasser mit erhöhtem Salzgehalt ein, wird es stets in die tiefsten Bereiche eintreten, weil es dann das normale Dichtemaximum des Wassers überschreitet; solche Seen bleiben langzeitig stabil geschichtet (meromiktisch geschichtete Seen); ein Austausch von Sauerstoff, Nährstoffen u. a. ist fast ausgeschlossen.

In tropischen Seen kommt es gleichfalls zu stabilen Schichtungen, obwohl Wassertemperaturen unter 10 °C kaum erreicht werden; die Dichteunterschiede bei höheren Temperaturen sind groß genug.

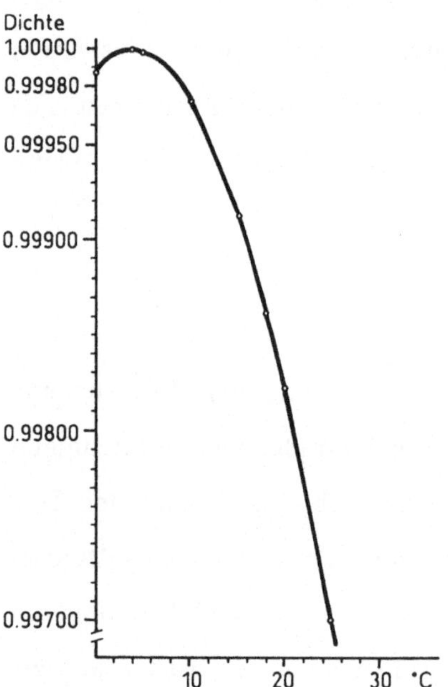

Abb. 2.24:   Dichteanomalie des Wassers (BICK 1989)

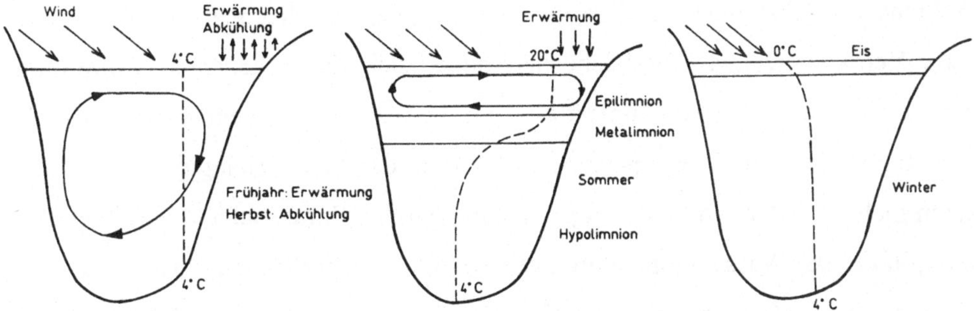

Abb. 2.25:   Vollzirkulation und Stagnation dimiktischer Seen der gemäßigten Breiten (BICK 1989; LINK et al. 1989)

In Seen der gemäßigten Breiten liegt im Sommer warmes, leichteres Wasser über dem spezifisch schwereren Wasser von 4 °C, im Winter kaltes Oberflächenwasser (oder Eis). Dadurch bildet sich eine stabile Schichtung aus, die auch durch starken Wind nicht zerstört werden kann. Im Sommer herrscht der Zustand der Sommerstagnation, im Winter der der Winterstagnation des Wassers: Die Temperaturschichtung verhindert jeweils einen Wasseraustausch und den Austausch der wichtigen Gase und Stoffe weitgehend. Jeweils im Frühjahr und im Spätherbst kommt es zur Temperaturangleichung der tieferen und oberflächennahen Wasserschichten, so daß windbedingte **Vollzirkulationen** des Wasserkörpers möglich werden, die eine Durchmischung des gesamten Wasserkörpers und den Austausch unterschiedlicher Stoffkonzentrationen gewährleisten. Im allgemeinen kommt es hier zu regelmäßig zwei Vollzirkulationen im Jahr **(dimiktischer See).**

Während der Schichtung des Wasserkörpers entstehen im allgemeinen drei verschiedene Vertikalbereiche. Oberflächennah bildet sich das sogenannte **Epilimnion** heraus, das durch Wassertemperaturen um 15 bis 20 °C gekennzeichnet ist; die Mächtigkeit ist von Windexposition und Größe des Sees abhängig, erreicht aber kaum mehr als 10 m. Unter dem Epilimnion liegt die Sprungschicht, das **Metalimnion**, in der die Wassertemperaturen vom wärmeren Oberflächenwasser sprunghaft auf die Wassertemperaturen der Tiefenbereiche absinken. Das Metalimnion ist meist nur wenige Meter mächtig; im allgemeinen bis 4 m. Im Tiefenwasser stellt sich eine Wassertemperatur um 4 °C ein, die je nach Mächtigkeit auch um einige Grade darüberliegen kann. Diese Tiefenwasserschicht ist das **Hypolimnion**. Der Ablauf des Wechsels von Vollzirkulation und Stagnation im dimiktischen See ist in Abb. 2.25 dargestellt.

Seen mit Tiefen unter 6 bis 8 m (Flachseen) sind im allgemeinen ungeschichtet, es stellen sich lediglich kurzzeitig Temperatur- oder Sauerstoffschichtungen ein, die aber durch bereits leichten Wind zerstört werden. Unabhängig davon kann es im Tagesgang auch bei Windstille zu Durchmischungen des gesamten Wasserkörpers durch vertikale Konvektionsströmungen kommen, indem abgekühltes Oberflächenwasser in der Nacht bei niedrigen Lufttemperaturen in die Tiefe sinkt und gegenläufig wärmeres Wasser sich an die Oberfläche bewegt.

Die Dichteanomalie des Wassers hat für den Organismenbestand des Sees, aber auch jedes anderen stehenden Gewässers ab einer bestimmten Tiefe, große Bedeutung, da das Tiefenwasser sich nur bis ca. 4 °C abkühlen kann. Da das Gewässer von oben her zufriert, schützt das Eis den darunterliegenden Wasserkörper vor weiterer Abkühlung. Damit bleibt für Tiere ein geschützter Lebensraum auch bei extremer Kälte. Die verschiedenen Mixistypen von Seen sind in Tabelle 2.12 zusammengestellt.

Tabelle 2.12: Mixistypen von Seen (nach HUTCHINSON uLÖFFLER 1956; BICK
1989), vereinfacht und ergänzt

Typ	Untertyp	Temp. bei Zirkulationen	Vorkommen
dimiktisch	kalt-dim.	min. 4 °C	gemäßigt
	warm-dim.	ca. 27 °C	Tropen
monomiktisch		max. 4 °C	subpol.,polar
oligomiktisch	unregelmäß.	>> 4 °C	Tropen
polymiktisch	gemäßigt	> 4 °C	gemäßigt
	kalt-poly.	> 4 °C	trop.Hochgeb.
meromiktisch		keine	

Für den Wasser- und Stoffaustausch spielen vor allem in großen Seen neben den
durch den Wechsel von Stagnation und Zirkulation bedingten Prozessen weitere
witterungsbedingte Mechanismen eine gewisse Rolle. Charakteristisch ist das
Auftreten von **Seiches** z. B. bei stärkerem Wind oder Starkregen. Dabei verschiebt
sich die Ebene zwischen Epi- und Metalimnion in der Horizontale. Starker Wind
vermag epilimnisches Wasser in einen bestimmten Seeteil zu treiben, wodurch dort
die Mächtigkeit des Epilimnions zunimmt; im windzugewandten Bereich des Sees
verringert sich das epilimnische Wasservolumen, so daß das Hypo- und Metalimnion nach oben verschoben wird. Genauere Untersuchungen zum Auftreten von
Seiches und deren Einflüße auf Austauschprozesse wurden am Bodensee durchgeführt (z. B. BÄUERLE 1992; HOLLAN 1994; SCHROEDER 1994).

Eine typische Vertikalgliederung des Sees kann in Abhängigkeit des Fehlens oder
Vorhandenseins ausreichender Lichtenergie für autotrophe Populationen erfolgen.

Lichtenergie vermag in Abhängigkeit von der Trübe des Wassers nur unterschiedlich tief in den Wasserkörper einzudringen, differenziert für die einzelnen Wellenlängen des Lichtes (siehe Kapitel 2.1, Abb. 2.3). Bei entsprechender Tiefe des Gewässers bildet sich eine Vertikalzonierung in **trophogene** (Aufbauzone mit Photosynthesemöglichkeit) und **tropholytische** Schicht (Abbauzone, unbelichteter Bereich) heraus. Zwischen beiden Zonen liegt die **Kompensationsebene** (Auf- und Abbau organischer Substanz hält sich die Waage), die durch ca. 300-400 Lux bestimmt wird. Die Kompensationsebene ist für verschiedene Pflanzenpopulationen sehr unterschiedlich, mit sehr geringen Lichtintensitäten kommen z. B. Cyanobakterien (Blaualgen), Purpurbakterien und Rotalgen aus.

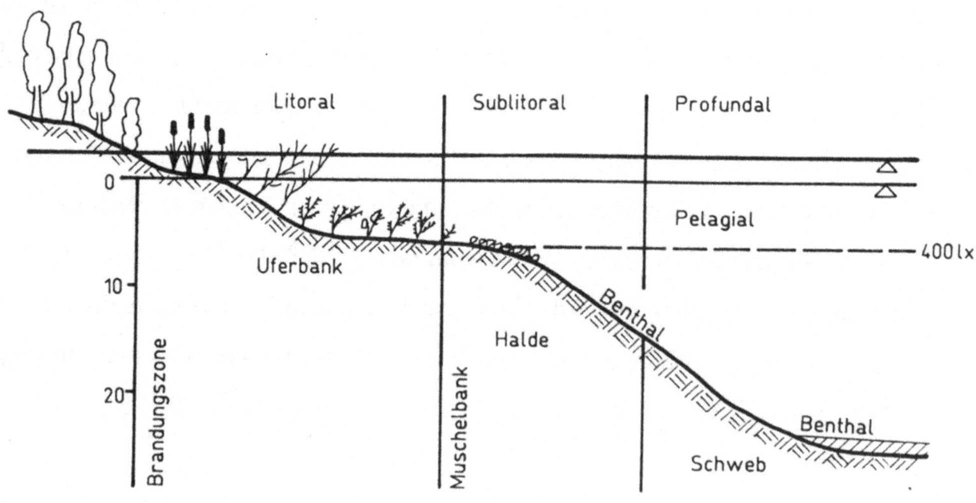

Abb. 2.26:   Zonierung der Lebensbereiche eines Sees in den gemäßigten Breiten

Neben der Zweiteilung des Sees in trophogene und tropholytische Zone muß der Siedlungsraum grundsätzlich in das Benthal (Bodenzone) und **Pelagial** (Freiwasserzone) gegliedert werden. Der Benthalbereich oberhalb der Kompensationsebene ist das **Litoral** (Uferzone), unterhalb das **Profundal**. Abb. 2.26 kennzeichnet die typischen Lebensbereiche eines Sees der gemäßigten Breiten.

Verlandungszone

Besonders an Seen der Niederungen schließen sich landwärts oft breite Verlandungszonen an, die durch den Wasserstand im Gewässer bestimmt werden. Es handelt sich meist um stärker vernäßte Niederungsflächen, die keine direkte Verbindung zum Wasserkörper besitzen, aber ihrerseits die Limnologie des Sees beeinflussen können, z. B. durch Stoffeinträge. Die Verlandungsbereiche sind durch dichte Vegetation unterschiedlicher Sumpfpflanzen und Gehölze gekennzeichnet, z. B. durch mächtige Landschilf- (*Phragmites australis*) und Seggenbestände (*Carex* spsp.), oder Erlenbruchwald (*Alnus glutinosa*) und Weidichte (*Salix* spsp.). Die Verlandungsgebiete besitzen vor allem für amphibisch lebende Organismen große Bedeutung. Dazu gehören viele Insektenarten, zahlreiche Schnecken und alle Froschlurche. Wasser- und Sumpfvögel besitzen hier gute Nahrungs- und Brutbedingungen.

Litoral (Uferzone)

Das Litoral gliedert sich in **Eulitoral** und **Sublitoral**. Ersteres umfaßt die Zone zwischen Hoch- und Niedrigwasserlinie. Sie wird nur von Organismen besiedelt, die den Wechsel des Wasserstandes vertragen oder hier nur temporär anwesend sind. Das Eulitoral wird meist durch typische Verlandungspflanzen besiedelt, z. B. durch sogenannte Gelegepflanzen wie Schilf (*Phragmites australis*), Rohr (*Typha* spsp.) oder Uferpflanzen wie verschiedene Bäume und Sträucher. Manche Seeufer besitzen kaum Uferpflanzen; hierzu zählen bewaldete (schattige), steilscharige Ufer und charakteristische Brandungsufer. Die Besiedlung der Brandungsufer mit Pflanzen beschränkt sich im wesentlichen auf niedere Pflanzen (Abb. 2.27). Speziell bei steinigem oder kiesigem Strand beherbergt dieser Bereich Insektenlarven, Krebse, Mollusken, Hirudineen, Rädertierchen. Der eigentliche aquatische Lebensraum ist das Sublitoral, das dauernd unter Wasser steht. In Abhängigkeit von den jeweiligen Wind-, Boden- und Ernährungsbedingungen stellen sich sehr unterschiedliche Besiedlungsmuster ein. Typisch für eutrophe Seen mit sanft abfallenden Ufern sind die an die Röhrichte wasserwärts angrenzenden Bestände emerser (auftauchender) Pflanzen und Schwimmblattpflanzen (*Sparganium, Alisma plantago-aquatica, Ranunculus aquatilis, Sagittaria sagittifolia, Rorippa amphibia, Potamogeton* spsp., *Nymphea alba, Nuphar luteum*). Hier liegen für zahlreiche niedere Pflanzen und Tiere sehr günstige Lebensräume. Höhere Tiere nutzen die Bereiche zur Nahrungssuche und zum Ablaichen.

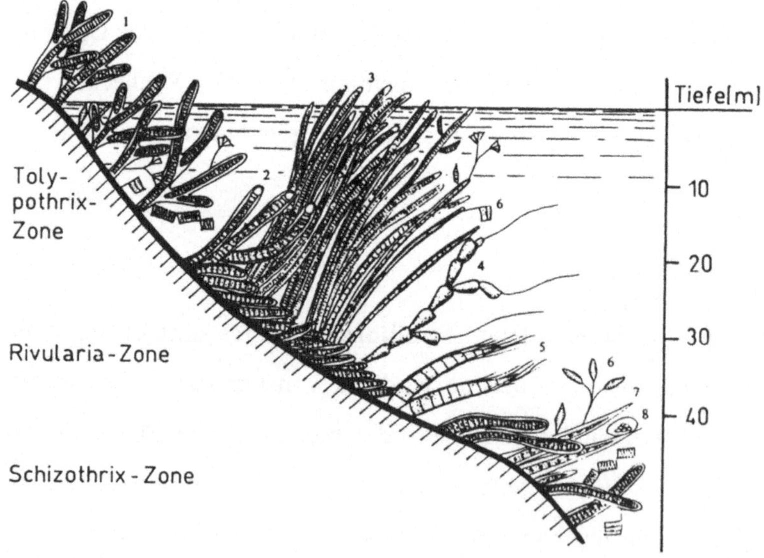

Abb. 2.27:   Besiedlung des Brandungsufers mit niederen Pflanzen (KALBE 1985)

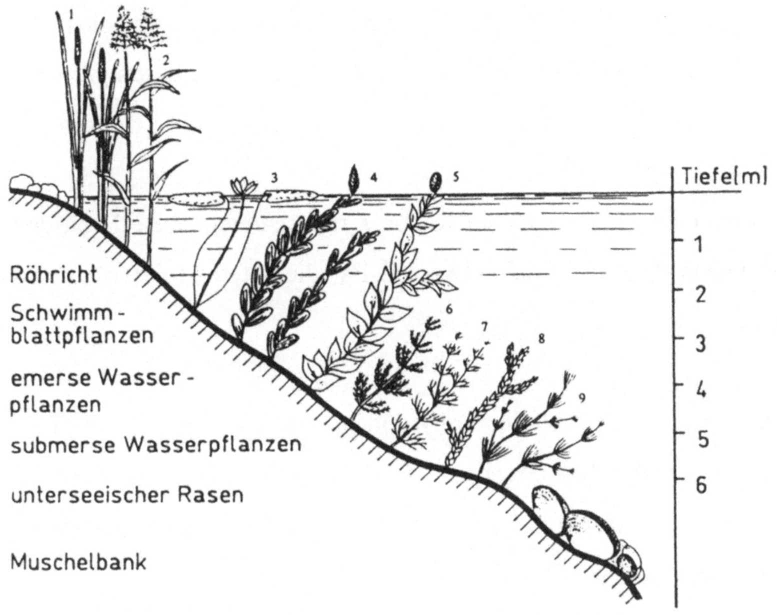

Abb. 2.28: Besiedlung des Litorals mit Makrophyten in einem eutrophen, geschichteten See (KALBE 1985). 1 *Typha*, 2 *Phragmites*, 3 *Nymphaea*, 4 *Potamogeton lucens*, 5 *Potamogeton perfoliatus*, 6 *Myriophyllum*, 7 *Ceratophyllum*, 8 *Fontinalis*, 9 *Chara*

Dem Bereich der emersen und Schwimmblattpflanzen ist die Zone der submersen (untergetauchten) Wasserpflanzen vorgelagert. Charakteristische Arten eines gut durchlichteten Litorals sind Hornblatt (*Ceratophyllum*), Tausendblatt (*Myriophyllum*), Wasserpest (*Elodea canadensis*), Quellmoos (*Fontinalis*) und vor allem Laichkräuter (*Potamogeton* div.spsp.). Den submersen Wasserpflanzen schließen sich in der Tiefe oft großflächig **"unterseeische Rasen"** an, die durch verschiedene Arten der Armleuchteralgen (Characeen) gebildet werden. Wie in den emersen Pflanzenbeständen können auch in diesen Litoralbereichen zahlreiche Kleintiere und niedere Pflanzen siedeln.

Den Abschluß des Litorals in der Tiefe bildet oft eine Muschelbank, die neben vor allem toten Schalen von Schnecken und Muscheln zahlreichen Kleintieren günstige Lebensbedingungen bietet, aber auch noch von einigen Protophyten (Diatomeen, Rotalgen) besiedelt wird (Abb. 2.28).

Höhere Pflanzen können nur bis zu einer Tiefe von 8 m existieren, weil durch den dort herrschenden hydrostatischen Druck ($0,8 \cdot 10^5$ Pa) die Intercellularen zusammengedrückt werden.

Im pflanzenreichen Litoral leben zahlreiche phytophage und zoophage Tiere (Turbellarien, Oligochaeten, Hirudineen, Acarinae, Crustaceen, Insekten, Mollusken, Fische und Amphibien. Viele Insekten und die meisten Lurche sind merolimnisch (Larven leben im Wasser, Adulte an Land).

Eine typische Besiedlungsform des Litorals ist der Aufwuchs (Periphyton). Es handelt sich um Organismen, die sich auf toten oder festen Substraten anheften und "aufwachsen". Dazu zählen Bakterien, Protozoen, Algen, Schwämme, Süßwasserpolypen und Bryozoen.

Profundal

Im lichtlosen Profundal leben neben wenigen, für den Stoffumsatz unbedeutenden chemoautotrophen Lebewesen (z. B. Schwefelbakterien, Eisenbakterien) nur Konsumenten und Destruenten. Sie sind hauptsächlich auf den Bestandsabfall aus der trophogenen Zone angewiesen, hinzu kommt organisches Materiel aus angrenzenden terrestrischen Lebensräumen (z. B. Laub).

Je nach Zusammensetzung und Herkunft der Sedimente in einem See stellen sich unterschiedliche ökologische Verhältnisse ein; sie bilden wiederum die Voraussetzung für die Besiedlung mit Lebewesen. Im einzelnen werden folgende Sedimenttypen unterschieden:

- Dy: Torfschlamm, der sich meist in dystrophen Gewässern (Moore) bildet. Er ist reich an Humusstoffen und arm an Nährstoffen, es sind Mudden aus ausgeflockten Humuskolloiden. Nur wenige Organismen können sich ansiedeln.

- Gyttja: Halbfaulschlamm, meist grünlichgraue Färbung, mit hohem organischen Anteil und hohem Nährstoffgehalt, bildet sich vor allem in nährstoffreichen (eutrophen) Gewässern. Die Gyttja ist typisch für belüftete Seeböden.

- Sapropel: Faulschlamm, typisch für hocheutrophe Gewässer mit geringem Mineralisierungsgrad, hohem organischen Anteil und hoher Nährstoffkonzentration. Typisch für schlecht durchlüftete Seeböden, meist anaerob. Nur wenige Anaerobier oder fakultative Anaerobier können diese Sedimente besiedeln.

Die Zusammensetzung der Profundalfauna ist von der Menge der abgesunkenen organischen Stoffe, dem Nährstoffgehalt und von der Sauerstoffversorgung abhängig. Im Falle eines starken Eintrages von organischem Material wird neben der guten Nahrungsbasis für Destruenten und Konsumenten zugleich eine Verschlechterung der Sauerstoffversorgung zu erwarten sein, weil zur Oxydation der organischen Verbindungen Sauerstoff verbraucht wird. Deshalb sind solche Bereiche nur von wenigen Arten besiedelt, die in der Lage sind, anaerobe oder zeitweise anaerobe Verhältnisse zu ertragen, z. B. *Tubifex, Chironomus plumosus* et *anthracinus, Chaoborus flavicans*; solche Seen werden **"Chironomusseen"** genannt. Die Besiedlung des sauerstoffreichen Profundals ist vielfältiger, neben den genannten Arten leben obligate Aerobier wie Muscheln (*Pisidium, Sphaerium, Dreissena polymorpha*), Chironomiden- und Pelopiinenlarven (*Tanytarsus, Pelopia, Orthocladius, Procladius*), Schlammfliegen (*Sialis*) und Hirudineen (*Helobdella, Erpobdella octoculata*). Solche Seen werden wegen des charakteristischen Vorkommens der *Tanytarsus*-Chironomidenlarve **"Tanytarsusseen"** genannt.

Pelagial/Plankton

Das Pelagial ist der Lebensraum des freien Wassers (Freiwasserzone). Für die Stoffumsetzungen im See ist gerade dieser Bereich entscheidend. Die wesentlichen Stoffumsetzungen der gelösten Stoffe und der hauptsächliche Gasaustausch erfolgen hier. Damit übt die Freiwasserzone auch einen gravierenden Einfluß auf Litoral und Profundal aus. Zu den Lebensgemeinschaften gehören **Plankton, Nekton, Neuston** und **Pleuston.** Zweifellos stellt das Plankton aus Sicht der Leistungen im System, aber auch der Biomasse, die wichtigste Pflanzen- und Tiergruppe des Sees dar.

Das **Plankton** ist die Lebensgemeinschaft der im Wasser frei schwebenden bzw. treibenden Organismen. Der Name stammt aus dem Griechischen und heißt so viel wie "umherirrend". Die Lebewesen sind überwiegend passiv den Strömungen ausgesetzt. Obwohl das Zooplankton über aktive Fortbewegungsmöglichkeiten verfügt, ist es gleichfalls den Verfrachtungen durch Wasserbewegungen unterworfen. Im allgemeinen besteht das Plankton aus mikroskopisch kleinen Lebewesen. Hinsichtlich ihrer Größe werden folgende Planktongruppen unterschieden:

- Ultraplankton: Organismen mit einer Größe von wenigen Mikrometern (< 0,005 mm). Zum Ultraplankton gehören vor allem Bakterien.
- Nanoplankton: Sehr kleine Organismen mit einer Größe von 0,005 bis 0,050 mm. Es besitzt erhebliche Bedeutung als Nahrung für das Zooplankton. Hierzu zählen zahlreiche einzellige Protophyten und Protozoen, wie farblose

und gefärbte Flagellaten und Ciliaten.

- Mikroplankton: Hierzu zählen zahlreiche bizarre Formen aus dem Reich des Phytoplanktons, aber auch viele koloniebildende, fädige und haufenbildende Algenarten. Aus der Gruppe des Zooplanktons sind vor allem Rädertierchen (Rotatoria) vertreten. Das Mikroplankton umfaßt Organismen bis zu 0,5 mm Größe. Typische Phytoplankter sind in Abb. 2.29 und typisches Rotatorienplankton in Abb. 2.30 abgebildet.

- Mesoplankton: Angenähert 1 mm große Formen von Phytoplanktonkolonien und des Zooplanktons. Vom Zooplankton sind vor allem Kleinkrebse zu nennen, wie Cyclopoiden, Cladoceren und Ostracoden (Abb. 2.31) .

- Makroplankton: Zum mehrere Millimeter großen Makroplankton gehören einige größere Raubkrebse wie *Bythotrephes longimanus* und *Leptodora kindti.*

Taxonomisch gehören zum Plankton fast alle Klassen bzw. Ordnungen der Protophyten, einschließlich der Bakterien, im Süßwasser ohne die Ordnung der Braunalgen, sowie verschiedene Kleintiere wie Flagellaten, Ciliaten, Rhizopoden (Thekamöben, Heliozoen), Rotatorien, Cladoceren, Copepoden, Ostracoden, Süßwassermedusen *(Craspedacusta)*, die Larven von Dreikantmuscheln (*Dreissena polymorpha*) und *Chaoborus*larven. Die Gruppe des Planktons umfaßt zahlreiche Produzenten und Konsumenten (phytophage und zoophage Arten); Destruenten werden durch viele heterotrophe Bakterienarten gestellt. Abb. 2.32 zeigt die Verteilung der Bakterien im See.

Die Voraussetzung zum Leben des Planktons ist eine sehr gute Schwebefähigkeit. Nach UHLMANN (1988) liegt die Dichte der lebenden Zellsubstanz des Planktons bei Werten um 1,02 bis 1,05 kg/l und damit höher als die Maximaldichte des Süßwassers (1,00 bei 3,94 °C). Durch Schwebeeinrichtungen wie lange Fortsätze, Gallerten, Gasblasen, Ölvakuolen, Vergrößerung des Formwiderstandes und scheiben-artigen Zellaufbau kann ein Absinken weitgehend gedämpft werden; durch Mini-malturbulenzen im Wasserkörper wird jedoch ein erheblicher Auftrieb erzeugt, der die Organismen langzeitig in der Freiwasserzone hält. Vermutlich spielen dabei bereits sehr geringe, möglicherweise durch Bioaktionen verursachte Aufwärts-strömungen gerade im Bereich der Grenzschichten zum Metalimnion eine wesentli-che Rolle (z. B. WÜEST 1992). BICK (1989) schreibt vor allem dem Nanoplankton gute Schwebeeigenschaften durch Vergrößerung der spezifischen Oberfläche zu.

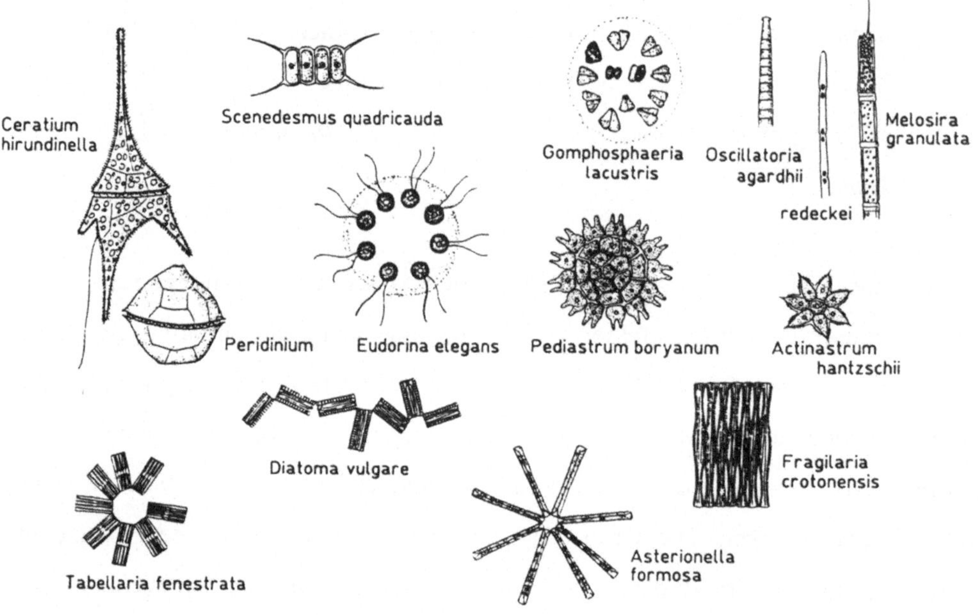

Abb. 2.29:   Typische Vertreter des Phytoplanktons im eutrophen See

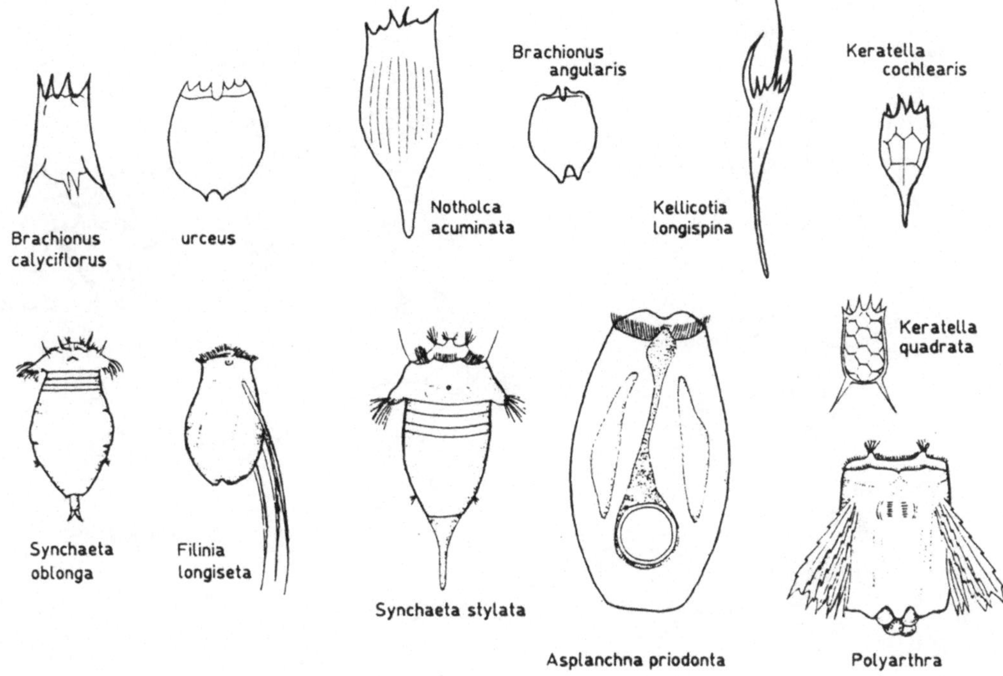

Abb. 2.30:   Typisches Rotatorienplankton eutropher Seen Brandenburgs

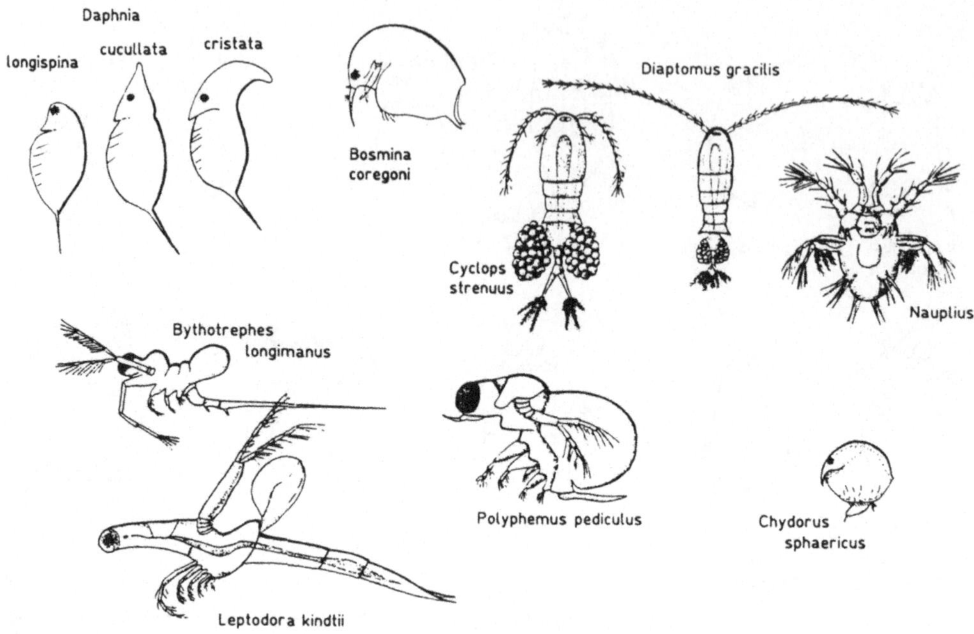

Abb. 2.31:   Zooplankton eutropher Seen

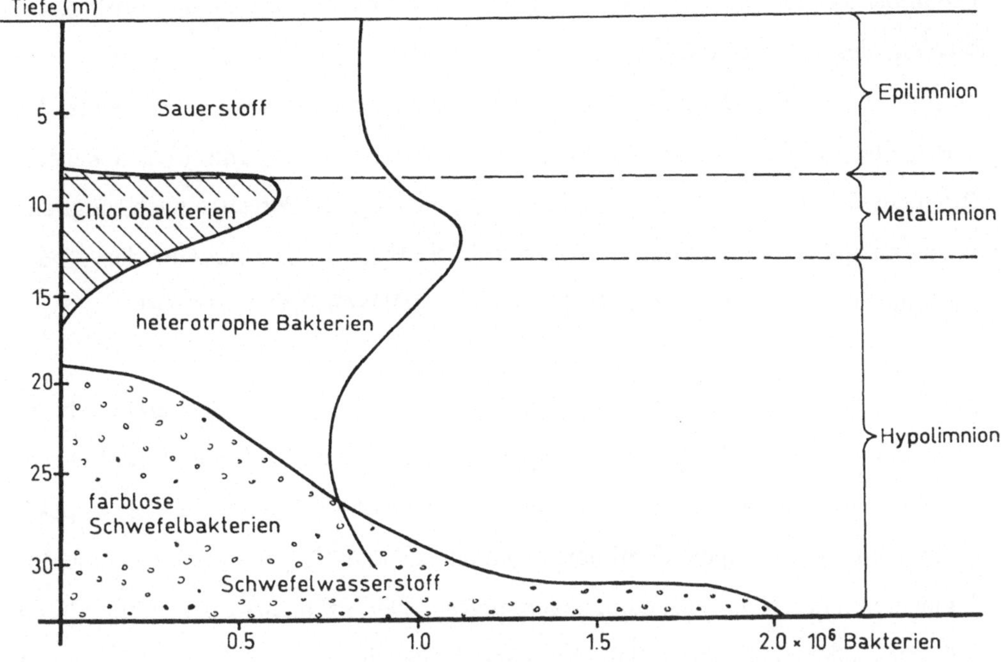

Abb. 2.32:   Verteilung der Bakterien im geschichteten, eutrophen See (KALBE 1985)

Die Möglichkeit zu optimalem Schweben ergibt sich aus folgender Beziehung:

$$V_G \; (mm/s) \; = \; m^{(+)} / \, R \cdot n \tag{2.6}$$

(V_G= Sinkgeschwindigkeit; $m^{(+)}$ = Übergewicht; R = Formwiderstand; n =Viskosität).

Einige Planktonformen besitzen auffällige, oft sehr ähnliche Gestaltveränderungen im Laufe des Jahres, sogenannte Zyklomorphosen. Charakteristisch sind diese bei einigen Zooplanktern, wie bei *Keratella cochlearis* und *Keratella quadrata* (Rotatoria) und bei *Daphnia cucullata* (Cladocera), und Phytoplanktern, wie bei *Ceratium hirundinella* (Dinoflagellata); im Sommer verlängern sich auffällig die Fortsätze der Schalen, des Körpers oder der Köpfe, während im Winter starke Verkürzungen auftreten. Ob die Zyklomorphose eine Anpassung an die geringere Dichte des Wassers bei erhöhter Temperatur ist, kann z. Z. nicht eindeutig entschieden werden. Zumindest bei Rotatorien und Daphnien sind verlängerte Fortsätze auch mögliche Schutzmaßnahmen vor Feinden, z. B. gegen die räuberische *Chaoborus*larve oder das Raubrotator *Asplanchna* (z. B. HAVEL u. DODSON 1984; HAVEL 1985).

Die Planktonzusammensetzung wechselt im Jahresverlauf im See erheblich, in erster Linie als Folge der Unterschiede bei der Temperatur, im Lichtangebot und in der Nährstoffsituation. In mitteleuropäischen Seen stellt sich ein typischer Aspektwechsel ein: Im Frühjahr dominieren Diatomeen und Chrysomonadinen, die für Cladoceren gute Nahrungsbedingungen liefern. Der Frühjahrsaspekt kann durch Fraßdruck oder auch durch Nährstoffmangel beseitigt werden. In hocheutrophen Seen wird das Diatomeenmaximum im Frühjahr durch Verbrauch des Silikats selbst beseitigt (BRAUN 1970). Im allgemeinen folgt im Sommer eine kräftige Entwicklung von protococcalen Grünalgen, die zum Spätsommer hin durch Cyanobakterien (Blaualgen) abgelöst werden. Unter den Blaualgen existieren etliche Arten, die als N_2-Fixierer Mangelsituationen beim Nährstoff Stickstoff ausgleichen können. Im Herbst folgt meist wieder eine kräftige Diatomeenentwicklung (HUTCHINSON 1967; LAMPERT et al. 1986).

Zahlreiche Phytoplanktonarten neigen bei hoher Nährstoffversorgung zur Massenentwicklung. Je nach Struktur der Populationen kommt es dabei zu intensiven **Vegetationsfärbungen** des Wassers oder zu sogenannten **Wasserblüten.** Von Vegetationsfärbungen des Wassers sprechen wir bei relativ einheitlicher Eintrübung und Färbung des Wassers, wobei braune, gelbliche oder grüne Farbtöne überwiegen.

Typisch in mitteleuropäischen Seen sind die braunen Vegetationsfärbungen im Frühjahr durch Diatomeen. Seltener kommt es zu intensiver Rotfärbung vor allem durch Rote Schwefelbakterien oder Purpurbakterien. Bekannt sind die **Blutseen der Alpen**, die in der Regel durch die Geißelalge *Euglena sanguinea* eine blutrote Färbung annehmen. Vergleichbar sind die intensiven Grünfärbungen des Wassers durch grüne Flagellaten in organisch stärker belasteten Flachseen und Tümpeln. Vor allem Grünalgen können bei Massenentwicklung gleichfalls intensive Vegetationsfärbungen hervorrufen.

Von Wasserblüten sprechen wir, wenn nach Massenentwicklung von Phytoplanktonalgen ein Großteil der Population in den oberflächennahen Wasserschichten aufschwimmt und hier dichte Bestände bildet, die oft wolkenartig im Gewässer verteilt sind. In den meisten Fällen wird der Vorgang des "Aufrahmens" der Algen durch verschiedene Ausbildungen unterstützt, die das spezifische Gewicht der Kolonien verringern (z. B. Gallerten, Öltröpfchen, Gasvakuolen). Die bekanntesten Wasserblütenbildner in der gemäßigten Zone sind folgende Blaualgenarten:

- *Oscillatoria rubescens*: Die **"Burgunderblutalge"** bildet vor allem in Bergseen bei mittlerer Nährstoffversorgung intensive blutrote Wasserblüten und Vegetationsfärbungen. Ihr Auftreten in Seen der deutschen Niederungen ist zwar offensichtlich außerordentlich selten, aber für den Harnekopsee in Brandenburg im Jahr 1979 und einen kleinen See bei Bad Freienwalde 1995 mit intensiven roten Wasserblüten belegt (Mat. d. Landesumweltamtes Brandenburg, unveröff.).

- *Oscillatoria agardhii*: Vor allem in hocheutrophen Seen der Niederungen kommt es ziemlich häufig zu grünen Wasserblüten.

- *Aphanizomenen flos-aquae*: Sehr häufiger Wasserblütenbildner in hocheutrophen Flachseen mit intensiver Blaugrünfärbung. Typisch für Oscillatorienseen nach WUNDSCH 1940 u. MÖLLER 1964.

-   *Microcystis aeruginosa/flos-aquae*: Typische intensiv grüne Wasserblüten in hypertrophen Gewässern. Bei deren Auftreten werden andere Phytoplankter und das Zooplankton weitgehend unterdrückt, so daß im Extremfall nur diese Gattung das gesamte Plankton bildet. *Microcystis* kann unter bestimmten physiologischen und (?) ökologischen Bedingungen Phykotoxine (Microcystin) bilden, die warmblütertoxisch sind (BROSCHINSKY 1981; KOHL et al. 1984).

-   *Anabaena flos-aquae*: Bildet grünliche Wasserblüten, meist in Verbindung mit *Aphanizomenon flos-aquae* und Oscillatorien (*O. limnetica, redeckei, agardhii*).

Zahlreiche Vegetationsfärbungen und Wasserblüten bildende Phytoplankter produzieren Geruchs- und Geschmacksstoffe, die ins Wasser abgegeben werden können. Vor allem bei der Gewinnung von Trinkwasser aus Oberflächengewässern spielen solche "Belastungen" eine erhebliche Rolle (WETZEL 1969). Im Extremfall wird aber auch das Fleisch der in solchen Gewässern lebenden Fische geschmacklich beeinflußt. Bei den Geruchs- und Geschmacksstoffen handelt es sich um ölartige Substanzen, die auch nach Absterben der Algen noch verfügbar bleiben. Es werden aromatische, grasartige, gurkenartige und fischige Geschmacks- und Geruchsnuancen unterschieden:

-   Fischig: Nachgewiesen bei etlichen Diatomeen (*Melosira, Tabellaria, Asterionella*), Grünalgen (*Eudorina, Dictyosphaerium, Volvox, Uroglenopsis*) und anderen Algengruppen (*Dinobryon, Ceratium, Peridinium*),

-   Gurkenartig: *Synura uvella* und *Asterionella* (bei niedriger Zahl),

-   Modrig: Fast alle Cyanobakterien (Blaualgen), z. B. *Microcystis aeruginosa, Aphanizomenon flos-aquae, Anabaena*,

-   Aromatisch: Die meisten Diatomeen wie *Synedra, Diatoma, Cyclotella, Asterionella formosa* (bei niedriger Zahl) und einige Geißelalgen wie *Cryp-*

tomonas und *Mallomonas*,
-      Veilchenartig: *Mallomonas*.

Es wurde nachgewiesen, daß eine Reihe von Phytoplanktern tagesperiodische Vertikalwanderungen ausführt. BICK (1989) nennt Flagellaten, die mehr als 10 m überbrücken, um am Tage in günstige Lichtbereiche zu gelangen. Bei verschiedenen Zooplanktern können die Amplituden der täglichen Wanderungen noch größer sein, z. B. bei Cladoceren und Copepoden. Vermutlich dienen solche Wanderungen dem Aufsuchen kälterer Schichten, um tagsüber den Stoffwechsel herabzusetzen, und der aktiven Suche nach Phytoplanktonnahrung in der Nacht im wärmeren, oberflächennahen Wasser. Möglicherweise werden jedoch die Tageswanderungen in tiefere Schichten auch als Ausweichmanöver durchgeführt, um sich den Nachstellungen durch Fische zu entziehen (Prädationsvermeidungs-Hypothese nach LAMPERT et al.1986).

Das **Nekton** wird durch größere, aktiv schwimmende Arten gebildet. In Süßwasserseen gehören hierzu nur die Fische. Im Freiwasser leben vor allem zooplanktonfressende Arten und Raubfische, die neben Zooplankton vor allem kleinere Fische erbeuten. Zur ersten Gruppe zählen vor allem die Kleine und Große Maräne (*Coregonus albula, Coregonus nasus-lavaretus-oxyrhynchus*-Gruppe). Zur Gruppe der Raubfische gehören vor allem Seeforelle (*Salmo trutta lacustris*), Zander (*Stizostedion lucioperca*) und Flußbarsch (*Perca fluviatilis*).

Organismen der Wasseroberfläche gehören zu den Lebensgemeinschaften des **Neuston**s und des **Pleuston**s. Das Neuston besteht aus Kleinalgen und Protozoen, die auf dem Oberflächenhäutchen oder unter ihm leben. Die Oberflächenspannung ermöglicht ein Festheften. Das Pleuston wird durch Tiere gebildet, die auf der

Wasseroberfläche leben (z. B. Wasserwanzen), oder Pflanzen, die auf der Wasseroberfläche treiben (z. B. *Eichhornia crassipes, Lemna, Salvinia*). Für die Stoffumsetzungen im See spielt das Neuston selten eine Rolle.

2.4.2 Klassifizierung von stehenden Gewässern (Seentypen)

Ähnlich wie bei den Fließgewässern kann die Klassifizierung der stehenden Gewässer nach unterschiedlichen Gesichtspunkten erfolgen. Im Vordergrund stehen sicher
Merkmale der Trophie und Zielvorgaben für die "Güte" (Nutzungsbezogenheit).
Meist in Verbindung mit der Trophie sind Klassifizierungen nach fischereilichen,
ornithologischen Gesichtspunkten oder durch das Auftreten bestimmter Organismen-
gemeinschaften zu sehen.

Klassifizierung nach der Trophie

Die Klassifizierung nach der Trophie geht im wesentlichen auf die Seentypenlehre
von THIENEMANN (1924, 1928) zurück. Streng genommen gilt sie im klassischen
Sinn nur für geschichtete Seen. Es werden oligotrophe und eutrophe Seen unterschieden, für die die noch heute gültigen ökologischen Bedingungen beschrieben
wurden; sie beziehen sich vor allem auf den Nährstoffreichtum, die Sauerstoffverhältnisse (speziell im Hypolimnion), den Chemismus und die Besiedlung mit
Kleinlebewesen (z. B. Makrofauna des Sedimentes) in Abhängigkeit von der Morphologie des Sees (Tabelle 2.13).

Im allgemeinen wird neben oligotrophen und eutrophen Seen heute differenzierter
unterschieden: Als Seentyp zwischen Oligotrophie und Eutrophie gut beschrieben
ist der mesotrophe See, der vermutlich lediglich ein instabiles Übergangsstadium
darstellt. Seen höherer Trophie werden als hocheutroph, polytroph und hypertroph
bezeichnet. Auch hier ist offensichtlich der polytrophe (hocheutrophe) See lediglich

ein instabiles Zwischenstadium in der Entwicklung zum stabilen hypertrophen See, der in der Trophieskala das Endstadium darstellt (vgl. auch Kap. 6).

Tabelle 2.13: Charakteristika für oligotrophe und eutrophe, geschichtete Seen (n. THIENEMANN 1924, 1928; RUTTNER 1940; SERNOV 1952; KLAPPER 1992, verändert)

	oligotroph	eutroph
Maximaltiefe (m)	> 30	< 30
Durchschnittstiefe (m)	> 15	< 15
Sauerstoffgehalt (% Sättigung)	90 - 120	60 - 150
Hypolimnion, Ende Stagnation	> 6	< 1
(% Sättigung)	> 50	< 15
Metalimnion (% Sättigung)	ca. 100	> 100
P (mg/l), Frühjahrsvollzirkulation	< 0,015	< 0,2
Makrofauna d. Bodens	*Tanytarsus*	*Chironomus*

Die heute gebräuchliche Einteilung der Seen nach ihrem Trophiestatus unterscheidet nicht mehr zwischen geschichteten und ungeschichteten Seen, obwohl naturgemäß die Schichtung einen gravierenden Einfluß auf die Entwicklung des Trophiestatus besitzt. So ist praktisch bei einem ungeschichteten See mit Ausnahme von Hochgebirgsseen ein oligotropher oder mesotropher Zustand nicht zu erwarten, umgekehrt existieren wohl keine geschichteten, hypertrophen Seen, weil während der Sommerstagnation Nährstoffe ins Hypolimnion transportiert werden.

Der Begriff der **"Trophie"** wird in der Limnologie heute übereinstimmend wie folgt definiert (ELSTER 1958; BICK 1989):

> Trophie ist die Intensität der photoautotrophen Produktion (Primärproduktion). Die Begriffe oligo-, meso-, eu-, poly- und hypertroph kennzeichnen eine geringe, mittlere, hohe, sehr hohe und übermäßige Primärproduktion. Voraussetzung für die Produktivität eines Gewässers sind die ausreichende Nährstoffversorgung, die eine Abstufung der Trophie bewirkt, und die genügende Energie-(Licht-)versorgung.

KLAPPER (1992) charakterisiert den Trophiestatus der Seen auf der Grundlage der TGL 27885/01 der DDR (1974) (Technische Güte- und Leistungsnormen) anhand hydrographischer, trophischer, chemischer und hygienischer Merkmale und Nutzungsparameter, wobei das Kernstück die trophischen Merkmalsgruppen darstellen (Tabelle 2.14):

- Sauerstoffverhältnisse,
- Nährstoffverhältnisse,
- Produktionsverhältnisse,
- Phytoplanktonbiomasse,
- Zooplanktonbiomasse,
- Transmissibilität.

Obwohl die TGL wegen ihres Nutzungsbezuges heute weitgehend abgelehnt wird, sind die hydrographie- und trophiedeterminierten Parameter unbestreitbar für eine Klassifizierung anwendbar. In Mitteleuropa lassen sich folgende durch die Trophie charakterisierte Seentypen unterscheiden (Abb. 2.33):

Oligotropher See: Stets geschichtet, meist sehr tief > 50m, steilscharig, das Hypolimnion ist sauerstoffreich, über dem Grund bleibt die Sauerstoffsättigung ganzjährig über 50 %, die Nährstoffversorgung ist gering, phosphorlimitiert, das Wasser

Epilimnions ist wenig getrübt mit großer Sichttiefe > 6 bis 8 m im Sommer, im Sediment des Profundals leben als typische Indikatoren Chironomidenlarven der Gattung *Tanytarsus*, das Plankton ist artenreich und individuenarm, typische Fische sind *Coregonus albula* im Tiefland und *Coregonus lavaretus* in Gebirgsregionen, charakteristische Wasservogelarten sind Gänsesäger (*Mergus merganser*) und Schellente (*Bucephala clangula*) (KALBE 1965). Typische oligotrophe Seen sind Bodensee, Vierwaldstätter See, Stechlinsee.

Tabelle 2.14: Klassifizierung von Seen nach trophischen Kriterien (nach KLAPPER 1992, verändert)

Kriterien	Beschaffenheitsklasse				
	1	2	3	4	5
Sauerstoffverhältnisse					
Sättigung Sommer %	90-120	80-150	60-200	20-300	<500
O_2 Hypolimnion (mg/l)	> 6	> 1	anaerob	-	-
Nährstoffverhältnisse					
o-PO_4 (P mg/l) Frühj.	<0,005	<0,015	<0,2	<1,2	>1,2
Ges.-PO_4 (P mg/l)	<0,015	<0,045	<0,3	<1,5	>1,5
Ges.-PO_4 (P mg/l)					
Epilimnion	<0,015	<0,04	<0,3	>0,3	>0,5
anorg. geb. N (mg/l)	<0,3	<0,5	<1,0	<1,5	>1,5
Epilimnion	<0,01	<0,03	<0,1	>0,1	>0,5
Produktionsverhältnisse					
Primärproduktion gC/m²a	<120	<250	<400	<500	>500
Phytoplanktonbiomasse					
Chlorophyll[663] mg/m³	<3	<10	<40	<60	>60
Transmissibilität					
Sichttiefe m	>6	>4	>1	>0,5	<0,5

Mesotropher See: Meist sehr tiefe Seen, ähnlich oligotrophem Typ, steilscharig, meist geschichtet, Sauerstoff bleibt im Hypolimnion ganzjährig bis zum Grund vorhanden, jedoch < 50 %, die Sichttiefe beträgt im Sommer um 5 m, die Nähr-stoffversorgung ist gering, phosphorlimitiert, es existiert ein artenreiches, indivi-duenarmes Plankton, die Planktondichten sind höher als im oligotrophen See. Typi-sche mesotrophe Seen sind: Wummsee (Rheinsberg), Schmaler Lucin (Feldberg).

Eutropher, geschichteter See: Seen mit einer Tiefe über 10 bis 12 m, manchmal steilscharig, meist aber flachere Ufer zumindest in Teilbereichen, Sauerstoff wird im Hypolimnion in den Stagnationszeiten weitgehend gezehrt, durchschnittliche Sauerstoffsättigung < 50 %, über dem Grund nahe 0, teilweise Anaerobie, "Nähr-stoffalle" gegenüber Phosphat nicht mehr wirkend, teilweise Remobilisierung von Phosphat aus dem Sediment, vor allem zu Ende der Sommerstagnation,

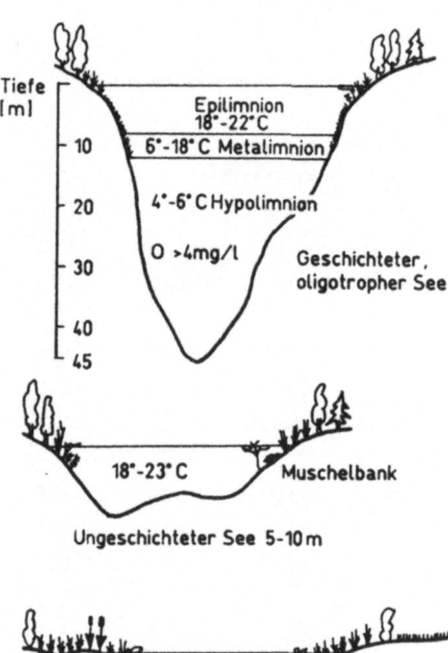

Abb. 2.33: Seentypen in Mitteleuropa (KALBE 1978)

meist reichlich mit Nährstoffen versorgt, im allgemeinen phosphorlimitiert, größere Dichte des Phyto- und Zooplanktons, Sichttiefen stets unter 5 m, typische Indikatorart im Sediment ist *Chironomus plumosus/thummi* ("Chironomusseen"), Leitfische sind Zander (*Stizostedion lucioperca*) und Blei (*Abramis brama*). Typische Seen in Deutschland: Gr. Plöner See, Müritz, Parsteiner See, Werbellinsee, Arendsee, Plauer See.

Ungeschichtete, eutrophe Seen: Dieser Typ ist charakteristisch für einen großen Teil norddeutscher Seen mit Maximaltiefen bis zu 10 m, die Ufer sind meist flach, selten steil, oft bewaldet, manchmal in großflächige Schilfzonen auslaufend, der Wasserkörper wird in der Regel windbedingt ständig umgeschichtet, die Sichttiefe bleibt im Sommer niedrig, kaum über 2 m, das Wasser ist planktongetrübt, die Nährstoffversorgung ausreichend, phosphorlimitiert, die Makrofauna des Sedimentes ist individuenreich, meist durch Chironomiden und Tubifiziden gebildet, im allgemeinen reicht wegen des ständigen Wasseraustausches der Sauerstoff bis zum Grund, typisches Sediment ist eine mineralisierte Gyttja. Hauptfischart ist der Blei (*Abramis brama*).

Klarwasserflachsee: Mit kleiner Durchschnittstiefe um 2 m, oft sehr flache Gewässerbereiche, die hohe Nährstoffversorgung bewirkt eine üppige Entwicklung von Unterwasserpflanzen, die fast den gesamten Gewässergrund überziehen und das Nährstoffangebot weitgehend ausnutzen, so daß eine nennenswerte Phytoplanktonentwicklung ausbleibt. Eine Nachlieferung von Nährstoffen aus dem Sediment ist nur in der vegetationslosen Zeit möglich, typisches Hecht-Schlei-Gewässer nach BAUCH (1958) bzw. Aal-Hecht-Schlei-Gewässer nach MÜLLER (1966), mit artenreicher Fischfauna, nach KALBE (1965) limnoornithologisch typisches Gründelentengewässer mit verschiedenen Taucherarten (*Podiceps cristatus, griseigena, nigricollis, ruficollis*) und Entenarten (*Anas platyrhynchos, strepera, clypeata, querquedula, crecca*). Der Typ des Klarwasserflachsees entspricht in der Trophie dem schwach eutrophen Typ mit guter Nährstoffeliminierung durch die Unterwasserpflanzenbestände. Typische Gewässer in Deutschland: Galenbecker See, Putzarer See, Koblentzer See, Breesener See (Mecklenburg-Vorpommern), Riebener See (Brandenburg).

Polytropher See: Mit Nährstoffen hoch belastet, meist noch phosphorlimitiert, oft aber auch Stickstoffmangel, hohe Primärproduktion und Planktondichten (Phyto- und Zooplankton), Sichttiefen meist unter 1 m, geprägt durch intensive Vegetationsfärbungen, Artendiversität gering, Unterwasserpflanzen fehlen bis auf ufernahe Bereiche meist völlig, Sauerstoff in der Regel im gesamten Wasserkörper verfügbar, Sediment gut mineralisiert in den oberen Schichten, meist kaum Remobilisierungen von Phosphat, fischereilich zum Typ des Zander- oder Bleisees (nach BAUCH 1958) bzw. Aal-Zandersees (nach MÜLLER 1966) gehörend. Typischer polytropher See ist der Müggelsee bei Berlin.

Hypertropher See: Übermäßig mit Nährstoffen versorgt, die Produktion nicht P- und N-limitiert, limitierender Faktor ist das Licht, eingeschränkt durch Selbstbeschattung, extrem starke Phytoplanktonentwicklung mit kräftigen Vegetationsfärbungen und Wasserblütenbildungen, Plankton sehr artenarm, im Sommer meist durch wenige Cyanophyceenarten gebildet, Zooplankton weitgehend unterdrückt, im Extremfall aber Zusammenbruch des Phytoplanktons mit Klarwasserstadium und kräftiger Entwicklung von Rotatorien und Cladoceren, die Makrofauna des Sedimentes ist oft außerordentlich dicht, jedoch sehr artenarm (Abb. 2.34), im Sommer bei Windstille und im Winter unter dem Eis kommt es zu Sauerstoffschwund über dem Grund und kräftigen Phosphorremobilisierungen aus dem Sediment, im Normalfall übersteigt die Remobilisierung im Jahresdurchschnitt die Eliminierung (KALBE 1995). Bei sehr flachen Gewässern kann es durch windbedingte Turbulenzen über dem Sediment zu einer Rückführung von Nährstoffen ins freie Wasser kommen und damit zu einer erhöhten Verfügung. Diesen Prozeß bezeichnet OLAH (1975) als interne Düngung. Im allgemeinen arten- und individu-enreiche Fischfauna, oft mit hoher Produktivität. Typische Erscheinungen des hypertrophen Sees sind Bildung von Blaualgentoxinen (Microcystin) (BRO-SCHINSKY 1981; KOHL et al. 1984), Auftreten von Geflügelbotulismus (*Clostri-dium botulinum* Typ C, z. B. FEILER u. KÖHLER 1977; KÖHLER et al. 1977) und das Infektions- bzw. Hygienerisiko (starke virologische und bakterielle Bela-stung) beim Baden (KALBE 1986).

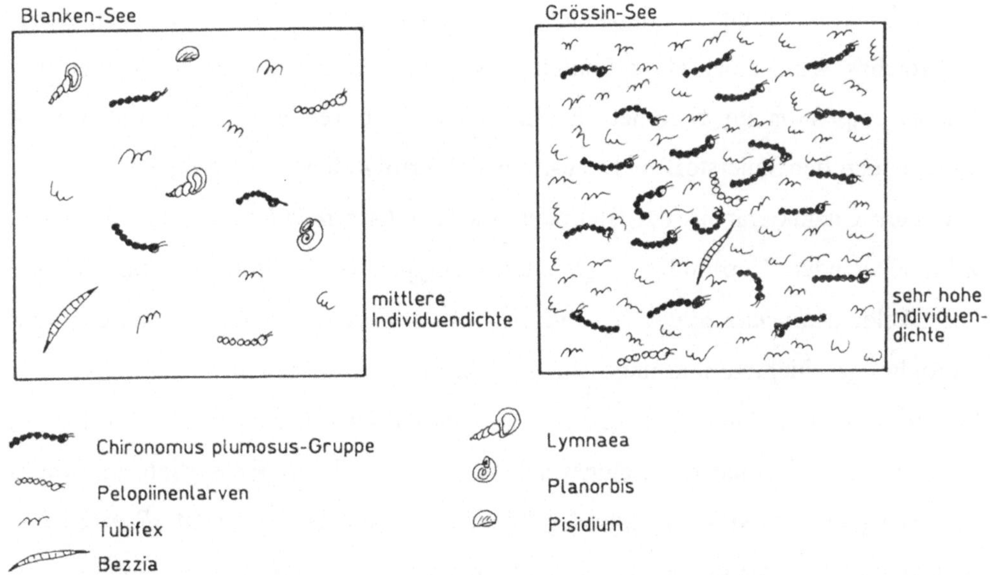

Abb. 2.34: Abundanzen der Makrofauna des Sedimentes in 2 hypertrophen Seen (250 cm^2)

Klassifizierung nach der Fischfauna

Die klassische fischereiliche Seentypenlehre wurde von BAUCH (1958) begründet und von MÜLLER (1966) aus wirtschaftlichen Erwägungen erweitert und untergliedert. Ursprünglich wurden nur vier Grundtypen unterschieden: Maränensee (Coregonensee), Bleisee, Zander- und Hecht-Schlei-See. MÜLLER führte weitere Typen ein, wie Aalsee, Karpfensee und etliche Zwischenstufen, z. B. Aal-Hecht-Schleisee. Die übliche Einteilung bezieht sich aber auch heute noch auf die von BAUCH zusammengestellten Grundtypen, die am besten die natürliche Besiedlung der Seen widerspiegelt. Die fischereilichen Seentypen finden eine deutliche Entsprechung in der Trophieklassifizierung:

Maränensee (Coregonensee): Charakterarten sind in den norddeutschen Gebieten die Kleine Maräne (*Coregonus albula*) und in den süddeutschen Gebirgsregionen die Große Maräne (*Coregonus lavaretus*-Gruppe). Günstige Lebensbedingungen finden beide Arten nur in oligo- und mesotrophen Seen, da sie an sauberes, sauerstoffreiches Wasser des Hypolimnions angepaßt sind, mit entsprechend niedriger Wassertemperatur im Sommer. In eutrophen Seen reicht im Hypolimnion im allgemeinen der Sauerstoff nicht aus, um sich erfolgreich zu vermehren.

Bleiseen: Charakterart ist der Blei oder Brachsen (*Abramis brama*), daneben leben zahlreiche andere Cypriniden im gleichen Seentyp, z. B. die Plötze (*Rutilus rutilus*), der Ukelei (*Alburnus alburnus*) und die Güster (*Blicca bjoerkna*). Bleiseen sind eutrophe, geschichtete und ungeschichtete Seen.

Zanderseen: Der Zander (*Stizostedion lucioperca*) ist Hauptfischart. Er vertritt im Pelagial der meist flacheren, eingetrübten Seen unter 15 m Wassertiefe die Maränen. Bei guter Entwicklung litoraler Pflanzen treten hier der Hecht (*Esox lucius*) und zahlreiche Cypriniden hinzu. Das kleine Hypolimnion ist im Sommer oft sauerstofffrei.

Hecht-Schlei-Seen: Extrem flache Seen mit üppiger Ufer- und Unterwasservegetation, in denen als Charakterarten der Hecht (*Esox lucius*) und die Schleie (*Tinca tinca*) leben. Die Seen entsprechen den eutrophen Klarwasserflachseen.

Klassifizierung nach der Wasservogelwelt

KALBE (1965) charakterisierte die mitteleuropäischen Seen nach ornithologischen Merkmalen. Danach sind drei Grundtypen zu unterscheiden:

Gänsesägersee: Zu Zeiten eines guten Gänsesägerbestandes (*Mergus merganser*) in Norddeutschland bevorzugten diese Entenvögel eindeutig die oligotrophen und mesotrophen Gewässer. Besonders in Brandenburg war bis in die Mitte des 20. Jahrhunderts dieser Seentyp häufig. Zwischenzeitlich hat sich der Gänsesäger aus diesen Gebieten zurückgezogen und besiedelt nun bevorzugt mäßig belastete Fließgewässer mit klarem Wasser.

Tauchentensee: Tiefe eutrophe Seen und flachere Klarwasserseen mit reicher Fischfauna und gut entwickelter Kleintierfauna sind die bevorzugten Brutgewässer verschiedener Tauchenten in Mitteleuropa, z. B. Schellente (*Bucephala clangula*), Reiherente (*Aythya fuligula*). Auch Überwinterer und Durchzügler suchen solche Gewässer auf.

Gründelentenseen: Klarwasserflachseen mit üppiger Ufer- und Unterwasservegetation sind die typischen Gründelentengewässer mit guten Brutbeständen von Stockente (*Anas platyrhynchos*), Schnatterente (*Anas strepera*), Krickente (*Anas crecca*), Knäkente (*Anas querquedula*) und Löffelente (*Anas clypeata*) in Mitteleuropa. In Nordeuropa treten vor allem Pfeifenten (*Anas penelope*) hinzu. Zur Fauna der Gründelentengewässer zählen desweiteren vor allem Lappentaucher und Rallen.

Klassifizierung nach der Wassergüte

Die **nutzungsorientierte** Klassifizierung der Seen folgt im allgemeinen der Trophieklassifizierung. Dem trugen die von KLAPPER (1992) dargestellten Einteilungsprinzipien (TGL 27885/01, 1982) Rechnung. Als wichtigste seengebundene Nutzungen nennt KLAPPER:

- Trinkwassergewinnung, nur aus oligo- und mesotrophen Gewässern wegen hoher Aufbereitungskosten sinnvoll,
- Betriebswasserentnahme,
- Kühlwasserentnahme,
- Bewässerungswasserentnahme, wegen hygienischer Erfordernisse nicht aus poly- und hypertrophen Seen möglich,
- Erholungsnutzung, in oligotroph, mesotroph und schwach eutrophen Seen ist eine Badenutzung möglich,
- Fischerei, nur in poly- und hypertrophen Seen eingeschränkt,
- Wassergeflügelhaltung, nur an hocheutrophen Seen zulässig,
- Schiffahrt.

2.4.3 Besondere Ökosysteme

Flachseen

Flachseen sind definitionsgemäß keine Seen, sondern Weiher. Ihre Tiefe überschreitet im Durchschnitt nicht die 2-m-Linie, auch die Maximaltiefe erreicht kaum einmal 3 m. Deshalb sind solche Gewässer mit den eigentlichen Seen hinsichtlich ihrer Besiedlung und ihrer Stoffumsetzungen nicht zu vergleichen. Die Flachheit des Gewässers ermöglicht vor allem drei charakteristische Prozesse:

- Rasche Erwärmung im Frühjahr und Sommer, ebenso schnellere Abkühlung im Herbst und Winter. Auch im Tagesverlauf kann es bei höherer Amplitude des Lufttemperaturganges zu einem ausgeprägten Tag-Nacht-Gang der Wassertemperaturen kommen.
- Im allgemeinen kann das Licht bis zum Grund vordringen. Das ermöglicht eine Pflanzenentwicklung über den ganzen Gewässerboden, so lange nicht durch Eintrübung des Wassers das Licht in zu starkem Maße in der Wassersäule absorbiert wird. Damit fehlt im allgemeinen eine Zweigliederung des

Gewässers in Litoral und Profundal. Nur bei starker Eintrübung des Wassers (auch durch Primärproduktion von Phytoplankton) entsteht im Flachsee eine Profundalzone ohne jeglichen Pflanzenwuchs.

- Windexponierte Flachgewässer werden durch den Wind total umgewälzt, vor allem können auf Grund größerer Turbulenzen und Wellenbildungen die oberen Schichten des Seesedimentes in die Umwälzung einbezogen werden, so daß neben Pflanzennährstoffen auch ungelöste Sedimentpartikel ins Wasser gelangen und die Eintrübung erhöhen. Das führt zur internen Düngung des Ökosystems nach OLAH (1975) in ausgeprägter Form.

Trophisch lassen sich bei Flachseen eigentlich nur drei Typen unterscheiden:

- Nährstoffarme Flachseen der Bergregion, ohne größere Primärproduktion und Verlandungszonen, gering entwickelte Unterwasserflora, oft dystroph (Braungewässer), meist schwach eutroph oder mesotroph,
- Klarwasserflachseen mit intensiver Makrophytenentwicklung über den gesamten Gewässergrund bei guter Nährstoffversorgung (Eutrophie), oft kräftiger Gürtel von Verlandungspflanzen,
- Hocheutrophe Flachseen mit intensiver Phytoplanktonentwicklung im Sommerhalbjahr bei hoher Nährstoffversorgung. Es treten Wasserblüten und Vegetationsfärbungen des Wassers auf. Höhere Wasserpflanzen sind üppig im Uferbereich vorhanden; große Verlandungszonen.

Der typisch hocheutrophe (polytrophe oder hypertrophe) Flachsee der Niederungen ist gekennzeichnet durch große Sedimentablagerungen vor allem aus abgestorbener Phytoplanktonbiomasse, die einen hohen Anteil an organischen Stoffen enthalten. Hier entwickeln sich oft in hoher Dichte Kleintiere, allerdings meist sehr artenarm. Charakteristisch sind *Chironomus plumosus*-Larven und Tubifiziden. Das Phytoplankton ist meist artenarm und wird im Sommer vor allem durch Cyanophyceen gebildet, mit hoher Abundanz bis zu 10^6 Zellen pro ml (Abb. 2.35).

Moorgewässer

Im geologischen Sinne sind Moore Torflagerstätten von humifizierten Pflanzenresten mit meist erhaltener Pflanzenstruktur. Biologisch bzw. ökologisch betrachtet sind aber Moore spezielle Ökosysteme, die bei hoher Durchfeuchtung und starker Primärproduktion spezieller Sumpfpflanzen entstehen, wenn der Bestandsabfall durch saure Reaktion im System nicht abgebaut wird, sondern sich als Torf ablagert (BICK 1989). Die Produktion an Pflanzensubstanz kann durchaus eine Größenordnung erreichen, wie sie für Wälder gilt: 2 - 10 t/ha.a. Im allgemeinen entstehen Moore im limnischen Bereich im Zuge der Verlandung von Gewässern. Die starke CO_2-Produktion führt zur Säuerung und damit zum Erliegen des weiteren Abbaus des Pflanzenmaterials.

Bei der Entstehung von **Niedermooren** entwickeln sich typische Moorpflanzen wie Seggen und Wollgräser, der pH-Wert schwankt im schwach sauren Bereich zwischen 5,0 und 6,5. Ähnliche Verhältnisse können sich auch bei Entwicklung von Schwingrasen in Flachgewässern einstellen, wobei vom Ufer aus sich eine Pflanzendecke in die freie Wasserfläche vorschiebt. Bei weiterer Verlandung kann sich aus einem Niedermoor ein Bruchwald oder eine Feuchtwiese entwickeln, wie das z. B. im norddeutschen Niederungsgebiet charakteristisch ist.

Bei sehr guter Wasserversorgung ist die Entwicklung eines **Hochmoores** möglich, das vor allem durch ein kräftiges Wachstum von Torfmoosen *(Sphagnum* spsp.) gekennzeichnet ist.

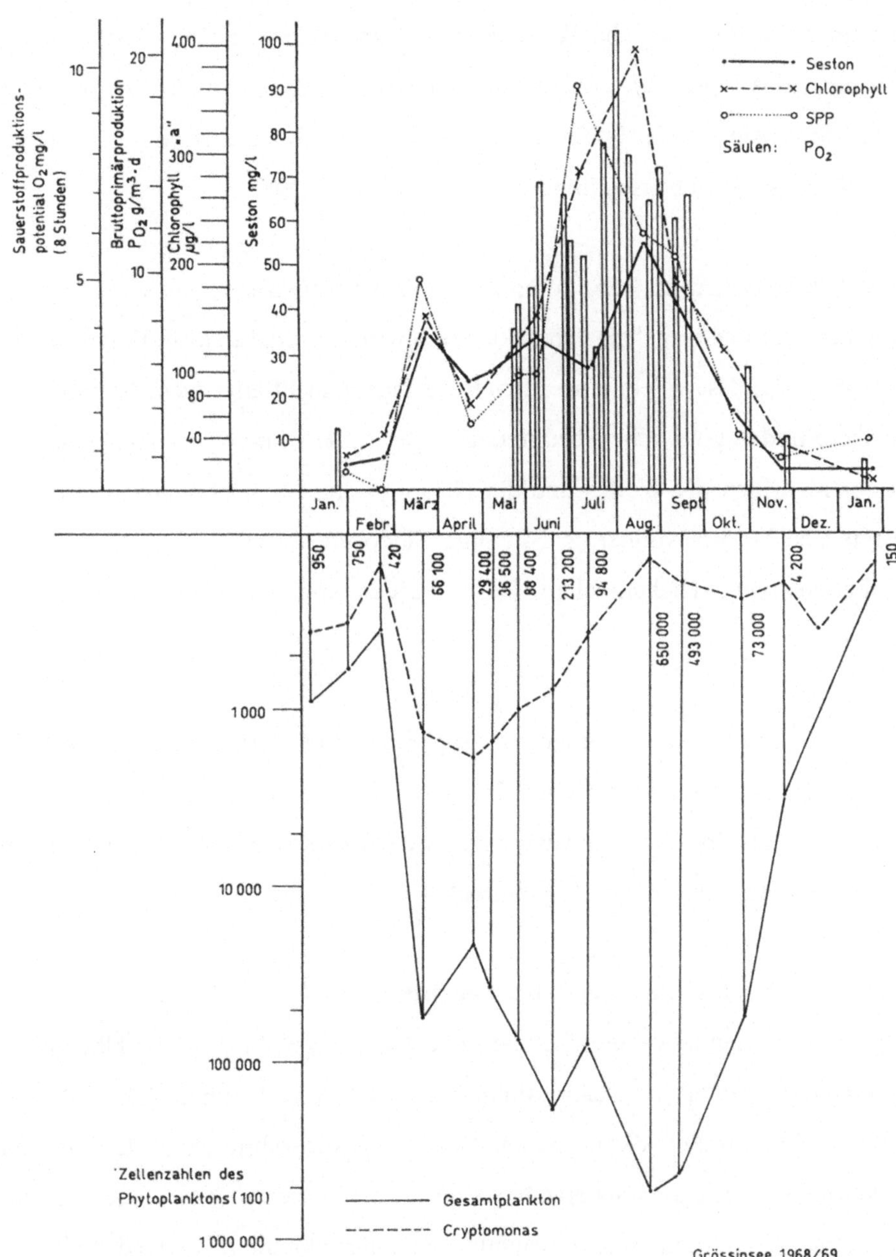

Abb. 2.35:   Biomasseentwicklung in einem hypertrophen Flachsee, dargestellt am Beispiel Grössinsee bei Potsdam (KALBE 1970), SPP = Sauerstoffproduktionspotential nach KNÖPP 1960

Das Torfmoos wölbt sich charakteristisch auf und bildet riesige Bestände uhrglasartig über das Niveau des ehemaligen Gewässerspiegels. Durch Elektrolytbindung der Moose sinkt der pH-Wert unter 4,5 ab, so daß höhere Tiere (z. B. Fische) kaum noch günstige Lebensbedingungen vorfinden können.

Größere Wasserflächen im Moorkomplex führen **Braunwasser**, das seine Färbung einem hohen Huminstoffgehalt verdankt (vor allem kolloidal gelöste Fulvosäuren). In Niedermoorgewässern lebt eine artenreiche Tier- und Pflanzengesellschaft, auch höhere Tiere finden gute Lebensbedingungen vor. Im Hochmoorgewässer leben auf Grund des niedrigen pH-Wertes und der Nährstoff- und Elektrolytarmut nur noch einige typische Moorbewohner, z. B. einige Cladocerenarten, Copepoden, Rotatorien, Libellenlarven, Thekamoeben, Desmidiaceen und Mesotaeniaceen (Conjugatae).

Moorgewässer besitzen als Sediment den sog. Dy (Braun- oder Torfschlamm), der kaum besiedelt ist. Ganz allgemein werden solche Braungewässer auch dystroph genannt (dys = gestört). Moorgewässer sind wegen Entwässerung, Torfgewinnung und teilweise Eutrophierung stark gefährdet.

Feuchtgebiete, Verlandungsbereiche, Feuchtwiesen

Feuchtgebiete, Verlandungsbereiche und Feuchtwiesen gehören zu den Übergangslebensräumen zwischen typischen limnischen und terrestrischen Ökosystemen. Hinsichtlich ihrer großen ökologischen Bedeutung für zahlreiche Pflanzen- und Tierarten müssen sie jedoch als eigenständige Ökosysteme mit besonderer Charakteristik betrachtet werden. Ihre Entstehung ist unterschiedlich, entweder sie entstehen durch zeitweilige oder ständige Überflutung oder Vernässung oder sie entwickeln sich im Zuge der Verlandung und Moorbildung von Gewässern. Je nach geologischem Untergrund und ihrer Entstehungsgeschichte gehören sie mehr oder weniger zu den Moorstandorten.

Besonders im norddeutschen Raum entstanden im Gefolge der Eiszeit in den Urstromtälern großflächig Feuchtgebiete mit Überschwemmungsflächen, Niedermooren, Bruchwäldern und Verlandungsbereichen. Im Bereich der großen Flüsse und Ströme kommt es (jährlich) zur Überflutung auch mineralischer Standorte, erst durch Regulierung der Fließgewässer wurden solche Inundationsgebiete in den letzten Jahrzehnten stark eingeengt.

Die besondere ökologische Bedeutung der Feuchtgebiete liegt im Wechsel der ökologischen Bedingungen im Jahresverlauf. Typische Überschwemmungsgebiete werden ein- oder mehrmals jährlich hoch überstaut und trocknen danach deutlich ab, so daß nacheinander limnische und terrestrische Lebensräume entstehen. Am ausgeprägtesten ist dies bei einigen großen Strömen der tropischen Zone, vor allem im Amazonasgebiet, wo die Amplitude des Wasserstandes weit über 5 m betragen kann (Abb. 2.36).

An solche unterschiedlichen Lebensbedingungen müssen sich alle Bewohner anpassen, sowohl Pflanzen als auch Tiere. Zahlreiche Tiere dieser Gebiete leben amphibisch, das gilt für Insekten (die Larven leben im Wasser, die Imagines an Land), für Amphibien, Wasservögel und Säuger. Andere Arten passen sich an den Wechsel der ökologischen Bedingungen durch Wanderungen oder das Aufsuchen von Restgewässern nach Abtrocknung an (z. B. Fische). In Mitteleuropa sind solche Feuchtgebiete für zahlreiche "Rote-Liste-Arten" letzte Refugien ihrer Besiedlung, dazu zählen die meisten Limikolen (Schnepfenvögel), wie Bekassine (*Gallinago gallinago*), Brachvogel (*Numenius arquata*), Uferschnepfe (*Limosa limosa*), Kampfläufer (*Philomachus pugnax*), Alpenstrandläufer (*Calidris alpina*), Rotschenkel (*Tringa totanus*), Gründelenten, wie Knäkente (*Anas querquedula*), Spießente (*Anas acuta*) und Löffelente (*Anas clypeata*) und verschiedene Amphibien, wie Moorfrosch (*Rana arvalis*) und Rotbauchunke (*Bombina bombina*). Auf nährstoffarmen Feuchtwiesen wachsen mehrere Orchideenarten.

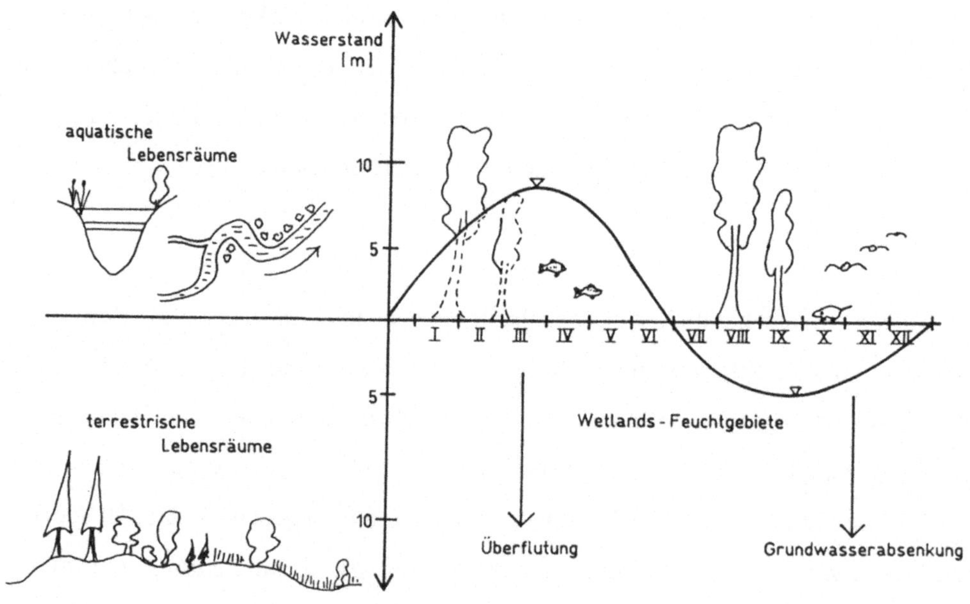

Abb. 2.36:   Wechsel der Lebensbedingungen in tropischen Inundationsgebieten, vergleichbar auch in gemäßigten Breiten bei niedrigerer Amplitude

3 Faktoren der Besiedlung mit Wasserorganismen

Für die Besiedlung eines Gewässers sind bestimmte Lebensbedingungen erforderlich, die je nach Strategie der Populationen und Anforderungen der Einzelindividuen an die ökologischen Bedingungen (Faktoren und Faktorenkomplexe) sehr unterschiedlich sein können. Es ist üblich, die Faktoren der Besiedlung einerseits in abiotische und biotische und andererseits in klimatische, physikalische, chemische und biologische zu gliedern. Für den Einzelorganismus ist diese Untergliederung allerdings unerheblich, da die Wirkung letztlich entscheidend ist. Ob dabei die Temperatur als physikalischer Faktor oder der Sauerstoff als chemischer Faktor die Ansiedlung des Organismus bewirkt, bleibt ohne Bedeutung; es zählt lediglich die Einhaltung des verträglichen Bereichs des jeweiligen Faktors. Dabei gilt generell als Toleranzbereich die Breite zwischen Minimum über Optimum bis hin zum Maximum. Außerhalb dieses Bereichs liegt das Pessimum der Besiedlungsmöglichkeiten, das eine dauernde Ansiedlung verhindert (Abb. 3.1).

Im allgemeinen werden **euryöke** und **stenöke** Arten unterschieden:

- stenöke Arten besitzen gegenüber einem oder mehreren ökologischen Faktoren oder einer bestimmten Faktorenkombination einen sehr engen Toleranzbereich, so daß sie sich nur unter ganz bestimmten Bedingungen ansiedeln können,

- euryöke Arten vermögen dagegen die verschiedenartigsten Ökosysteme zu besiedeln, da sie hinsichtlich der ökologischen Bedingungen "wenig anspruchsvoll" sind. Sie werden oft als "Allerweltsarten" bezeichnet.

Tatsächlich sind Stenökie und Euryökie nicht sauber zu trennen, weil euryöke Arten unter bestimmten regionalen Bedingungen durchaus "regional stenök" werden können, nämlich dort, wo sich z. B. bestimmte klimatische Faktoren den Grenzbereichen Maximum oder Minimum nähern. Euryöke Arten sind aber im Hinblick auf die wesentlichen Umweltfaktoren wenig empfindlich und können deshalb fast überall leben.

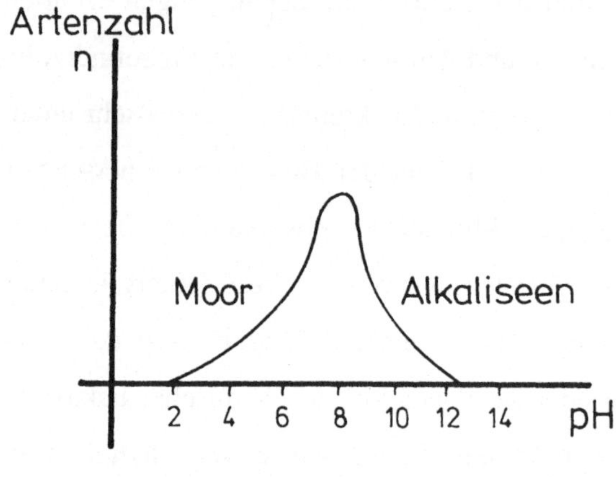

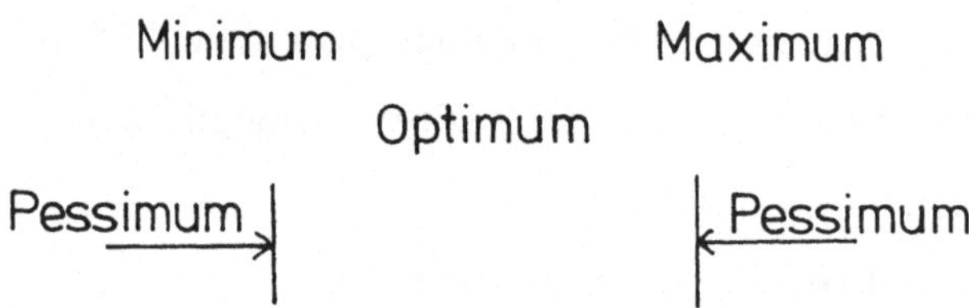

Abb. 3.1:   Toleranzbereiche eines ökologischen Faktors, Beispiel pH-Wert (generalisiert)

3.1 Wirkung der Umweltfaktoren

Das Vorkommen einer Art in einem Ökosystem hängt davon ab, ob und in welchem Maße die durch die Anforderungen der Einzelorganismen an die Umwelt sich ergebenden Toleranzgrenzen der Faktoren realisiert sind. Dabei läßt sich keine

Abstufung der Bedeutung der Faktoren vornehmen, es müssen alle Faktoren den Anforderungen genügen. Für die Ansiedlung des Zwergtauchers (*Podiceps ruficollis*), eines kleinen Tauchervogels der Binnengewässer, müssen beispielsweise sowohl die klimatischen Bedingungen (ausreichende Anzahl eisfreier Tage), die morphologisch-edaphischen (Wassertiefe, Ufergestaltung), physikalischen (Transparenz des Wassers) chemischen (pH-Wert, Nährstoffgehalt) und biotische Faktoren (Uferpflanzen, Unterwasserpflanzen, Nahrungsangebot) ausreichend zur Verfügung stehen. Umgekehrt darf nicht ein einziger Faktor ins Pessimum geraten, denn dann ist die Besiedlung ausgeschlossen, auch wenn die anderen Bedingungen optimal sind.

Liebigs Gesetz des Minimums

Um in einem Ökosystem leben zu können, braucht der Organismus bestimmte Stoffe und bestimmte Bedingungen, die für Wachstum und Ernährung notwendig sind. Diese grundlegenden Anforderungen schwanken bei den einzelnen Arten und in den einzelnen Systemen. Unter bestimmten Gleichgewichtsbedingungen sind solche Stoffe meistens nur in geringen Mengen verfügbar, so daß sie sich einem kritischen Minimum nähern können und schließlich nicht mehr ausreichen, um ein weiteres Wachstum zu gestatten. Solche Stoffe werden dann die weitere Entwicklung limitieren. Dieses Phänomen wurde von LIEBIG (1840, 1862) als Gesetz des Minimums beschrieben, wobei es ursprünglich allein für das Wachstum von Kulturpflanzen und deren Düngung Anwendung fand. Das Gesetz drückt aus, daß ein Organismus jeweils vom schwächsten Glied in der ökologischen Kette seiner lebensnotwendigen Bedürfnisse (Nährstoffe) abhängt. Das Gesetz wurde später von mehreren Autoren (MITSCHERLICH 1926, 1928; THIENEMANN 1939) erweitert, z. B. auch auf andere ökologische Faktoren wie Licht, Temperatur, pH-Wert usw.

In der Limnologie gelten als sogenannte Minimumfaktoren für die Primärproduktion vor allem die Nährstoffe Phosphor und Stickstoff und das Licht (vgl. Abschnitt 4.0). Dabei ist Phosphor wohl in den meisten limnischen Ökosystemen wachstumsbegrenzend; Stickstoff kann z. B. durch die Stickstoffixierer (verschiedene Cyanobakterien (Blaualgen), wie *Aphanizomenon flos-aquae, Oscillatoria redeckei, Anabaena flos-aquae*) aus der Atmosphäre ergänzt werden. In hocheutrophen Gewässersystemen kann Licht zum limitierenden Faktor werden, wenn durch sehr große Bioproduktion des Phytoplanktons weite Bereiche tieferer Wasserschichten restlos abgedunkelt werden (Selbstbeschattung).

Für die Ansiedlung bestimmter Arten und Artengruppen spielt in Gewässern der pH-Wert und der Kalkgehalt eine große Rolle. Für die meisten aerob lebenden Tierarten ist Sauerstoff der begrenzende Faktor. Sinkt der Gehalt unter eine bestimmte Grenze, ist eine dauerhafte Besiedlung nicht mehr möglich, z. B. für empfindliche Fische (Bachforelle, *Salmo trutta fario*) schon ab einem Wert unter 5,0 mg/l, für weniger empfindliche Fische ab 3,0 mg/l. Andere aerob lebende Tierarten ertragen dagegen durchaus noch sehr niedrige Sauerstoffgehalte, wie z. B. zahlreiche Ciliaten und manche Würmer; einige sind gerade an diese Bedingungen angepaßt.

Shellfords Gesetz der Toleranz

Die weiter oben beschriebene Abhängigkeit der Organismen vom Vorhandensein ausreichender ökologischer Lebensbedingungen mit den drei Toleranzbereichen Minimum-Optimum-Maximum hat SHELLFORD (1913) als "Gesetz der Toleranz" formuliert.

Die Prinzipien des Toleranzgesetzes lauten (ODUM 1983):

- Organismen können gegenüber einem ökologischen Faktor eine große Toleranz, gegenüber einem anderen nur eine geringe besitzen.

- Organismen mit einem großen Toleranzbereich gegenüber den meisten ökologischen Faktoren sind im allgemeinen am weitesten verbreitet; sie sind meist euryök.

- Wenn eine Art einen ökologischen Faktor nicht im Optimum vorfindet, können ihre Toleranzbereiche gegenüber anderen ökologischen Faktoren eingeschränkt sein. Das gilt beispielsweise für den pH-Wert, die Salzkonzentration und zahlreiche Schadstoffe.

- Bestimmte Arten leben oft nicht im Optimalbereich eines Faktors. In solchen Fällen besitzen andere Faktoren eine größere Bedeutung, oft spielen dabei Konkurrenzbeziehungen zu anderen Arten oder Räuber-Beute-Beziehungen eine große Rolle.

- Die Toleranzgrenzen können in unterschiedlichen Wachstumsphasen, Entwicklungsstadien und Altersstufen verschoben sein. Beispielsweise besitzen im limnischen Bereich Larvenstadien von Wassertieren meist höhere Ansprüche an die ökologischen Bedingungen. Bei Bachforellen (*Salmo trutta fario*) und Maränen (*Coregonus* spsp.) spielt z. B. für den Schlupf aus dem Ei die Wassertemperatur mit einem Optimum von 4 bis 8 °C eine große Rolle. Erwachsene Fische ertragen höhere Temperaturen. Je nachdem, welche Faktoren in dieser Hinsicht eine wesentliche Bedeutung besitzen, werden neben den allgemeinen Begriffen stenök/euryök weitere die ökologische Affinität bestimmende definiert:

stenotherm - eurytherm (temperaturbezogen),

stenohalin - euryhalin (salzbezogen),

stenophag - euryphag (nahrungsbezogen).

Ökologische Potenz/Ökologische Valenz

Von Bedeutung für das Verständnis ökologischer Zusammenhänge ist die Möglichkeit der Organismen, sich an bestimmte ökologische Bedingungen im Rahmen des Toleranzbereiches der Faktoren anzupassen und so sehr verschiedenartige Ökosysteme zu besiedeln. Hinsichtlich der limitierenden Wirkung eines Faktors kann es zum Faktorenwechsel kommen. Das ergibt sich einerseits aus der Fähigkeit der Organismen, sich im Verlaufe ihrer Entwicklung und an unterschiedlichen Orten auf die Umweltbedingungen einzustellen **(Ökologische Potenz)** und auch aus der wechselnden Wertigkeit eines ökologischen Faktors unter bestimmten Gegebenheiten **(Ökologische Valenz)**. Beispielsweise besitzt die Egelart *Glossiphonia heteroclita* eine ausgeprägte Vorliebe für stehende Gewässer, es gehört aber zum Potential der Art, auch Fließgewässer zu besiedeln. Offensichtlich ist die Ökologische Valenz des Faktors Strömung nicht sehr groß!

Direkte und indirekte Wirkung der Umweltfaktoren

Die Wirkung ökologischer Faktoren auf die Lebewesen kann direkt oder indirekt erfolgen. So wird z. B. das Vorhandensein auseichend hoher Sauerstoffgehalte im Wasser für das Vorkommen bestimmter Wasservögel an einem See kaum direkt wirken, dagegen ist der Faktor aber indirekt über Fische und niedere Tiere als Nahrung dieser Vögel von größter Bedeutung. Für den Ökologen ist die Wirkungsweise des Einzelfaktors oft kaum erkennbar, weil erst die Kombination einer größeren Zahl von Faktoren die erforderlichen Lebensbedingungen ergibt. So wird z. B. die für die Besiedlung eines Gewässers mit Insekten erforderliche Strukturierung der Uferbereiche durch sehr verschiedenartige Faktoren bestimmt. Von Bedeutung können hier beispielsweise ausreichende Kleintiernahrung, flache Ufer, dichte Unterwasservegetation und steiniger Untergrund sein, die sich aber wiederum aus verschiedenen physikalischen, chemischen und biologischen Faktoren ergeben.

Trotz dieser Komplexität der so entstehenden Habitate wird die Habitatwahl oft nur durch wenige oder manchmal nur einen einzigen Faktor bestimmt (SCHUBERT 1986). Reich gegliederte Habitate machen es deshalb für den Ökologen schwer, die für das Vorkommen der einzelnen Art entscheidenden Komponenten herauszufinden.

3.2 Klimatische und physikalische Faktoren

Wesentliche klimatische/physikalische Faktoren sind:

- Sonnenenergie/Licht,
- Temperatur,
- Strömung/Turbulenz,
- Wind,
- Wasserstand,
- Substrat.

3.2.1 Sonnenenergie/Licht

Auch die Organismen in einem Gewässer sind von den auf die Erdoberfläche auftreffenden Strahlungen abhängig, obwohl zahlreiche Arten in tieferen Wasserschichten leben, in die Licht nicht einzudringen vermag. Selbst diese Lebewesen sind auf die durch die Photosynthese gebildete organische Materie und das durch die Sonnenenergie bewirkte Klima angewiesen. Das Sonnenlicht erreicht die Biosphäre in einer Stärke von 8 J/cm^2min. Beim Durchdringen der Atmosphäre wird diese Strahlung wesentlich vermindert; höchstens ca. 65% erreichen als sogenannte Globalstrahlung an klaren Sommertagen die Erdoberfläche, also auch die Wasseroberfläche. Dabei ändert sich die spektrale Zusammensetzung, die vor allem beim Durchdringen von Wolken, Dunst, Staub, Pflanzenbeständen und Wasser weiter beeinflußt wird. So kann davon ausgegangen werden, daß in Mitteleuropa nicht mehr als ca. 24 000 kJ/m²d an einem hellen Sommertag die Wasserfläche erreichen, durchschnittlich sind es nur ca. 12 000 kJ/m²d. Davon wird wiederum höchstens die Hälfte absorbiert, und schließlich werden nur 1 bis 2 % durch Primärproduzenten verbraucht. In terrestrischen Ökosystemen ist Licht im allgemeinen ein Überflußfaktor. Das gilt für Gewässerökosysteme ganz sicher nicht, weil im Wasser große Anteile durch Schwebstoffe, Eigenfärbung oder Organismen absorbiert werden. Für das Wachstum von Pflanzen im Wasser ist eine Mindestenergie erforderlich, dabei spielt aber nur die auf das sichtbare Licht zu beziehende Lichtmenge (Lux, Lumen) eine wesentliche Rolle. So wird allgemein davon ausgegangen, daß für die Assimilation der grünen Pflanzen eine Mindestlichtmenge von 400 Lux erforderlich ist. In Gewässern wird die Wasserschicht, in der noch ca. 400 Lux Beleuchtungsstärke erhalten sind, Kompensationsebene bezeichnet. Hier befindet sich die Grenze zwischen trophogener und tropholytischer Zone.

Die Eindringtiefe der einzelnen Farbanteile des Lichtes in die Gewässer ist sehr unterschiedlich und hängt vor allem von der Eigenfärbung des Wassers, vom Gehalt an suspendierten Stoffen und von der Schwebstoffmenge (Plankton, Bakterienbiomasse, Detritus) ab (Kapitel 2.1). Im allgemeinen dringen grüne und gelbe Farbanteile am tiefsten ein, blaues und violettes Licht wird am stärksten bereits in den oberen Wasserschichten absorbiert.

Licht als ökologischer Faktor ist nicht nur die Voraussetzung allen Lebens durch Bereitstellung verwertbarer Energie für die grünen Pflanzen und Abgabe von Wärmeenergie, sondern auch lebensnotwendig für alle Organismen mit Gesichtssinn, die sich nur so orientieren und Nahrung finden können. Deshalb steht der

Faktor Licht im Gewässer in enger Beziehung zur ökologischen Meßgröße "Sichttiefe", die durch Herablassen einer weißen Scheibe ins Wasser bestimmt wird (Sichttiefe ist die Tiefe, in der von der Oberfläche aus gerade noch die Meßscheibe = SECCHI-Scheibe sichtbar bleibt). Die saubersten Seen der Welt haben Sichttiefen über 20 m, die am stärksten belasteten besitzen im Sommer nur wenige Dezimeter (Tabelle 3.1).

Tabelle 3.1: Beispiele für maximale Sichttiefen unterschiedlich eutrophierter Seen

See	Land	Trophie	Sichttiefe (m)
Baikalsee	Rußland	oligotroph	50
Chöwdsgöl Nuur	Mongolei	oligotroph	20
Bodensee	Deutschland	oligotroph	12
Stechlinsee	Deutschland	oligotroph	8
Wummsee	Deutschland	mesotroph	6
Werbellinsee	Deutschland	mesotroph	4
Schermützelsee	Deutschland	eutroph	3
Schwielochsee	Deutschland	eutroph	2
Müggelsee	Deutschland	polytroph	1
Seddiner See	Deutschland	polytroph	1
Havelseen Pdm.	Deutschland	hypertroph	0,5
Blankensee	Deutschland	hypertroph	0,3
Rangsdorfer See	Deutschland	hypertroph	0,25

3.2.2 Temperatur

In unseren Breiten, wie in allen gemäßigten Klimazonen, liegt die Wassertemperatur im allgemeinen zwischen 0 °C und 25 °C, je nach Jahreszeit. Erhebliche Tag-Nacht-Schwankungen treten nur bei sehr kleinen, flachen Gewässern auf, sonst sind die Unterschiede sehr gering. Deutlich höhere Wassertemperaturen können sich in tropischen Gewässern einstellen. Für stehende Gewässer spielt die Dichte des

Wassers in Abhängigkeit von der Temperatur eine wesentliche Rolle; die größte Dichte wird bei 4 °C erreicht (Anomalie des Wassers). Die Dichteunterschiede sind die Ursache für die Schichtung des Wasserkörpers und die Verhinderung des Ausfrierens der Gewässer (vgl. Kapitel 2).

Die Temperatur ist ein wichtiger ökologischer Faktor für die Besiedlung der Gewässer und die Leistungen der angesiedelten Populationen:

-   Der Stoffwechsel der meisten wechselwarmen Organismen wird bei erhöhter Temperatur beschleunigt, umgekehrt wird er eingeschränkt bei sinkenden Temperaturen, z. B. bei Fischen um 10 % bei jeweils 1 Grad Abfall. Alle biochemischen Prozesse, z. B. Abbauprozesse, Selbstreinigung und Assimilation, verlaufen bei höheren Wassertemperaturen schneller.

-   Die Teilungsgeschwindigkeit der Bakterien und anderer niederer Organismen steigt exponentiell bei steigender Temperatur. Meso- und thermophile Bakterien zeigen bei 5 bis 10 °C keine Vermehrung, erst ab einer Temperatur von 25 °C kommt es zu stürmischer Teilung, psychrophile Bakterien besitzen ihr Vermehrungsoptimum bei ca. 22 °C.

-   Die Lösung der wichtigen Gase Sauerstoff, Kohlendioxid, Stickstoff und Schwefelwasserstoff im Wasser verringert sich bei höherer Temperatur. So beträgt z. B. der O_2-Gehalt bei 100 % Sättigung bei folgenden Wassertemperaturen:

    0 °C: 14,65 mg/l,

    10 °C: 11,27 mg/l,

    20 °C: 9,02 mg/l,

    30 °C: 7,44 mg/l.

-   Es existieren zahlreiche eng an die Wassertemperatur angepaßte Pflanzen- und Tierarten. Kalt-stenotherme Organismen besiedeln bevorzugt tiefere Wasserschichten in geschichteten, stehenden Gewässern und quellnahen

Fließgewässern. Extreme Anpassungen an höhere Wassertemperaturen zeigen vor allem niedere Pflanzen und Bakterien in Thermalquellen (z. B. Schwefelbakterien).

- Kurzfristige Temperaturschwankungen werden von den meisten Pflanzen- und Tierarten nur schlecht vertragen. Daraus ergibt sich die relative Artenarmut in stark besonnten Kleingewässern. Temperaturschwankungen sind jedoch in Gewässern in der Regel wesentlich geringer als auf dem Land.

3.2.3 Strömung und Turbulenz

Strömung und Turbulenz verursachen die Durchmischung der Wasserkörper, vor allem bei stehenden Gewässern wird die Turbulenz durch den Wind hervorgerufen. In Fließgewässern können Strömungsgeschwindigkeiten >2,0 m/s auftreten. Laminare Strömungen treten in der Natur kaum auf, nur bei niedriger Fließgeschwindigkeit und geringem Wasservolumen bei völlig ebenem Untergrund, sonst herrschen turbulare Strömungen. Strömung und Turbulenz sind für die Besiedlung der Gewässer als ökologische Faktoren von großer Bedeutung:

- Das Lösungsvermögen von Gasen aus der Atmosphäre, z. B. Sauerstoff, wird beschleunigt (Diffusion). Bei Übersättigung kommt es zu raschem Ausgasen.

- Strömung transportiert Nahrung zu festsitzenden Organismen, damit vergrößert sich das Nahrungsangebot relativ.

- Nur angepaßte Organismen trotzen der Strömung, z. B. Planarien, Egel, Insektenlarven, flache Schnecken. Sie suchen aktiv strömungsärmere Bereiche und Verstecke, vermögen aber vor allem in den strömungsärmeren Grenzflächen zu leben (Abb. 3.2). Durch die Strömung werden Organismen verdriftet und besiedeln so neue Lebensräume.

- Turbulentes Wasser wühlt Sedimente und Schwebstoffe vom Grund auf und setzt damit Nahrung und Nährstoffe frei.

- Im Sediment festgesetzte Schadstoffe können durch Turbulenz ins Wasser
  gelangen.

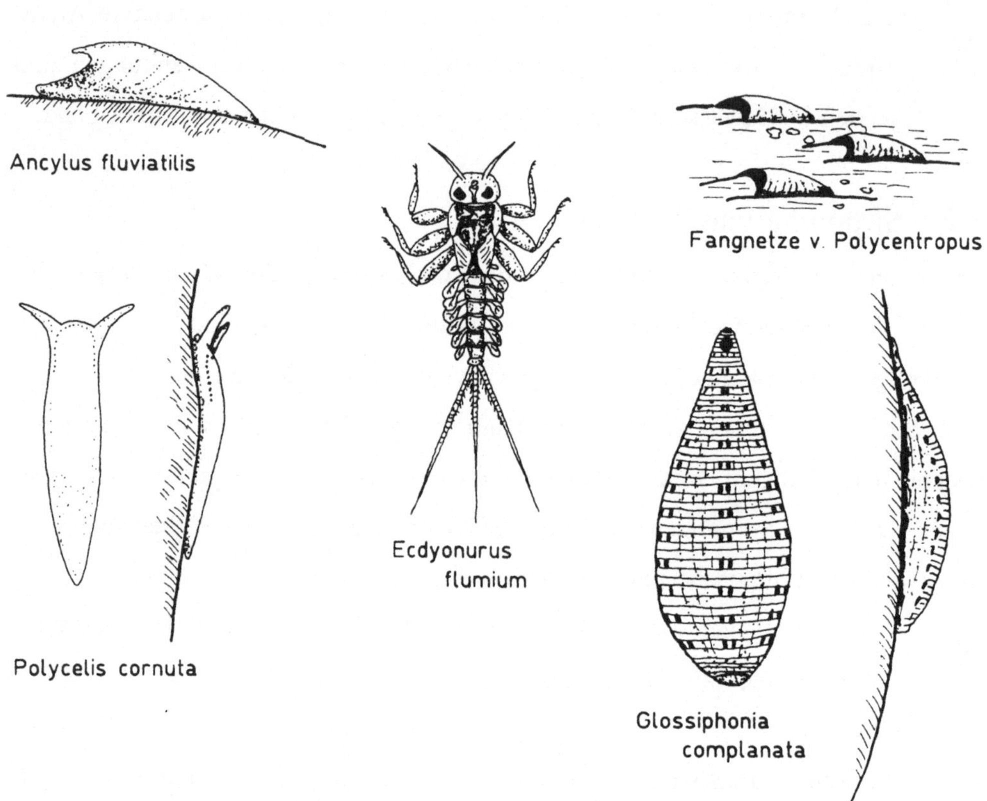

Abb. 3.2:   An die Strömung angepaßte Arten der Bäche

3.2.4 Wind

Der Wind hat Bedeutung für die Turbulenz und Durchmischung des Wassers, die Destratifikation des Wasserkörpers stehender Gewässer und die Lösung von Gasen aus der Atmosphäre. In großen Seen bewirkt der Wind langwellige Schwingungen des Wasserkörpers, sog. "Seiches", die eine Verschiebung der einzelnen Schichten und deren Mächtigkeit hervorrufen können. Im Bodensee wurde beobachtet, daß solche Seiches eine "Wanderung" des Metalimnions in unterschiedliche Tiefen im Mehrstundentakt hervorrufen kann (BÄUERLE 1994; SCHROEDER 1994). Als ökologischer Faktor hat der Wind einen unmittelbaren Einfluß auf die Lebewelt:

-   Zusammentreiben von Algenmassen und Wasserblüten in windabgewandten Buchten.
-   Bildung einer Brandungszone an windabgewandten Ufern.
-   Beeinflussung der Makrophytenentwicklung im Litoral und im Uferbereich.
-   Schädigung empfindlicher Organismen im Brandungsbereich.
-   Aufwühlen von Sediment.
-   Dispersion von Wasservögeln auf dem Wasser (z. B. SZIJJ 1965; KALBE 1965).
-   Verbreitung von Dauerstadien von Mikroorganismen.

3.2.5 Wasserstandsschwankungen

Wasserstandsschwankungen können auch in gemäßigten Breiten katastrophale Auswirkungen besitzen, wenn sie kurzzeitig eintreten und erhebliche Amplituden erreichen. Die meisten der in der Uferregion lebenden Organismen (Pflanzen und Tiere) vertragen solche Änderungen nicht. Speziell die mancherorts übliche Praxis der Absenkung des Wasserspiegels zur Wasserentnahme für verschiedene Nutzungen (Trinkwassernutzung der Talsperren, Industriewassernutzungen, Bewässerung landwirtschaftlicher Kulturen) stellen drastische Veränderungen für das

Ökosystem dar. In solchen Fällen können folgende negative Folgen eintreten:

- Absterben der Wasserpflanzen,

- Vernichtung der Litoralfauna,

- Zerstörung von Nestern der Wasservögel,

- Aufhebung der Schichtung des Gewässers und Eutrophierung.

3.3 Chemische Faktoren

Chemisch reines Wasser kommt in der Natur nicht vor. Wasser ist ein universelles Lösungsmittel, weil sich fast alle anorganischen und viele organische Verbindungen lösen. Deshalb stellt Wasser in der Natur stets eine Lösung mit meist komplizierter Zusammensetzung dar. Selbst in Niederschlagswasser lösen sich auf dem Weg durch die Atmosphäre eine bestimmte Menge der in der Luft enthaltenen Gase, wie Sauerstoff, Kohlendioxid und Stickstoff, und Salze. Die Atmosphäre enthält in der Regel 21 % Sauerstoff, 78 % Stickstoff, 1 % Argon und 0,03 % Kohlendioxid. Salze und andere chemische Verbindungen liegen meist partikulär vor, adsorbiert z. B. an Staub, Ruß. Die hauptsächliche Lösung verschiedener Stoffe im Wasser erfolgt nach Auftreffen auf die Erdoberfläche und bei der Versickerung ins Erdreich. Dabei kommt es zu zahlreichen Lösungsprozessen auch durch Verwitterung des Gesteins, deren wichtigste sind:

1.) **Kalk**

$$CaCO_3 + H_2O \quad\rightleftharpoons\quad Ca_2+ \; + \; HCO_3^- + OH^-$$

2.) **Dolomit**

$$CaMg(CO_3)_2 + 2H_2O \quad\rightleftharpoons\quad Ca^{++} + \; Mg^{++} + \; 2HCO_3^- + OH^-$$

3.) Anhydrit (Gips)

$$CaSO_4 \quad \rightleftharpoons \quad Ca^{++} + SO_4^{2-}$$

4.) Steinsalz

$$NaCl \quad \rightleftharpoons \quad Na^+ + Cl^-$$

3.3.1 pH-Wert

Chemisch reines Wasser besitzt bei 24 °C einen pH-Wert von 7,0. Gase und Salze beeinflussen den pH-Wert natürlicher Gewässer erheblich. Wasser mit einem pH-Wert < 7,0 ist sauer, bei entsprechend niedrigem Salzgehalt und hohem Huminsäuregehalt erreichen Moorgewässer pH-Werte bis unter 4,0. Ähnlich niedrige Werte können sich in Restgewässern des Braunkohlenbergbaus einstellen, wenn aus den angeschnittenen geologischen Strukturen ungepufferte SO_3^{--}- und SO_4^{--}-Ionen gebildet werden. Das ist z. B. in der Lausitzer Bergbauregion (Land Brandenburg) der Fall. Die sächsischen und anhaltinischen Bergbaurestgewässer sind demgegenüber angenähert neutral, weil hier die vorhandenen Sulfate mit Aluminiumverbindungen Alaune bilden ($KAl(SO_4)_2$, $NaAl(SO_4)_2$). Gewässer mit einem hohen Kalkgehalt sind im allgemeinen schwach alkalisch bis zu pH-Werten um 8,5. Höhere pH-Werte treten in der Natur selten auf, können aber zeitlich begrenzt durch das Phänomen der biologischen Kalkung entstehen, wobei pH-Werte >10,0 möglich werden (z. B. LINK et al. 1989). Typische Alkaligewässer, wie sie in südeuropäischen und afrikanischen Gebieten auftreten (Natrongewässer, Sodaseen), existieren in Deutschland nicht.

Der pH-Wert wird durch das **Kalk - Kohlensäure - Gleichgewicht** beeinflußt. Das Verhältnis, in dem CO_2, HCO_3^- und CO_3^{--} im Wasser vorkommen, ist einerseits vom pH-Wert abhängig, andererseits vom Kohlendioxidgehalt. Kohlendioxid gelangt direkt aus der Luft mit den Niederschlägen oder durch die Stoffwechselprozesse (Atmung, Abbau von organischen Substanzen) der Organismen ins Wasser und wird bei der Assimilation der Pflanzen verbraucht. Das im Wasser gelöste CO_2 reagiert mit Wasser teilweise zu Kohlensäure:

$$CO_2 + H_2O \rightleftharpoons H_2CO_3. \tag{3.1}$$

Kohlensäure dissoziiert jedoch zu Hydrogencarbonat und Hydroniumion:

$$H_2CO_3 + H_2O \rightleftharpoons HCO_3^- + H_3O^+. \tag{3.2}$$

Das entstandene Hydrogencarbonation kann noch weiter zum Carbonation dissoziieren:

$$HCO_3^- + H_2O \rightleftharpoons CO_3^{--} + H_3O^+. \tag{3.3}$$

Wird dem System nun durch die Assimilationstätigkeit der Pflanzen Kohlendioxid entzogen, kommt es zur Verschiebung des Gleichgewichtes, es wird das Hydroniumion verringert, Calciumcarbonat (Calcid, $CaCO_3$) wird frei, und der pH-Wert steigt an. Umgekehrt kommt es bei Zuführung von Kohlendioxid durch Atmung z. B. in den Nachtstunden zur Hydroniumanreicherung, und der pH-Wert sinkt in saure Bereiche (biologische Entkalkung).

3.3.2 Leitfähigkeit

Die Leitfähigkeit (Lf^{20}) ist der reziproke Wert des Ohmschen Widerstandes und wird in µS/cm gemessen. Mit steigender Zahl der Ionen im Wasser steigt die Leitfähigkeit. Damit wird diese Meßgröße ein Alternativmaß für den Salzgehalt des Wassers. Wichtige Anionen, die die Leitfähigkeit beeinflussen, sind Chlorid, Sulfat, Carbonat, Hydrogencarbonat; wichtige Kationen sind Calcium, Magnesium, Natrium, Kalium, Eisen und Ammonium. Die normale Leitfähigkeit der Oberflächenge-wässer in Mitteleuropa liegt zwischen 300 und 900 µS/cm, in elektrolytarmen Gewässern noch deutlich darunter, nämlich um 200 µS/cm. Die Leitfähigkeit ist insofern ein wichtiger ökologischer Faktor für die Besiedlung, als sie wesentlich den pH-Wert und die Pufferfähigkeit beeinflußt und damit zur Stabilität des Che-mismus im Gewässer entscheidend beiträgt.

Auf die Bedeutung des Chlorids wurde bereits in Kapitel 2 hingewiesen. Es exi-stieren zahlreiche Arten, sowohl unter den niederen und höheren Pflanzen als auch unter den Tieren, die gut an erhöhte Chloridgehalte angepaßt sind. Das Halobiensy-stem basiert auf diesen ökologischen Anpassungen. Die meisten dieser Arten sind allerdings sehr empfindlich gegenüber Salzgehaltsschwankungen. Bei einigen Fließ-gewässern ist eine deutliche Salzbelastung eingetreten (SCHÖNBORN 1992). Damit im Zusammenhang steht die drastische Verringerung der Artenmannigfaltigkeit solcher Systeme, die vielfach nur noch wenige Arten beherbergen.

3.3.3 Härte

Als Wasserhärte wird der Gehalt an gelösten Calcium- und Magnesiumionen be-zeichnet. Dabei unterscheidet man zwischen Gesamthärte, im wesentlichen durch die Carbonate, Hydrogencarbonate und Sulfate gebildet, und der Karbonathärte, auch temporäre Härte genannt, die hauptsächlich durch den Gehalt an Hydrogencar-bonat bestimmt ist. Maß der Härte sind nach alter Nomenklatur °dH (Grad deut-scher Härte), wobei 1 °dH = 10 mg CaO bzw. 7,14 mg MgO entspricht, oder nach heute gültigen SI-Einheiten mval/l bzw. mmol/l (1 °dH = 0,36 mval/l).

Eine grobe Einteilung der Härte des Wassers erfolgt in 4 Stufen:

Weiches Wasser: 0 - 8 °dH,

mittelhartes W.:   8 - 18 °dH,

hartes W.:   18 - 30 °dH,

sehr hartes W.:   > 30 °dH.

Ähnlich wie die Leitfähigkeit des Wassers ist die Härte ein Alternativmaß für den Elektrolytgehalt und besitzt meist nur indirekte Wirkungen auf die Organismen. Einige typische kalkliebende Pflanzen bevorzugen hartes Wasser, z. B. Characeen, *Ceratophyllum* spsp.

3.3.4 Eisen

Eisenionen kommen im Wasser 2-wertig (Fe^{++}) gelöst und 3-wertig (Fe^{+++}) ungelöst vor. Mit Sauerstoff bildet Eisen ein charakteristisches Redoxpotential aus; bei dessen Anwesenheit bildet sich Eisen-3-Hydroxid, das ausfällt und sogenanntes Raseneisen aufbaut. Das Redoxpotential des Eisens greift entscheidend in den Phosphorkreislauf der Gewässer ein. Im aeroben Milieu bildet Eisen mit Phosphaten einen unlöslichen Komplex, so daß Phosphate aus dem Wasser eliminiert werden und damit dem Stoffkreislauf entzogen sind. Unter anoxischen Bedingungen werden Phosphate aus den Sedimenten remobilisiert (rückgelöst) und in den Phosphorkreislauf eingeschleust.

In den Gewässern leben zahlreiche Eisenorganismen, die aus den Redoxvorgängen ihre lebensnotwendige Energie gewinnen; sie sind zugleich gute Indikatoren für hohe Eisengehalte:

Fadenbakterien (*Chlamydobacteria, Crenothrix, Leptothrix, Gallionella*) und Flagellaten (*Trachelomonas hispida, Anthophysa vegetans*).

3.3.5 Sauerstoff

In allen Gewässern nimmt der Sauerstoff eine zentrale Stellung ein. So gut wie alle Stoffwechselvorgänge werden davon beeinflußt. Die typischen Lebensgemeinschaften des Freiwassers und der Uferzonen sind direkt vom Sauerstoff abhängig. Nur in tieferen Wasserschichten und in Sedimenten leben unter anaeroben Bedingungen sauerstoffunabhängige Populationen vor allem niederer Pflanzen und Tiere. Sauerstoff wird für alle Oxydationsprozesse im Gewässer gebraucht. Damit ist er wichtigster Faktor für den Abbau organischer Stoffe und die Selbstreinigung als Systemleistung. Die wichtigsten Prozesse sind:

1.) Biochemische Oxydation anorganischer Stickstoffverbindungen,

$$NH_4^+ \rightarrow NO_2^- \rightarrow NO_3^-.$$

2.) Biochemische Oxydation anorganischer Schwefelverbindungen,

$$H_2S \rightarrow S \rightarrow SO_4^{--}.$$

3.) Biochemische und chemische Oxydation des Eisens, $Fe^{++} \rightarrow Fe^{+++}$.

4.) Biochemische Oxydation von organischen Verbindungen,

$$<CH_2O> \rightarrow CO_2,.$$

5.) Atmung (Respiration, Dissimilation) aller aerob lebenden Organismen zur Erhaltung des Betriebsstoffwechsels der Organismen.

In Abhängigkeit vom Sauerstoffgehalt werden die Gewässer mit Pflanzen und Tieren besiedelt. Neben den aerob lebenden Tieren aus fast allen systematischen Gruppen existieren zahlreiche Vertreter, die streng an anaerobe (sauerstofffreie) Bedingungen angepaßt sind, die sogenannten obligaten Anaerobier, zu denen zahlreiche Bakteriengruppen gehören, wie Salmonellen und Clostridien , darunter die meisten Sulfatreduzierer. Einige Arten sind sogenannte fakultative Anaerobier, die zumindest eine bestimmte Zeit unter anaeroben Bedingungen zu leben vermögen. Dazu gehören vor allem Tubificiden, Chironomidenlarven (*Chironomus plumosus* und *bathophilus*), Chaboruslarven und einige Hirudineenarten, wie *Helobdella stagnalis* und *Herpobdella octoculata*. Die meisten dieser Arten besitzen Hämoglobin, weshalb eine Sauerstoffspeicherung möglich ist. Aber auch unter den Bakterien sind zahlreiche fakultative Anaerobier vertreten, zu ihnen gehören beispielsweise einige Schwefelbakterienarten, wie *Beggiatoa alba*. Typisch für diese Gruppe ist aber die Anpassung an niedrige Sauerstoffgehalte (Tabelle 3.2).

Auch zahlreiche Wasserpflanzen gedeihen nur an sauerstoffreichen Standorten. Das Schilf (*Phragmites australis*) benötigt zumindest eine kleine Menge Sauerstoff im Rhizombereich, weil dort Sauerstoff aus dem Wasser aufgenommen werden muß. Deshalb vermag diese Gelegepflanze in anaerobem Milieu nicht zu wurzeln. Dagegen ist *Typha* gegenüber sauerstofffreiem Sediment unempfindlich. Im allgemein gilt die aerobe Lebensweise als effektiver, weil der Energiegewinn in Form von ATP aus dem sauerstoffabhängigen Citratzyklus und der oxidativen Phosphorylierung in der Atmungskette am höchsten ist. Die meisten Wasserorganismen vertragen eine relativ große Schwankungsbreite des Sauerstoffs im Wasser und im Sediment. Sie werden als Euroxybionten bezeichnet; dazu zählen die meisten Cyclopoiden und Cladoceren. Arten, die an einen bestimmten Sauerstoffgehalt angepaßt sind, werden Stenoxybionten genannt; dazu zählen die meisten Planarien der Bergbäche und einige Crustaceen, wie der Raubkrebs *Bythotrephes longimanus*.

Von größter Bedeutung für die Besiedlung der Gewässersedimente mit Kleintieren ist die Mikroschichtung des Sauerstoffs bis zumindest in eine Sedimenttiefe von ca. 1 cm, weil im anaeroben Bereich meist H_2S entwickelt wird, das für die meisten Tiere giftig ist.

Tabelle 3.2: Anpassungen einiger Tierarten an sauerstoffarmes Milieu (nach SERNOV 1958)

Art	bevorzugtes Habitat	Sauerstoffgehalt Min., mg/l)
Tanytarsus spec.	Sediment	6,0
Lauterbornia spec.	Sediment	6,0
Mysis relicta	Sediment	6,0
Tubifex barbatus	Sediment	< 6,0
Pisidium spec.	Sediment	4,5
Tanypus	Sedimentoberfläche	4,5
Chironomus bathophilus	Sediment	3,0
Salmoniden (div. spec.)	Freies Wasser	3,0
Karpfenfische	Freies Wasser	1,5
Tubifex tubifex	Sediment	< 1,5
Aal (*Anquilla anquilla*)	Gewässergrund	< 1,5
Chironomus plumosus	Sediment	< 1,5
Herpobdella octoculata		< 1,0
Chaoborus spec.		0,0

Der in den Gewässern gelöste Sauerstoff entstammt im wesentlichen zwei Quellen:

- Diffusion atmosphärischen Sauerstoffs ins Wasser,

- Sauerstoffproduktion der grünen Pflanzen im Assimilationsprozeß.

Daneben kann in Sonderfällen als Sauerstoffquelle der in verschiedenen chemischen Verbindungen gebundene Sauerstoff bei Sauerstoffmangel auf biochemischem oder chemischem Wege freigesetzt werden, z. B. aus NO_3^- und SO_4^{--}.

3.3.6 Nährstoffe

Die Pflanzennährstoffe sind in limnischen Ökosystemen im wesentlichen dieselben wie in terrestrischen. Zum Aufbau von pflanzlicher Biomasse werden die Hauptnährstoffe Schwefel, Kohlenstoff, Wasserstoff, Stickstoff, Sauerstoff und Phosphor

(S C H N O P) benötigt. Hinzu kommen Calcium (Ca), Magnesium (Mg), Natrium (Na), Kalium (K), Chlor (Cl) und Spurenstoffe. Trotzdem besteht zwischen terrestrischen und limnischen Ökosystemen in der Verfügbarkeit und in der Wirkung der einzelnen Elemente ein wesentlicher Unterschied: Die "Beschaffung" der Nährstoffe ist im Wasser andersartig, weil sie aus außerhalb liegenden Pools erfolgt. Die wichtigsten Gase Sauerstoff und Kohlendioxid (O_2, CO_2) werden aus der Atmosphäre gelöst, die hauptsächlichen Salze entstammen im wesentlichen geologischen Strukturen bzw. dem Boden. Trotzdem liegen bis auf wenige fast alle essentiellen Nährstoffe gelöst in ausreichender Menge vor. Produktionseinschränkend bzw. limitierend im Sinne des Minimumgesetzes von LIEBIG sind im allgemeinen lediglich Stickstoff, Phosphor und Kohlenstoff, für spezielle Algengruppen (Diatomeen) auch Silikat (SiO_2). Die drei Hauptnährstoffe haben in pflanzlicher Biomasse durchschnittlich folgende Masserelation:

$$P : N : C \;=\; 1 : 16 : 106.$$

Die günstigste Nährstoffversorgung eines Ökosystems wäre demnach bei einem solchen "Ideal-Nährstoffpool" gegeben. Tatsächlich ist aber in natürlichen Systemen eine solche Balance kaum zu erwarten (Tabelle 3.3). Das liegt an der sehr differenzierten Zufuhr der einzelnen Nährstoffe aus dem Einzugsgebiet und am unterschiedlichen Aufnahmevermögen der Populationen. Außerdem werden die Nährstoffe N und C fester gebunden, während P ständig im Energiestoffwechsel translokiert (ATP $\rightleftharpoons$ ADP), teilweise bevorratet und rasch umgesetzt wird, so daß Phosphate ein größeres **turn over** besitzen. Außerdem können Stickstoff (durch Stickstoffixierer) und CO_2 aus der Atmosphäre ständig nachgeliefert werden. Deshalb stellt der Phosphor in Gewässern den "eigentlichen Hauptnährstoff" dar.

Je höher eutroph ein Gewässer ist, desto stärker ist das Nährstoffverhältnis an den Idealzustand angenähert. Abwasser beeinflußt dieses Idealverhältnis, weil ein Überangebot von Phosphor vorliegt, das könnte bei großer Abwasserbelastung zu einem Wechsel des Minimumfaktors zum Stickstoff führen! Beispiele dafür finden sich bei KLAPPER (1992).

Tabelle 3.3: P : N : C - Verhältnisse in verschiedenen mitteleuropäischen Gewässern

Gewässer	P	N	C
Vierwaldstädter See	1	50	2600
Rotsee	1	14	2700
Sempacher See	1	24	985
Stechlinsee	1	20	300
Havelseen Potsdam	1	18	125
Blankensee	1	21	150
Kommunales Abwasser (biol. gereinigt)	1	7	30

Die Verfügbarkeit des **Phosphors** im Gewässersystem ist aufgrund unterschiedlicher Bindungen teilweise eingeschränkt. Durch Pflanzen am besten ausnutzbar ist das Orthophosphat (o-PO_4^{3-}). Schlechter nutzbar sind kondensierte Phosphate (z. B. aus Waschmitteln) und die partikulär gebundenen Phosphate. In den meisten limnischen Ökosystemen macht allerdings das o-PO_4^{3-} den größten Anteil aus. Die in Biomasse inkarnierten Phosphoranteile (organisch gebundenes Phosphat) können zwar im Sommer zur Hochzeit der Bioproduktion fast den gesamten Phosphorpool darstellen, sind aber beim Absterben der Organismen schnell wieder verfügbar (Abb. 3.3, Kreislauf des Phosphors).

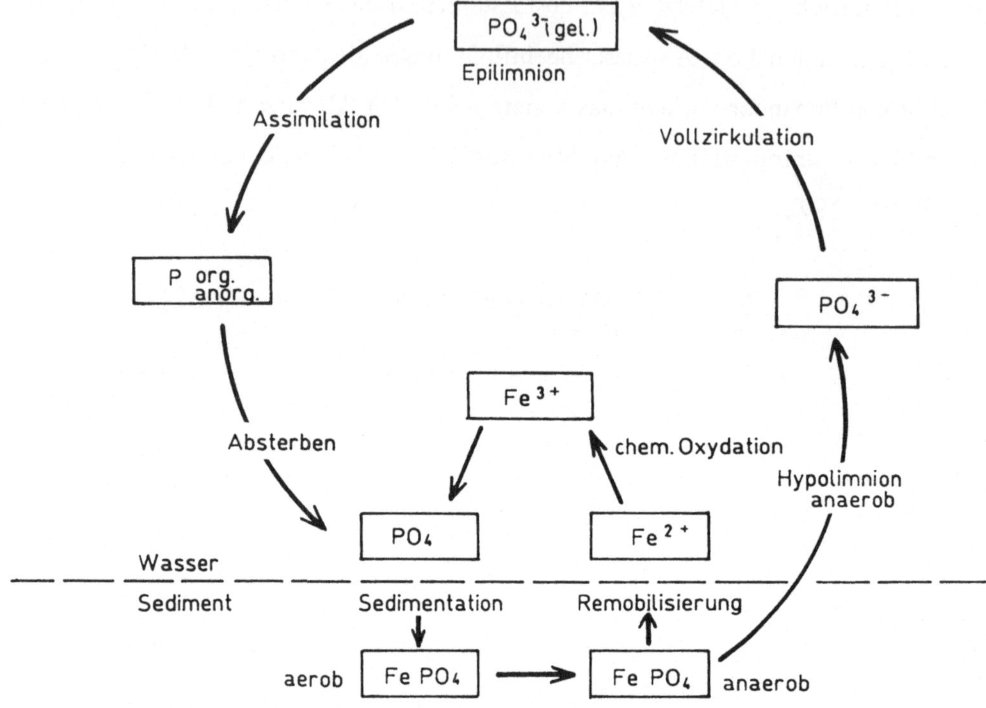

Abb. 3.3:   Kreislauf des Phosphors im Gewässer

Der Phosphatgehalt der Oberflächengewässer ist im Jahresgang erheblichen Schwankungen unterworfen. Im Frühjahr vor Beginn der eigentlichen Primärproduktionsphase ist die Konzentration im Wasser am höchsten. Im Laufe des Sommers werden die Phosphate im allgemeinen aufgebraucht, um wiederum im Herbst mit dem Absterben der Biomasse freigesetzt zu werden. Der Phosphatgang in einem hypertrophen Flachseensystem ist in Abb. 3.4 dargestellt.

Der Trophiestatus stehender Gewässer läßt sich anhand der Orthophosphatgehalte im Frühjahr und der Gesamtphosphatgehalte im Sommer sehr gut ablesen (Tabelle 3.4).

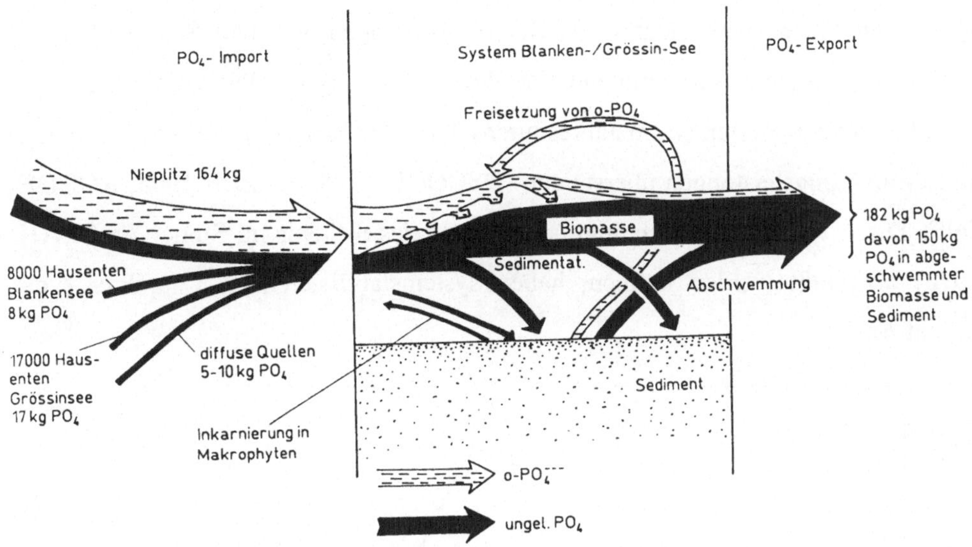

Abb. 3.4: Phosphatjahresgang in einem hypertrophen Flachseesystem bei Potsdam (Brandenburg)

Tabelle 3.4: Phosphatbelastung von stehenden Gewässern in Deutschland und Trophieklassifikation (nach 1.) TGL 27885/01, 1982; 2.) VOLLENWEIDER u. KEREKES 1982; 3.) BEHRENDT u. OPITZ 1994; 4.) LAWA-AK-Entwurf 1992)

Trophie	Güteklasse		Gesamtphosphat $(GPO_4, mg/m^3)$			
			1.)	2.)	3.)	4.)
Ultraoligotr.				<2,5		
Oligotroph	1	I	15	2,5-8	<15	<15
Mesotroph	2	I-II	40	8-25	15-30	45
Eutroph	3a/3b	II	40-300	25-80	30-55	150
		II-III			55-90	
Polytroph	4	III	>300		90-155	300
		III-IV			155-300	
Hypertroph	5	V	>500	>100	>300	keine

Für die Phosphatversorgung der stehenden Gewässer sind einerseits Eliminierungen im aeroben Milieu und andererseits Remobilisierungen aus dem Sediment unter anaeroben Bedingungen bestimmend. Die Remobilisierung von Phosphat kann dabei in hocheutrophen Systemen im Jahresdurchschnitt Größenordnungen erreichen, die die Eliminierungsleistungen übersteigen (OSGOOD 1988; KALBE 1995; ROHDE 1995). Diese Vorgänge, die als interne Düngung des Systems im Sinne von OLAH (1975) aufgefaßt werden können, haben systemstabilisierenden Charakter (vgl. Kapitel 6).

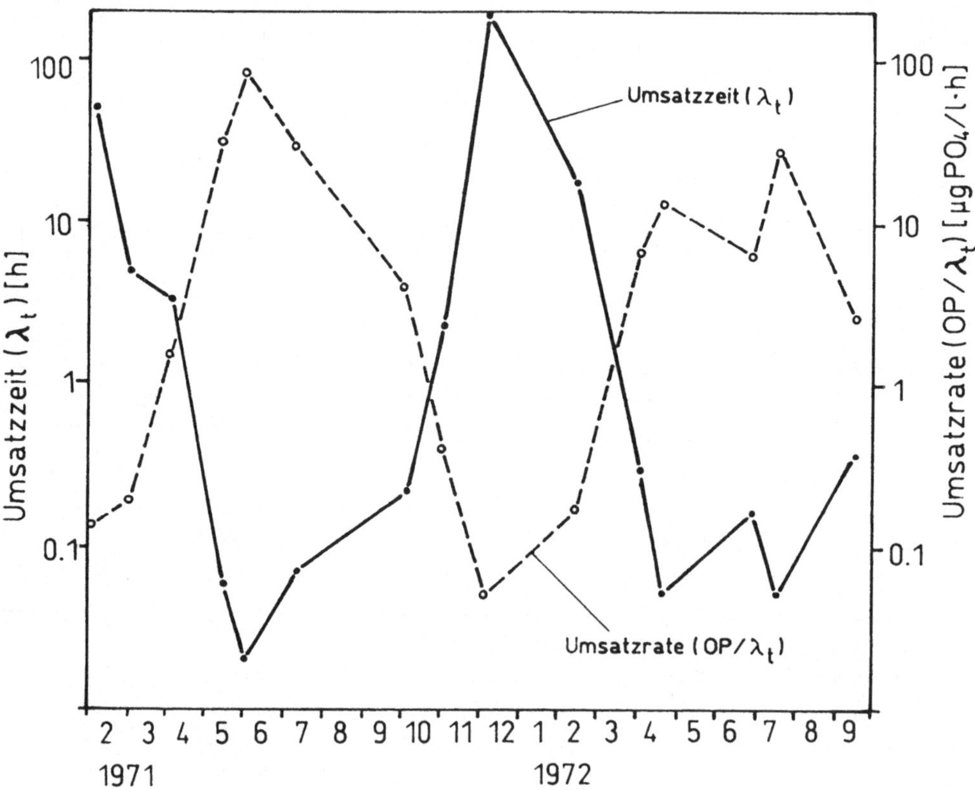

Abb. 3.5:   Jahresverlauf der Orthophosphataufnahme (OP) in der euphotischen Zone im Stechlinsee (1971 - 1972), nach KOSCHEL 1974. λ_t = Umsatzzeit (h) (Aktivität der o-PO_4^{---}-Aufnahme); OP/ λ_t = Umsatzrate in µg/l h (o-PO_4^{---}-Aufnahme)

KOSCHEL (1974) hat sich mit dem Phosphataufnahmevermögen in verschiedenen oligotrophen, mesotrophen und schwach eutrophen Gewässersystemen beschäftigt und kommt zum Schluß, daß es im Jahresgang Schwankungen von 3 bis 4 Zehnerpotenzen unterliegt. Es ist Ausdruck des Wachstums und der Phosphatverarmung des Systems Gewässer/Phytoplankton (Abb. 3.5).

Die Quellen der Phosphatbelastung der Gewässer sind mit Ausnahme der systeminternen Freisetzungen hauptsächlich im Input aus terrestrischen Systemen durch Laubfall, Destruktion von Pflanzenmaterial, Abschwemmung aus dem Boden und aus den Zuflüssen zu suchen. Über Zuflüsse gelangen vielfach anthropogene Belastungen in die Gewässer, z. B. als kommunales Abwasser, aus Tierproduktionsanlagen und aus Industriebetrieben. Für Deutschland liegen Abschätzungen der einzelnen Anteile vor (Abb. 3.6).

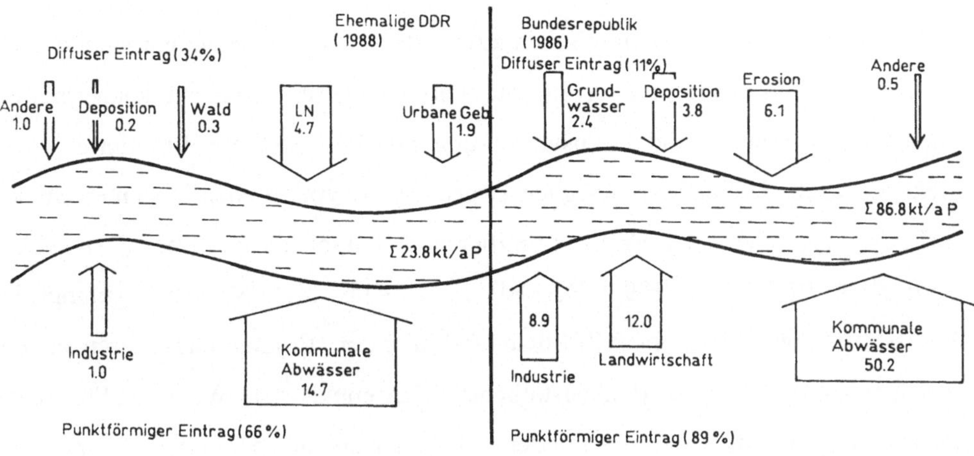

Abb. 3.6:   Phosphateintrag (kt P/a) in die Gewässer Deutschlands, ehemalige DDR (1988) und Bundesrepublik (1986). Insgesamt wurden den Gewässern 110,6 kt P/a zugeführt (KLAPPER 1992), LN = landwirtschaftliche Nutzfläche

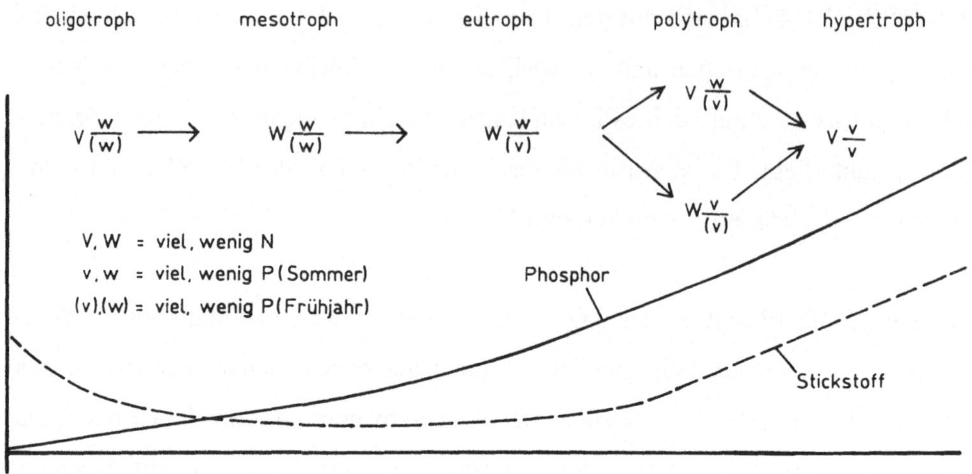

Abb. 3.7:   Nährstoffversorgung und -limitierung in unterschiedlich eutrophierten Seen Brandenburgs

Stickstoff ist in fast allen limnischen Ökosystemen ausreichend vorhanden und somit kein limitierender Faktor für die Photosynthese. Trotzdem kann es mit Zunahme der Trophie und Luxusversorgung mit Phosphor zur Limitierung des Stickstoffangebotes kommen. Möglicherweise ist in hypertrophen Systemen Stickstoff sogar typischerweise häufiger limitierender Faktor als Phosphor (THOMAS 1955; KLAPPER 1968, 1992; KALBE 1972; Abb. 3.7). Stickstoff gelangt in Gewässer hauptsächlich über Zuflüsse und direkten Eintrag aus angrenzenden terrestrischen Bereichen (z. B. abgestorbenes Pflanzenmaterial). Wie beim Phosphor werden dabei erhebliche Anteile mit dem Abwasser und aus der Düngung landwirtschaftlicher Flächen zugeführt. Anders als beim Phosphor kann darüber hinaus Stickstoff aber auch aus der Atmosphäre fixiert werden. Dazu sind einige heterocystentragende Cyanophyceen in der Lage: *Aphanizomenon flos-aquae, Anabaena planctonica, flos-aquae, spiroides, Oscillatoria redeckei, agardhii*. Das dürfte vor allem dann eine Rolle spielen, wenn der Stickstoffpool der Gewässer für die

Photosynthese nicht mehr ausreicht. Insofern wird auch bei Stickstoffmangel die weitere Primärproduktion nicht absolut limitiert. Es fehlen noch weitere Untersuchungen zur Stickstoffbilanz. Stickstoff unterliegt in Gewässersystemen einem Metabolismus in Abhängigkeit vom Sauerstoffgehalt. Für die Nitrifikation des NH_4^+ sind im Wasser spezialisierte Mikroorganismen erforderlich (*Nitrosomonas, Nitrobacter*), die Denitrifikation können fast alle proteolytischen und psychrophilen Bakterien und niederen Pilze durchführen (Abb. 3.8).

Kohlenstoff ist der wichtigste Baustein für die Biomasse. Neben der Quelle aus der Atmosphäre und aus den Atmungsprozessen in Form von CO_2 resultiert der Gehalt an Kohlenstoff in erster Linie aus eingetragenen organischen Kohlenstoffverbindungen, die durch Destruenten im Gewässer abgebaut (mineralisiert) werden. Der Kohlenstoffkreislauf ist in Abb. 3.9 dargestellt.

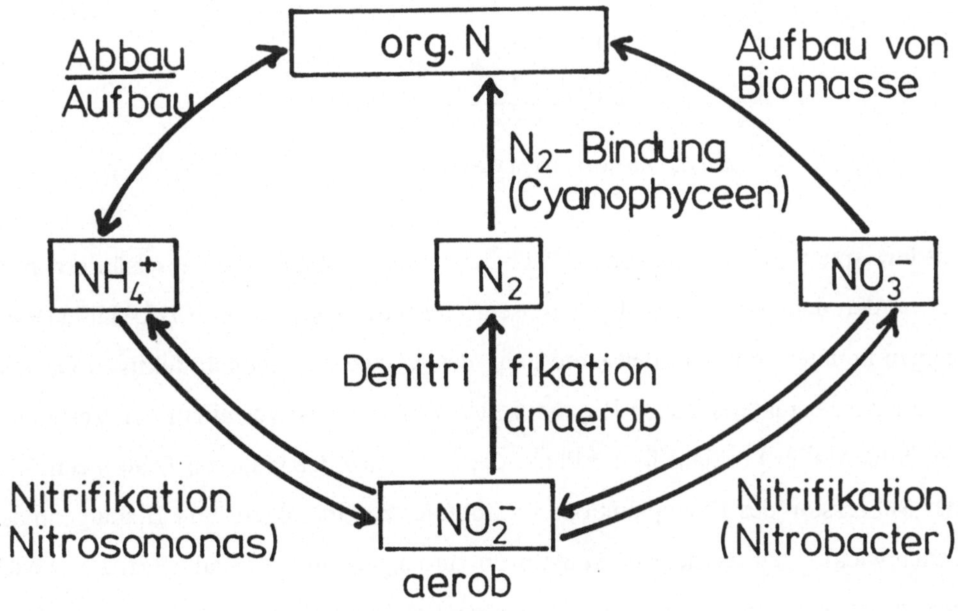

Abb. 3.8:   Kreislauf des Stickstoffs in Gewässern

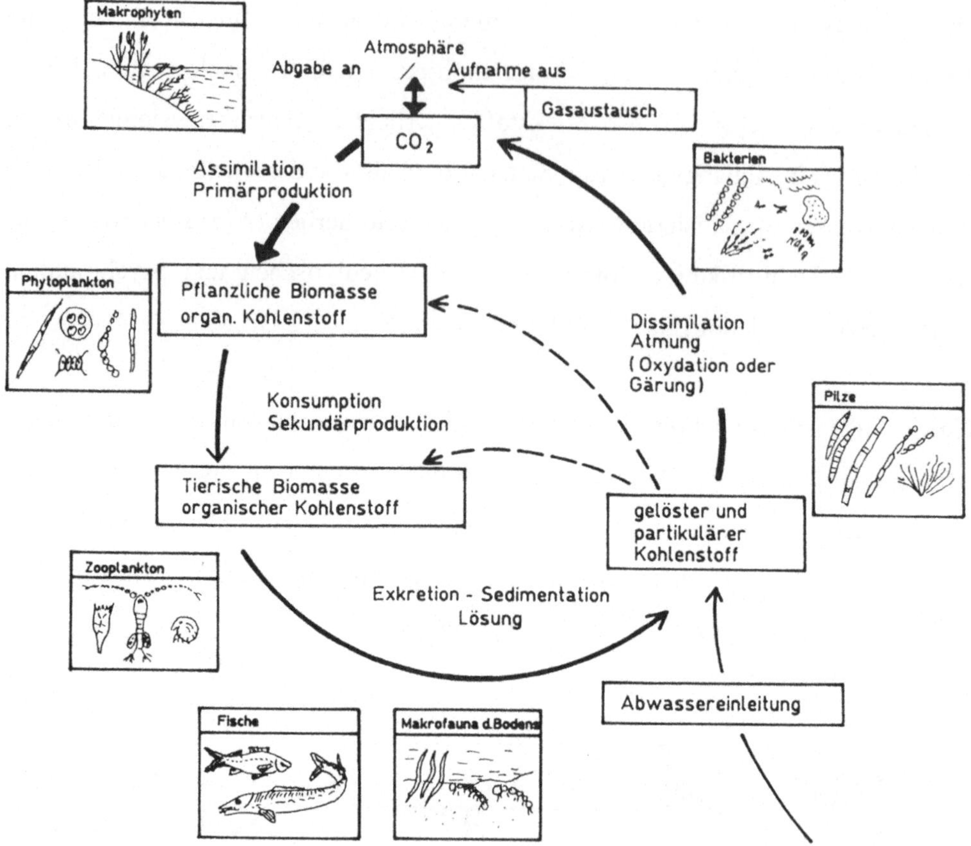

Abb. 3.9:   Kreislauf des Kohlenstoffs in Gewässern

Silikat spielt für Kieselalgen (Diatomeen) beim Aufbau der Kieselsäureschalen neben den anderen Nährstoffen eine sehr wesentliche Rolle. Wie BRAUN (1970) zeigen konnte, unterliegt der Jahresgang des Silikates in hochproduktiven Gewässern einer charakteristischen Rhythmik. Ursache dafür ist vor allem der Verbrauch des Silikates im Frühjahr in der Phase der Dominanz der Plankton-Diatomeen. Mit der Sukzession des Phytoplanktons im Sommer zu Grünalgen- und Blaualgenmassenentwicklungen werden die Diatomeen zurückgedrängt, weshalb Silikate wieder freigesetzt werden. Im Herbst kann es erneut zu stärkerer Silikatzehrung kommen, wenn Diatomeen ein zweites Jahresmaximum erreichen.

3.4   Biotische Faktoren

Pflanzen und Tiere können für andere Arten zum ökologischen Faktor werden, wenn sie als Nahrung dienen oder die Struktur des Habitats maßgeblich bestimmen. In vielen Fällen bilden sie zudem die Stütze für eine Ansiedlung, z. B. als Unterlage des Bewuchses (Bewuchs von Algen auf Pflanzenteilen oder Tierschalen) oder als Versteck (dichtes Pflanzengewirr) bzw. als Laich- und Brutplatz. Einige Insektenlarven legen ihre Eier bevorzugt in Pflanzenstengel oder -blätter.

3.4.1 Pflanzen und Tiere als Umweltfaktoren

Pflanzen und Tiere spielen als Umweltfaktoren in sehr unterschiedlicher Weise eine entscheidende Rolle:

1.)   Im sogenannten Gelege (Uferpflanzen- bzw. Schilfzone) finden sich die Laichplätze der meisten Fischarten, vieler Insekten und zahlreicher Wasservögel.

2.)   In den Unterwasserpflanzenbeständen ist für die meisten Tierarten ein breit gefächertes Nahrungsangebot vorhanden; einige Arten gehen hier ausschließlich der Nahrungssuche nach. Dabei spielen für Pflanzenfresser die Makrophyten (emerse und submerse Wasserpflanzen) und der Algenbewuchs die entscheidende Rolle, für Arten, die tierische Nahrung bevorzugen oder benötigen, vor allem in den Pflanzenbeständen lebende Kleintiere (Insektenlarven, Mollusken, Kleinfische).

3.)   Muschelbänke in den tieferen Seen spielen vor allem für Insektenlarven, Hirudineen und Protozoen als Lebensraum eine große Rolle.

4.)   Alle Pflanzenbestände sind Substrat und Unterlage für Kleintiere und niedere Pflanzen.

3.4.2 Der Artgenosse als Umweltfaktor

Selten sind Artgenossen Nahrungskonkurrenten. Im allgemeinen ist die Vermehrung der Arten der populationsökologischen Strategie unterworfen, die zumindest langfristig einen Zuwachs bis über das erforderliche Nahrungsangebot unterbindet. Das gilt vordergründig natürlich für die sogenannten K-Strategen, die jeweils nur bis zu einer Populationsstärke anwachsen können, wie es die Kapazität des Ökosystems erlaubt. Bei den sogenannten r-Strategen erfolgt zwar eine exponentielle Vermehrung, die Populationsstärke wird aber durch andere ökologische Faktoren limitiert, z. B. das Licht oder die Nährstoffe. Bei höheren Tieren ist innerartliche Konkurrenz zu erwarten, wenn das Laichplatzangebot, z. B. für Fische, nicht ausreichend ist.

3.4.3 Zwischenartliche Konkurrenz

Zwischenartliche Konkurrenz wird zwar auch für den limnischen Bereich für Wassertiere immer wieder angenommen, doch fehlen dafür die Nachweise. Im allgemeinen gilt wohl generell, daß zwei nebeneinander lebende Arten sich ökologisch unterscheiden müssen und somit nicht als Konkurrenten auftreten können. Demgegenüber ist die Verteilung der Wasserpflanzen wohl stets das Ergebnis der Standortkonkurrenz, weil die Pflanzensamen keine "Wahlmöglichkeiten" besitzen und damit abhängig vom Vorhandensein bereits stabilisierter Pflanzenbestände sind. Typisch für eine zwischenartliche Konkurrenz ist die Produktion von Toxinen durch Bakterien, Algen, Wasserpflanzen und einige wenige Tierarten. Bekannt ist das Auftreten der Phykotoxine verschiedener Blaualgen, besonders der *Microcystis aeruginosa* (Microcystin), das vermutlich gegen andere Bakteriengruppen gerichtet, aber auch warmblütertoxisch ist (z. B. MÖLLER 1964; KOHL et al. 1984).

4 Leistungen der Organismen

Wie alle Ökosysteme verfügen auch limnische über erstaunliche Leistungen sowohl im Hinblick auf die Kompensation bzw. Eliminierung von Belastungen (Abwehrleistungen) als auch auf die Erhaltung aufgebauter Strukturen und Stoffkreisläufe (Regulationsleistungen), die von den Populationen des Systems bestimmt werden. Die Leistungen werden durch die jeweiligen ökologischen Bedingungen beeinflußt wie Chemismus des Wassers, Nährstoffversorgung, Belastung mit anorganischen und organischen Schadstoffen und Biomasse. Sie besitzen unterschiedliche Aspekte (KLAPPER 1992):

- Heterotropher Aspekt: Saprobisierung/Selbstreinigung,

- Autotropher Aspekt: Eutrophierung/Nährstoffeliminierung/Bioproduktion,

- Abiotischer Aspekt: Kontamination/Fällung/Flockung,

- Epidemiologischer Aspekt: Infektion/Abtötung/Inaktivierung von Erregern.

SCHÖNBORN (1994) bezeichnet solche Leistungen als Abwehrmechanismen und faßt für Fließgewässer die Möglichkeiten zusammen. Diese sind für stehende Gewässer zu ergänzen. Als Hauptvorgänge haben zu gelten:

- Fähigkeit zur Selbstreinigung nach Belastung mit organischen Stoffen und Schadstoffen vor allem durch biologische (Absorption) bzw. biochemische und biophysikalische Prozesse (Adsorption, Flockung, Komplexbildung, Maskierung, Sedimentation),

- Umsatz von Nährstoffen in Pflanzenbiomasse (Algenwachstum, Verkrautung),

- Aufbau bzw. Stabilisierung von Räuber-Beute-Beziehungen zur Intensivierung des bakteriellen Abbaus (SCHÖNBORN),

- Fähigkeit zur Umsetzung eingetragener anorganischer und organischer Verbindungen und Stoffe und Einschleusung in Stoffkreisläufe und Energiebilanz, ohne das System grundlegend zu ändern, z. B. im Hinblick auf einen bestimmten Trophiestatus,

- Eliminierung von Nährstoffen durch Transport ins Sediment,

- Remobilisierung von Nährstoffen aus dem Sediment, z. B. "interne Düngung" (OLAH 1975), Phosphatfreisetzung (KALBE 1995; ROHDE 1995),

- Einschränkung der Phytoplanktonentwicklung durch Selbstbeschattung und "grazing" (Zooplankton),

- Regulation von Dominanz und Abundanz der Arten durch spezifische Vermehrungsstrategien,

- Regulation der Produktionsleistungen des Systems (Eutrophierung innerhalb bestimmter Grenzen),

- Akkumulation von Schadstoffen in Organismen (z. B. Schwermetalle),

- in Fließgewässern Abtransport der zur Massenvermehrung neigenden Algen (z. B. *Cladophora*) bei Überschreitung einer bestimmten Fließgeschwindigkeit.

4.1   Selbstreinigung

> Selbstreinigung ist die Fähigkeit des Ökosystems, Belastungs- oder Schadstoffe zu eliminieren, abzubauen oder zu inaktivieren.

Der Begriff wurde ursprünglich nur für abbaubare organische Stoffe genutzt, die in ein Fließgewässer abgeleitet wurden. Dahinter verbarg sich die Erfahrung, daß eine deutliche Abwasserbelastung auf einer Fließstrecke schon nach kurzer Zeit nicht mehr sichtbar ist und offensichtlich der alte Qualitätszustand wieder erreicht wird. Heute versteht man unter Selbstreinigung alle Prozesse des Abbaus und der Eliminierung von Schadstoffen nach Belastung eines Gewässers wie:

-   Abbau organischer Stoffe.

-   Eliminierung von Nährstoffen, z. B. Fällung von Phosphaten und Transport ins Sediment. Ein typischer Eliminierungsprozeß ist die Bindung der Phosphate im Eisen-III-Phosphorkomplex in oligotrophen, mesotrophen und schwach eutrophen Seen mit funktionierender "Nährstoffalle".

-   Adsorption von Schadstoffen an Detritus.

-   Inkarnation von Schad- und Nährstoffen in der Biomasse.

-   Akkumulation von Schadstoffen in Organismen und Organen höherer Pflanzen und Tiere.

-   Ausflockung von Schadstoffen und Sedimentation.

Trotz dieser deutlichen Erweiterung des Selbstreinigungsbegriffes wird er vielfach noch ausschließlich für den Abbau organischer Verbindungen angewandt. Dabei wird als Maß der Selbstreinigung das Verhältnis von NO_3^--N zu NH_4^+-N im Wasser gewählt. Eine weit fortgeschrittene Selbstreinigung gilt für

$$NO_3^--N/NH_4^+-N > 1{,}0. \qquad (4.1)$$

Die Selbstreinigungsrate S_r wird wie folgt berechnet:

$$S_r = (\,c_0 - c_t\,)/t \quad (Mol/l\ s) \qquad (4.2)$$

(c_0 = Ausgangskonzentration eines Stoffes; c_t = Konzentration zum Zeitpunkt t; t = Zeit).

Eng in Beziehung zur Selbstreinigung ist das Sauerstoffregime eines Gewässers zu setzen, weil beim Abbau organischer Stoffe ein erheblicher Sauerstoffentzug erfolgt. Als Sauerstoffbilanz O_2 eines Fließgewässerabschnitts gilt:

$$O_2 = E + D + P - R - A = 0 \tag{4.3}$$

(E = Eintrag von Sauerstoff über den Zufluß; D = Diffusion/Gasaustausch mit der Atmosphäre; P = Primärproduktion; R = Respiration; A = Austrag über den Abfluß).

Biologisch determinierte Selbstreinigungsprozesse werden durch verschiedene Schadstoffe gehemmt bzw. beeinträchtigt:

- Schwermetalle (Beispiele: 1 µg/l Hg aquatische Lebensgemeinschaft; 0,03 µg/l Cu Diatomeen; 20 µg/l Cu Makrophyten; 2 mg/l Cu Chironomidenlarven, weitere Beispiele u. a. bei FELLENBERG 1990).

- Cyanide: Atmungsgift für Aerobier.

- Biozide: teilweise spezifisch auf Organismengruppen wirkend, z. B. Herbizide, Fungizide, Insektizide, Molluskizide. Vor allem chlororganische und phosphororganische Biozide wirken bereits in niedriger Konzentration.

- Detergenzien/Tenside: Herabsetzung der Oberflächenspannung, Schädigung von Kiemen, Tracheen, Zellen.

- Säuren/Laugen: Verätzungen von Zellwänden und Schleimhäuten.

Es wird auf die in der EG-Richtlinie für gefährliche Stoffe aufgeführten Verbindungen der Liste II besonders hingewiesen (EG-Richtlinie v. 4.5.1976 - Ableitung gefährlicher Stoffe in Gewässer der Gemeinschaft 76/464 EWG), die generell schädliche Auswirkungen auf die Lebensgemeinschaften besitzen. Die in der Liste I enthaltenen Verbindungen dürfen wegen ihrer Toxizität, Langlebigkeit und Bioakkumulation überhaupt nicht abgeleitet werden. Dazu zählen z. B. organische

Halogen- und Phosphorverbindungen, kanzerogene Stoffe, Quecksilber und Queck-silberverbindungen, Cadmium und Cadmiumverbindungen, beständige Mineralöle und Kohlenwasserstoffe.

Wesentlicher Bestandteil der Selbstreinigung ist der Abbau organischer Inhalts-stoffe. Der Abbau kann auf unterschiedlichen Mechanismen beruhen:

1.)   Biochemischer Abbau (biotische Senke): Durch Adsorption an Biomasse (1. Stufe) und Absorption (2. Stufe), wobei exoenzymatische und enzymkataly-tische Reaktionen wirken (Hydrolyse, Oxydation, anaerobe Reduktion).

2.)   Hydrolyse (abiotische Senke): Ist für bestimmte Stoffklassen in Gewässern nachgewiesen, wie Ester, Säureamide, aktivierte Halogensubstituenten, Epoxide, Carbamate. Die Hydrolyse führt nicht zur Mineralisation der organischen Verbindungen, sie verläuft nach folgendem Schema:

$$RX + H_2O \rightleftharpoons ROH + HX.$$

3.)   Photochemischer Abbau im Wasser:
-       Direkte photochemische Transformation durch UV (Photolyse),
-       indirekte photochemische Reaktion durch photochemisch gebildete reaktive Teilchen wie OH-Radikale, Singulettsauerstoff,
-       Abbau durch reaktive Kohlenstoffradikale R (ROO),
-       Abbau durch Peroxide (H_2O_2).

Eine typische Reaktion ist die photochemische Umsetzung von Chlorbenzol zu

Phenol:

$$C_6H_5Cl + H_2O \longrightarrow C_6H_5OH + HCl.$$

Photochemische Reaktionen sind für weitere hochmolekulare organische Verbindungen nachgewiesen: PCB, DDT, HCB, PCP, PCDD, PCDF, Huminstoffe.

Der Abbau organischer Belastungsstoffe erfolgt nach der allgemeinen Beziehung:

$$dL/dt = k_1 \cdot L. \tag{4.4}$$

Als Last L wird im allgemeinen der biochemische Sauerstoffbedarf (BSB) oder ein Alternativmaß für die organische Belastung, z. B. der CSB (chemischer Sauerstoffbedarf), eingesetzt (mg/l). Der Abbaukoeffizient k_1 (d^{-1}) wurde empirisch ermittelt; er ist temperaturabhängig (s. Kap. 5). Der biochemische Sauerstoffbedarf wird übereinkunftsgemäß als BSB_5 bestimmt, d. h. als Bedarf in 5 Tagen. In dieser Zeit werden im allgemeinen in kommunalen Abwässern ca. 65 % der abbaufähigen organischen Verbindungen erfaßt (Abb. 4.1).

Die Abbaukurve besitzt nur für ein typisches kommunales Abwasser Gültigkeit. In Abhängigkeit von der Zusammensetzung sind andere Abläufe möglich, z. B. eine verlängerte oder verkürzte Reaktionszeit bis zum Erreichen des 1. Plateaus nach Abschluß des Abbaus der organischen Verbindungen.

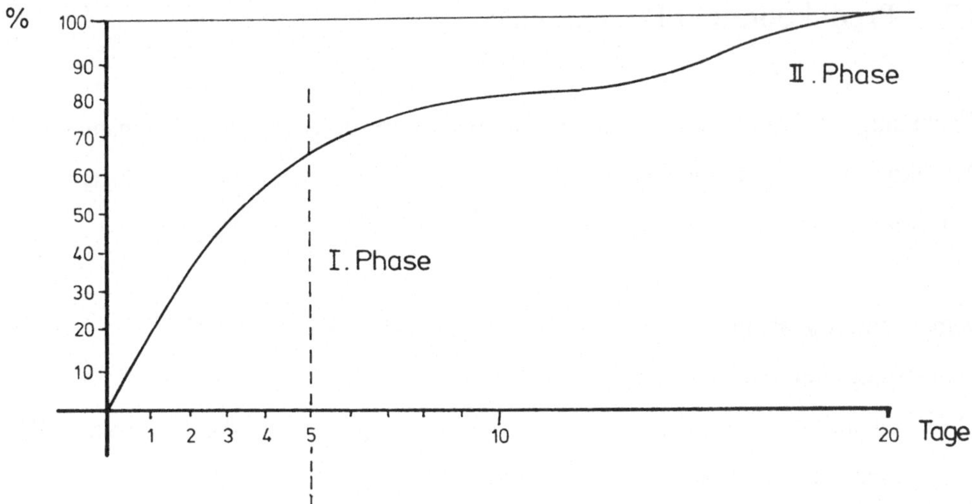

Abb. 4.1:   Abbau organischer Stoffe des kommunalen Abwassers im zeitlichen Verlauf, ausge-
drückt als O_2-Zehrung in %. Mit Erreichen des 1. Plateaus der Abbaukurve ist die
Oxydation der organischen Stoffe abgeschlossen. Die 2. Phase des Abbaus umfaßt
Nitrifizierungsprozesse (aus IMHOFF 1952)

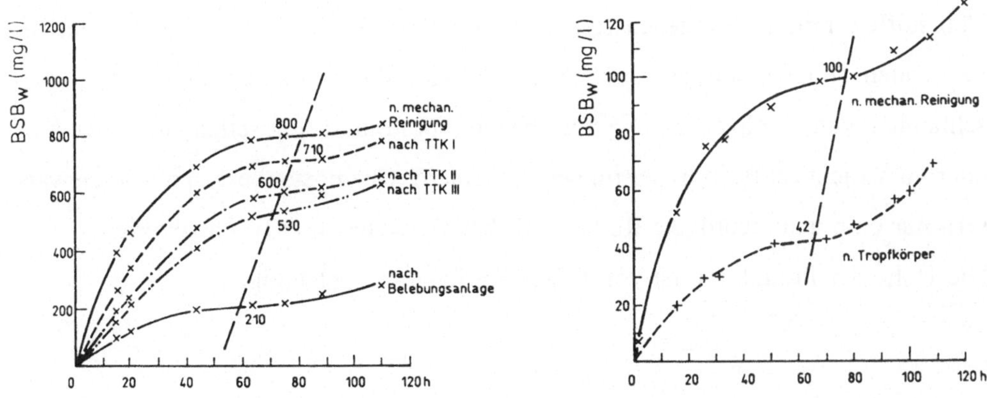

Abb. 4.2:   Abbaukurven teilbiologisch und biologisch gereinigter Abwasser beim Durchlaufen
mehrerer Klärstufen (Abwasser der Bastfaserindustrie und kommunales Abwasser;
KALBE 1967), TTK = Turmtropfkörper

4.2   Produktion und Produktivität

Wachstum von Populationen, Primär- und Sekundärproduktion sind Gegenstand der Demökologie (Populationsökologie). Sie stellen die den Status des Ökosystems bestimmenden Leistungen dar.

Dem Produktionsbegriff fehlt es oft an eindeutiger Prägung, weil er für folgende Sachverhalte verwendet wird:

1.)   Quantität organischer Stoffe, die von den Populationen des Ökosystems in einer bestimmten Zeit gebildet wird = Produktion.

2.)   Potential eines Ökosystems zur Bildung organischer Stoffe auf der Grundlage der Eingangsgrößen Nährstoffe und Energie = Produktivität.

3.).   Verhältnis von Aufwand (eingesetzte Energie) zum Ergebnis (Biomasseaufbau) = Produktivität.

Grundsätzlich ist zwischen Primär- und Sekundärproduktion zu unterscheiden. Als **Primärproduktion** wird die durch autotrophe Organismen aus anorganischen Nährstoffen mittels Sonnenenergie gebildete organische Stoffmasse (Biomasse) verstanden (Photosynthese). In Gewässern wird die Primärproduktion fast ausschließlich vom ökologischen Faktor Phosphor bestimmt; sehr selten vom Stickstoff oder vom Licht (z. B. in hypertrophen Systemen). Chemosynthese spielt in Gewässern nur eine untergeordnete Rolle, z. B. bei Schwefel- und Eisenbakterien.

Die Höhe der Produktion ist von folgenden Faktoren abhängig:

$$P = f(g, x, a, t, s) \tag{4.5}$$

(g = Globalstrahlung; x = vorhandene Biomasse = standing crop; a = Aktivität der Biomasse; t = Temperatur des Wassers; s = Nährstoffangebot).

Die Aktivität der Biomasse ergibt sich als Durchschnitt der Position aller Populationen in der Wachstumskurve. Falls alle produktiven Arten sich in der logarithmischen Wachstumsphase befinden, ist die Aktivität am größten. Als Näherung läßt sich die Aktivität a aus dem Sauerstoffproduktionspotential (SPP, 20 °C, 4000 lx, 24 h) und dem standing crop berechnen:

$$a \; = \; SPP \cdot k_u \, / \, c \tag{4.6}$$

(k_u= durchschnittlicher Umrechnungsfaktor SPP/Chlorophyll[663]= 33$\cdot 10^{-3}$, KALBE 1972, WILKE 1974; c = Chlorophyll[663]-Gehalt in mg/l).

Als **Sekundärproduktion** wird die Umsetzung der in der Primärproduktion gebildeten organischen Stoffe auf dem Wege der Konsumption zu tierischer Biomasse bezeichnet. Als Quelle dienen Pflanzen, Tiere und abgestorbene Biomasse (Detritus). Die Aktivität der vorhandenen Biomasse bestimmt die Leistung ganz wesentlich. Diese ist wiederum abhängig von der Entwicklung der Populationen (Wachstumsphase) (Abb. 4.3).

Die **Wachstumsrate** μ ergibt sich aus folgender Beziehung:

$$\mu \; = \; \mu_{max} \cdot S/(K_s + S) \tag{4.7}$$

(μ_{max} = höchstmögliche Wachstumsrate, S = Nährstoffkonzentration, K_s = Halbsättigungskonst. S).

Die Wachstumsraten werden wesentlich von der Strategie der Populationen beeinflußt. Sogenannte r-Strategen besitzen ein exponentielles, ungehemmtes Wachstum, so daß es zu Massenvermehrungen kommen kann (fast alle Mikroorganismen); sogenannte K-Strategen besitzen ein Wachstum lediglich bis zu einer ökosystemeigenen Kapazität (meist höhere Tiere, z. B. Prädatoren).

Die Veränderung der Biomasse (des standing crop) läßt sich nach folgender Beziehung berechnen:

$$dx/dt \;=\; \mu x \tag{4.8}$$

(x = Biomasse, μ = Wachstumsrate, t = Zeit).

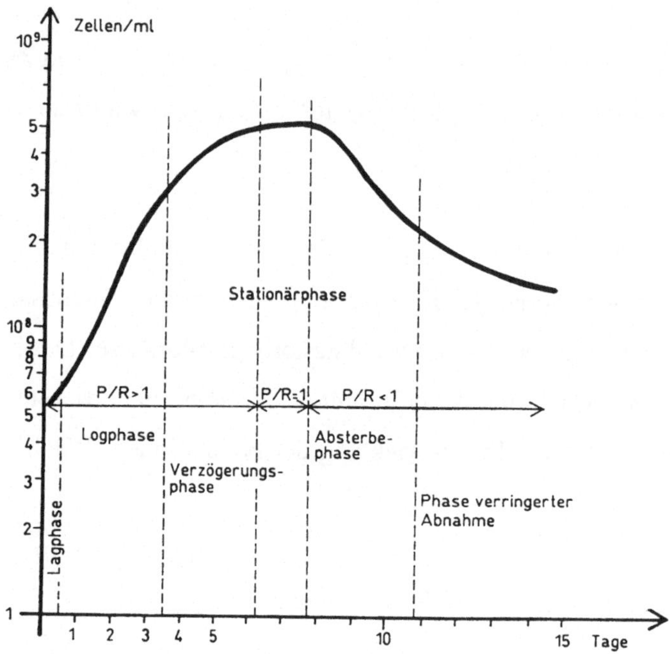

Abb. 4.3:   Phasen des Wachstums von Populationen

4.2.1 Größenordnungen der Primärproduktion

Zu unterscheiden sind Brutto- und Nettoproduktion. Die **Bruttoproduktion** ist die Gesamtheit der gebildeten organischen Substanz (Biomasse) einschließlich des Anteils, der bei der Respiration wieder aufgebraucht wurde. Die **Nettoproduktion** ist der nach Abzug der Respiration (R) tatsächlich verbleibende Zuwachs an Biomasse (Rate des Zuwachses):

$$P_{Netto} = P_{Brutto} - R .$$ (4.9)

Limnische Ökosysteme besitzen erstaunliche Produktionsleistungen, die denen terrestrischer Ökosysteme gleichkommen (Tabelle 4.1).

Tabelle 4.1: Primärproduktion verschiedener Ökosysteme. Nach KUMMERT u. STUMM (1989)

Ökosystem	Nettoprimärproduktion Trockensubstanz $g \cdot m^{-2} a^{-1}$	Biomasse Trockensubstanz $kg \cdot m^{-2}$
Tropischer Regenwald	2200	45
Immergrüner Laubwald	1300	35
Saisonaler Laubwald	1200	30
Nadelwald	800	20
Steppe	900	4
Grasland	600	1,6
Tundra	140	0,6
Landwirtschaft	650	1
Marschland	3000	15
Seen u. Flüsse	400	0,02
Offenes Meer	125	0,003
Küstengewässer	360	0,001
Ästuare	1500	1

Sehr hohe Produktionsleistungen besitzen hocheutrophe Seen und Abwasserteiche (Algenteiche) (Tabelle 4.2). Üblich für limnische Ökosysteme ist die Angabe der Leistungen in Kohlenstoff- oder Sauerstoffproduktion. In hypertrophen Flachseen ist die Primärproduktion in den Sommermonaten bei hoher Phytoplanktondichte auf die obere 1,5-m-Schicht beschränkt. Auch innerhalb dieses Bereiches sind die Leistungen stärker differenziert (Abb. 4.4).

Tabelle 4.2: Primärproduktion limnischer Ökosysteme in Mitteleuropa. Angabe in C- und O_2-Produktion. Umrechnungsfaktor C : O_2 = 0,375. Nach KUMMERT u.STUMM (1989), UHLMANN (1988), KALBE (1972), SCHÖNBORN (1992), teilweise umgerechnet

Ökosystem	Bruttoproduktion		
	g C/m².d	g C/m².a	g O_2/m².d
hypertropher See	>5,0	>1000	>15,0
polytropher See	>2,0	> 200	> 6,0
eutropher See	>0,7	> 70	> 2,0
mesotropher See	>0,3	> 30	> 0,9
oligotropher See	<0,3	< 30	< 0,9
Abwasserteich	>5,0	>1000	>15,0
Fließgewässer	>2,0	> 200	> 5,0
Thermalstrom			11,3
Forellenbach			ca. 5,0

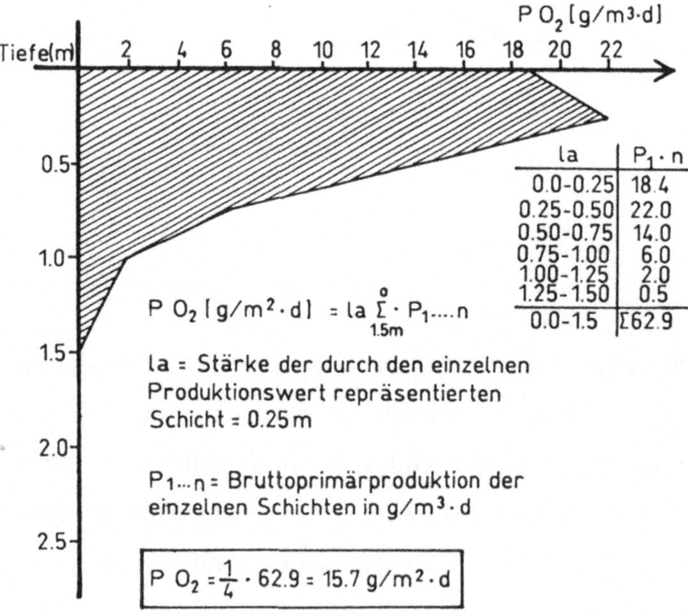

Abb. 4.4: Verteilung der Bruttoprimärproduktion in einem hypertrophen See (Grössinsee bei Potsdam, Brandenburg, Juli 1969), gemessen mit Hell-Dunkel-Flaschen-Sauerstoffmethode

4.2.2 Berechnungsmöglichkeiten der Primärproduktion

Die Ermittlung der Primärproduktion in Gewässern erfolgt mittels unterschiedlicher Methoden. Gebräuchlich sind Berechnungen anhand des Zuwachses an organisch gebundenem Kohlenstoff oder an Sauerstoff im System. Im einzelnen kommen folgende Methoden zur Anwendung:

1.) Radiokohlenstoffmethode: Deposition von Reaktionsgefäßen mit radioaktivem $^{14}CO_2$ (z.B. HÜBEL 1970).

2.) Hell-Dunkel-Sauerstoffflaschenverfahren: Deposition von Reaktionsgefäßen im Gewässer, Ermittlung der Sauerstoffdifferenzen in den hellen und abgedunkelten Flaschen, Depositionszeit meist 24 Stunden (z. B. SCHWOERBEL 1966; MÜLLER 1966; HÜBEL 1970).

3.) O_2-Rate-of-Change-Methode: Messung der Tag-Nacht-Gänge des Sauerstoffgehaltes meist über 24 oder 48 Stunden, Korrektur des Zuwachses an O_2 durch Gasaustauschrate zwischen Atmosphäre und Wasser und Respiration (z. B. ODUM 1956; OWENS 1965; KALBE 1972). Die Berechnung erfolgt nach der von KALBE (1972) entwickelten Beziehung:

$$P_{O_2} = \sum \Delta O_2 + \left| \frac{24}{n} \sum \Delta O_2^- \right| \qquad (g/m^3\,d) \qquad (4.10)$$

Bei Fließgewässern ist die Zweistationenmethode nach ODUM (1956) anzuwenden, wobei durch Bildung der Differenz der Sauerstoffgehalte an den zwei Meßstationen die die Bruttoprimärproduktion repräsentierende Sauerstoffkurve ΔO_2 (II-I) zu bilden ist.

4.) Ermittlung des Sauerstoffproduktionspotentials (SPP) unter definierten Laborbedingungen (Sauerstoffdifferenzmethode im Hell-Dunkel-Flaschenansatz) (z. B. KNÖPP 1960; RUDOLPH 1970).

5.)   Ermittlung des Sauerstoffdefizits im Hypolimnion oligotropher und mesotropher Seen am Ende der Sommerstagnation als Alternativmaß und grobe Näherung (z. B. GUSFRU et al. 1966).

Da die Primärproduktion in sehr unterschiedlichem Bezug ausgedrückt wird, werden im folgenden zur Abschätzung der Größenordnungen Umrechnungsfaktoren angegeben:

1 g C entspricht

      2,67g O_2,

      2,2 g org.Trockensubstanz (Makrophyten),

      3,3 g Trockensubstanz (Phytoplankton ges.),

      42,0 g Frischmasse Phytoplankton,

      8,3 g Frischmasse Zooplankton,

      1,7 g Trockensubstanz Zooplankton.

1 g Trockensubstanz entspricht

      16 750 - 21 000 Joule (Pflanzen),

      21 000 - 25 000 Joule (Tiere).

1 g O_2-Aufnahme entspricht 14 000 Joule.

1 g CO_2-Abgabe entspricht 7 500 Joule.

1 mg Chlorophyll a entspricht

      150 mg Trockensubstanz,

      1 Mio. Zellen,

      45 g C (Phytoplankton).

4.2.3 Produktions-Respirations-Verhältnis (P/R)

Der Produktions-Respirations-Quotient charakterisiert die im System jeweils herrschenden Produktionsbedingungen. In autotroph geprägten Gewässern kann man im allgemeinen von einem Quotienten > 1,0 ausgehen, in einem heterotroph geprägten dagegen von einem Quotienten < 1,0. Wie SCHÖNBORN (1992) für Fließgewässer belegen konnte, differiert jedoch der P/R-Quotient je nach Beschattung durch die Ufervegetation tages- und jahreszeitlich. Stark beschattete Gewässerabschnitte erreichen meist niedrigere Werte als unbeschattete; sie sind durch Bestandsabfall charakterisiert. Wichtig sind offensichtlich auch die benthischen Habitatstrukturen und deren Besiedlung. Im Jahresverlauf ist der Sommer als eigentlich produktive Zeit meist durch höhere P/R-Quotienten charakterisiert, während im Winter bei Überwiegen heterotropher Prozesse der Quotient auf Werte < 1,0 sinken muß. Auch die Belastung mit sauerstoffzehrenden Stoffen führt zu einer Erniedrigung des Quotienten, weil sich die Respiration gegenüber produktiven Prozessen erhöht. Gerade in abwasserbelasteten Fließgewässern wird somit der P/R-Quotient ein gutes Maß für den Fortgang des biochemischen Abbaus.

Durchschnittlich besitzen unbelastete Systeme ein Verhältnis von Produktion zu Respiration > 1,0, belastete < 1,0. Mit zunehmender Trophie steigt der Quotient, mit steigender Saprobie fällt er ab (vgl. Kapitel 2). In Fließgewässern sind offensichtlich sehr breite Schwankungen möglich, z. B. von P/R = 0,17 bis P/R = 6,0 (SCHÖNBORN 1992).

In stehenden Gewässern unterliegt das P/R-Verhältnis zwar häufigen, im allgemeinen aber geringeren Schwankungen, weil die dominierenden Populationen offensichtlich schneller wechseln und Aktivitätsschwankungen ausgesetzt sind. Während des exponentiellen Wachstums der dominanten Populationen kommt es zu durchschnittlich hohen Quotienten bis zu 2,0, nach Erreichen der Stationärphase pegelt sich ein P/R-Verhältnis um 1,0 ein, und in der Absterbephase liegt P/R stets < 1,0, bis minimal 0,6 bis 0,8 (KALBE 1972). Damit im Zusammenhang kommt es zu deutlichen Trends der Sauerstoffgehalte im Wasser (Abb. 4.5).

Das P/R-Verhältnis muß als Summe der Aktivitäten der Gesamtheit der Populationen angesehen werden. Deshalb sind sehr hohe oder sehr niedrige Quotienten in natürlichen Standgewässerökosystemen unwahrscheinlich; wenn eine Population abstirbt, wird das meist durch das Wachstum einer anderen kompensiert. Deutliche Trends sind deshalb nur im Frühsommer und im Spätherbst zu erwarten. Generell sind abfallende Trends des Sauerstoffgehaltes mit P/R <1,0 in folgenden Fällen möglich:

1.)   Inaktivierung der Phytoplanktonpopulationen während des Absterbens.

2.)   Belastung mit organischen, sauerstoffzehrenden Stoffen.

3.)   Sauerstoffabgabe bei insgesamt ausgeglichener Produktion und Respiration und bei starker Übersättigung an die Atmosphäre (vorgetäuscht niedriger P/R-Quotient).

4.2.4 Nahrungsketten

Auf der Primärproduktion der Pflanzen durch Photosynthese bauen alle folgenden Sekundärproduktionsstufen auf. Dabei muß zwangsläufig die Größe der Sekundärproduktion weit hinter der Primärproduktion zurückbleiben; sie nimmt von Stufe zu Stufe weiter ab. Nach REMMERT (1973, 1992) liegt der jeweilige Ausnutzungsgrad von Kompartiment zu Kompartiment bei nur ca. 1 %, so daß die Sekundärproduktion in seinen letzten Gliedern (Prädatoren) nahe Null geht. Das bezieht sich sowohl auf die Biomasse der einzelnen Glieder als auch auf deren Reproduktionsrate.

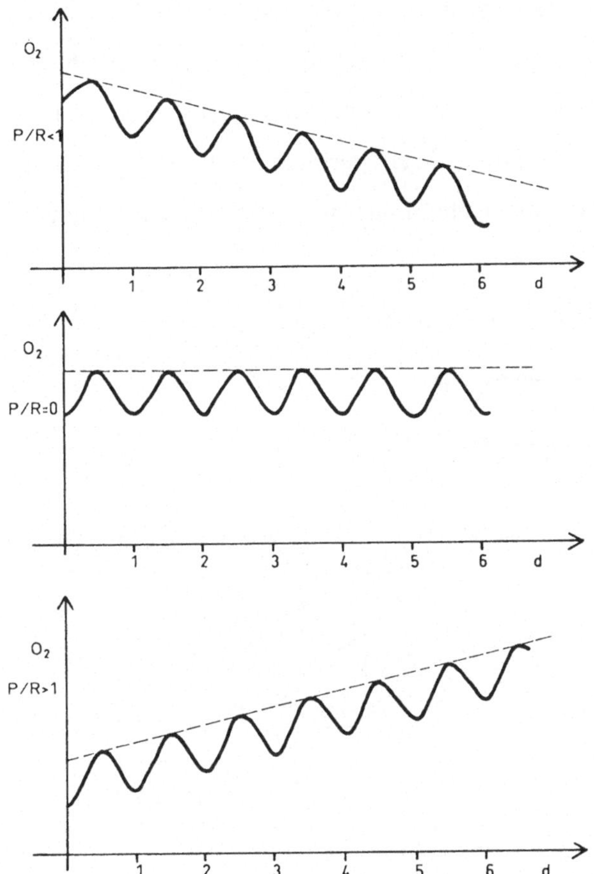

Abb. 4.5: Theoretische Möglichkeiten der Ausprägung von Trends im Gang der Sauerstoff-gehalte über einen längeren Zeitraum als Abhängigkeit vom veränderten Verhältnis P/R und Beispiel aus einem hypertrophen Flachseensystem für fallenden Trend über einen Zeitraum von 14 Tagen: Grössinsee (Land Brandenburg), 4.09. - 17.09.1969 (aus KALBE 1972)

In Gewässern besteht die Nahrungskette im Produktionsbereich meist nur aus 4 oder 5 Gliedern. Für hypertrophe Systeme ist die weitgehende Zurückdrängung der Kompartimente der Sekundärproduzenten typisch (KALBE 1995). Das führt meist zu einem kurzgeschlossenen Stoffkreislauf gegenüber dem "Normalfall" eines eutrophen Systems (Abb. 4.6).

Der Aufbau der **Nahrungspyramide** ist sehr unterschiedlich (Abb. 4.7).

Offene hypertrophe Ökosysteme sind meist dadurch gekennzeichnet, daß erhebliche Phytoplanktonmengen aus dem See über den Abfluß exportiert werden und im allgemeinen Zu- und Abgang der Nährstoffe bei sehr geringer Eliminierungsleistung im System sich die Waage halten, wobei allerdings die einzelnen Verbindungen metabolisiert werden.

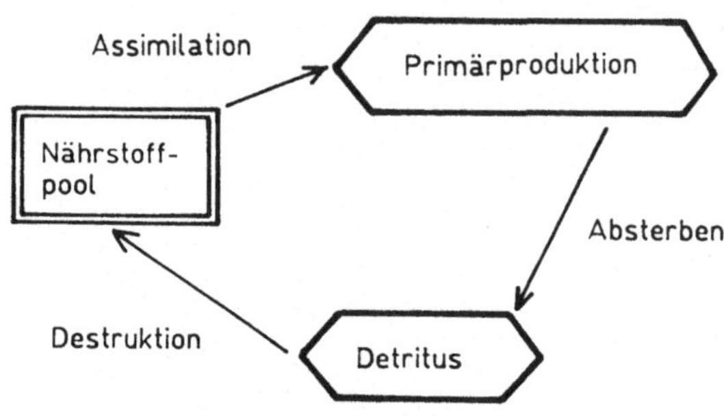

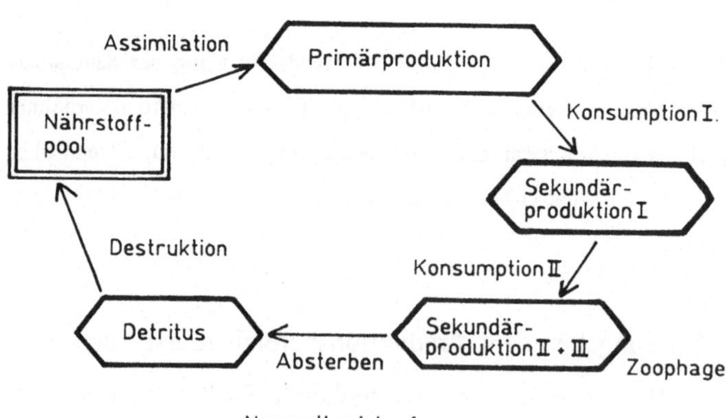

Abb. 4.6:   Lang- und kurzgeschlossener Stoffkreislauf im eutrophen und hypertrophen See, generalisiert

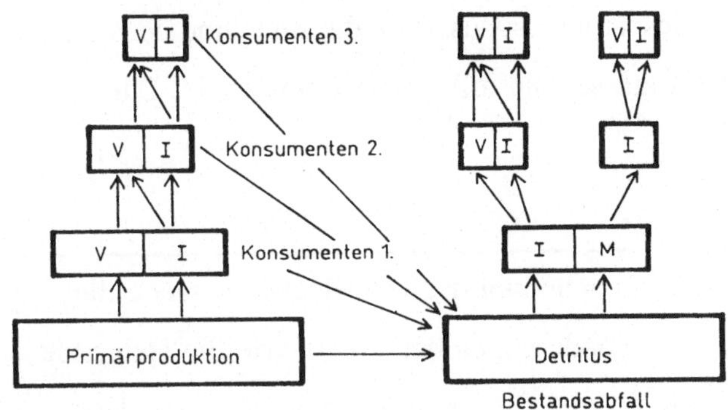

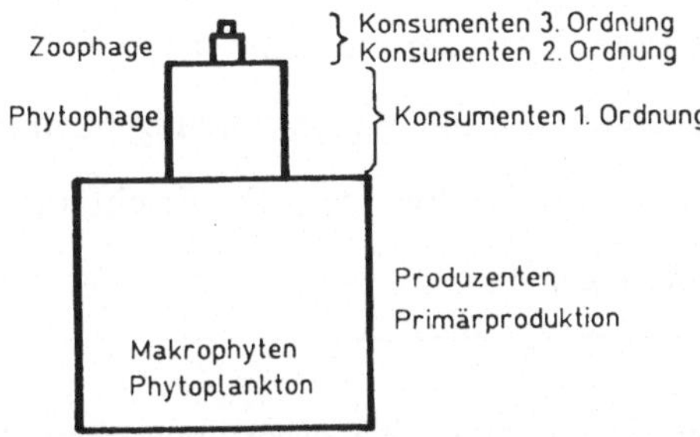

Abb. 4.7:   Beispiele für verschiedene Typen von Nahrungspyramiden, dargestellt als Energiepyramide, aus REMMERT 1992 und ODUM 1983

4.3 Eutrophierung

Der Begriff der Trophie wurde in Kapitel 2 erläutert. Danach ist die Trophie die Intensität des Aufbaus von organischer Biomasse, die sich vor allem aus der Produktivität des Gewässers ergibt. Als Trophiegrad wird der jeweilige Status des Gewässers angegeben, der sich aus der Intensität des Aufbaus der Biomasse entwickelt hat.

Die weltweit als besonderes Problem diskutierte **Eutrophierung von Gewässern** ist die Zunahme der Trophie bzw. des Trophiestatus, d. h. die Zunahme der Intensität des Aufbaus von organischer Biomasse. Die offizielle Definition der Eutrophierung der OECD (1971) lautet:

> Die Eutrophierung ist die Nährstoffanreicherung des Oberflächenwassers, die meist eine Reihe symptomatischer Veränderungen hervorruft, wie die steigende Produktion von Algen und anderen Wasserpflanzen, die generelle Verschlechterung der Wasserqualität und andere Folgen für das Gewässerökosystem, wie Veränderung der Artenzusammensetzung und -Häufigkeit, Verstärkung der Sedimentation von organischen Stoffen, Veränderung des Sauerstoffregimes und Anreicherung von Mikroorganismen, die die Wassernutzung beeinträchtigen (z. B. das Baden, die Gewinnung von Trinkwasser, den Fischfang, die Bewässerung und die industrielle Nutzung).

Eutrophierungsprozesse können sich in allen Gewässertypen abspielen und haben verschiedene Erscheinungsbilder. Im wesentlichen sind es aber zwei Entwicklungen:

1.) Wachstum von Phytoplankton, meist auf stehende Gewässer beschränkt, seltener in großen Strömen als echtes Potamoplankton (vielfach hält sich in kleinen Fließgewässern das aus Seen verdriftete Phytoplankton einige Tage lebensfähig).

2.) Wachstum von Makrophyten des Uferbereiches und des Litorals (z. B. Gelegepflanzen, emerse und submerse Wasserpflanzen), sowohl in stehenden Gewässern als auch Fließgewässern.

Im üblichen Sprachgebrauch wird die Eutrophierung fast immer mit Negativvorstellungen verbunden. Das hat zweifellos mit der allgemeinen menschlichen, nutzungsbezogenen Sicht zu tun, denn die Eutrophierungsprozesse münden fast immer in Nutzungsbeschränkungen ein, zumindest bei Erreichen des poly- und hypertrophen Status. Aus ökologischer Sicht kann das Phänomen der Eutrophierung jedoch nicht ohne weiteres als "Fehlentwicklung" abgetan werden. Die Eutrophierung ist Ausdruck eines besonderen Leistungsvermögens des Ökosystems im Sinne des "Verarbeitens" oder der Kompensation starker Nährstoffbelastungen, wobei funktionierende Strukturen und Vernetzungen entstehen (s. Kapitel 6). Insofern ist die Eutrophierung als stabilisierender Prozeß aufzufassen.

Inwieweit die starke Zurückdrängung der Konsumentenkompartimente bei der Hypertrophierung und der fast ausschließlich auf Primärproduktion und Destruktion beruhende Stoffkreislauf letztlich auch als ökologische Fehlentwicklung zu bezeichnen wären, die in natürlichen Systemen ohne Zutun des Menschen undenkbar sind, soll hier nicht weiter diskutiert werden.

4.3.1 Grenzen der Belastbarkeit von Gewässerökosystemen

Zahlreiche Studien beschäftigen sich mit der Prognose der Eutrophierung in Abhängigkeit von den Nährstoffbelastungen und damit mit den Grenzen der Belastbarkeit im Hinblick auf eine vorgegebene bzw. angestrebte Beschaffenheitssituation (z. B. RODHE 1961; VOLLENWEIDER 1968; UHLMANN 1983; KLAPPER 1992).

Tabelle 4.3 faßt einige der wichtigsten Grenzparameter zusammen. Solche Grenzparameter werden stets in Verbindung mit Zielvorstellungen für erwünschte Nutzungen aufgestellt. Üblich ist das Ziel der Erhaltung einer "guten" oder "sehr guten" Wasserbeschaffenheit.

Tabelle 4.3: Belastbarkeit von Gewässern in Abhängigkeit vom N- und P-Import (tolerierbare Belastung für die Trophiestufe), nach VOLLENWEIDER 1968; KALBE 1969, 1975; UHLMANN 1983

	oligotroph		eutroph		hypertroph	
	N	P	N	P	N	P
		(g/m^2 . a)				
< 5 m Maximaltiefe	-	-	2,0	0,13	4,5	0,30
< 5 m Durchschnittstiefe	1,0	0,07	-	-	-	-
<10 m Durchschnittstiefe	1,5	0,1	-	-	-	-
<50 m Durchschnittstiefe	4,0	0,25	-	-	-	-

Die fixierten Toleranzgrenzen gelten nur für stehende Gewässer mit mittleren Verweilzeiten (T_M) >1,0 a. In Abhängigkeit vom Durchfluß sinkt bei zahlreichen Seen der Niederungen die Verweilzeit des Wassers weit unter ein Jahr, und damit steigt die Belastbarkeit. Die von VOLLENWEIDER (1976), KLAPPER (TGL 27885/01; 1992) und anderen Autoren entwickelten bzw. weiterentwickelten Modelle tragen dieser Tatsache Rechnung (Abb. 4.8).

Als **Quellen der Eutrophierung** haben in erster Linie direkte Phosphateinträge über Abwasser zu gelten. Hinzu kommen jedoch diffuse Quellen aus dem Einzugsgebiet und gewässerinterne Quellen (Sediment).

Immer wieder wird der Eintrag von Phosphaten durch wildlebende Wasservögel diskutiert. Ausgangspunkt dafür sind Erfahrungen über Belastungen durch Hausgeflügel bei intensiver Haltung. Auf Grund der ungünstigen Nährstoffverwertung durch Geflügel allgemein ist dieser Eintrag erheblich: 0,3 g P, 1,3 g N/Ente d (KALBE 1975). Die Belastung durch wildlebende Wasservögel ist abhängig von der Lebensweise. Es sind drei Gruppen zu unterscheiden:

-   Arten, die außerhalb der Gewässer Nahrung aufnehmen und einen Teil des Kotes ins System eintragen, es erfolgt ein Nährstoffeintrag (z. B. Wildgänse), der ca. 50 % der Gesamtkotbelastung beträgt. Zu berücksichtigen ist, daß die meisten Arten erst im Winterhalbjahr in größeren Zahlen die Gewässer aufsuchen, wo ungünstige Produktionsbedingungen herrschen (KALBE 1978, 1982; ZIEMANN 1986).

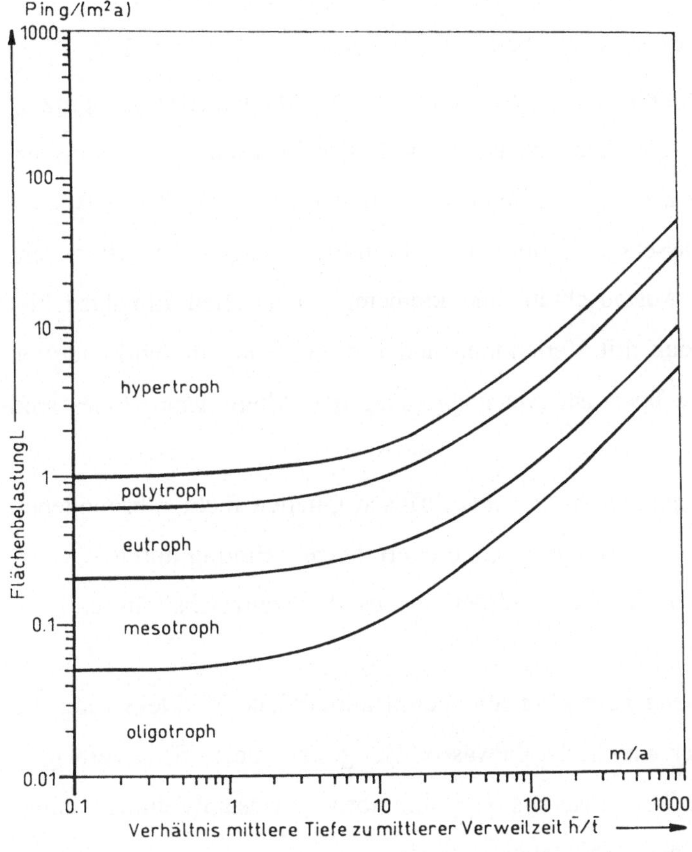

Abb. 4.8:   Grafische Ermittlung des zu erwartenden Trophiegrades eines stehenden Gewässers auf der Grundlage der Flächenbelastung mit o-PO_4-Phosphor und der mittleren Verweilzeit in Abhängigkeit von der mittleren Tiefe (KLAPPER 1992)

- Arten, die die Gewässer nur als Nahrungsgäste aufsuchen; sie entnehmen dem System Nährstoffe und entlasten es (z. B. Reiher, Kormorane, Greifvögel).

- Arten, die sowohl Nahrung aus dem System aufnehmen als auch ihren Kot ins Wasser ablegen (z. B. Taucher, Enten); sie beschleunigen den Nährstoffumsatz (turn over).

4.3.2 Natürlicher Alterungsprozeß

Alle Gewässer, vor allem stehende, unterliegen einem natürlichen Alterungsprozeß, der der Eutrophierung vergleichbar ist. Dafür sind allerdings lange Zeiträume erforderlich. Die Dauer des Prozesses ist in erster Linie von der Größe der Gewässer, der Austauschrate des Wassers und vom Nährstoffeintrag abhängig. Vor allem sehr tiefe Seen mit geringer Austauschrate und kleinem, unbelasteten Einzugsgebiet altern sehr langsam, so daß mit Verlandung und Eutrophierung in Jahrhunderten bzw. Jahrtausenden zu rechnen ist. Als Phänomene des Alterungsprozesses sind anzusehen:

1.) Eintrag von Pflanzennährstoffen aus diffusen Quellen nichtanthropogenen Ursprungs, z. B. Laubfall, absterbende Uferpflanzen, Eintrag durch Wasservögel, Starkregen u. ä. und Beförderung des Pflanzenwachstums und der Sedimentation.

2.) Verlandung der Seen vom Ufer aus, damit allmähliche Verkleinerung der Seefläche und Verflachung der Gewässer. Bei geschichteten Seen verringert sich der Anteil des Tiefenwassers (Hypolimnion) am Gesamtvolumen, damit geringeres Eliminierungspotential.

3.) Deposition von Nährstoffen aus der Atmosphäre.

4.) Veränderung der Artenzusammensetzung und der Produktivität der einzelnen Kompartimente

Die Wege der Alterung verlaufen unterschiedlich:

- Dystrophie → Oligotrophie → Mesotrophie → Eutrophie → Polytrophie,

- Oligotrophie → Dystrophie → Mesotrophie → Eutrophie → Polytrophie,

- Oligotrophie → Mesotrophie → Eutrophie → Polytrophie,

- Mesotrophie → Eutrophie → Polytrophie,

- Eutrophie → Polytrophie.

Ungeklärt muß bleiben, ob die natürliche Alterung bis zur Polytrophie führen kann; das sollte vor allem in gemäßigten Breiten unwahrscheinlich sein. In tropischen Gewässern scheint die Poly- und Hypertrophie auch durch natürliche Alterung möglich zu sein, vor allem bei Flachgewässern (UHLMANN 1985).

4.3.3 Folgen der Eutrophierung

Die in der Definition enthaltenen Folgen der Eutrophierung für die wichtigsten Gewässernutzungen sind zu ergänzen (in Anlehnung an KLAPPER 1992):

1.)   **Einschränkungen der Nutzbarkeit**
        Gefährdung der Trinkwassernutzung,
        Minderung des Erholungswertes,
        Wertminderung der Binnenfischerei,
        Gesundheitsschäden (Mensch),
        Behinderung des Schiffsverkehrs (Makrophyten),
        Erhöhung von Wasseraufbereitungskosten,
        Verschlammung von Wasserleitungen,
        Geschmacksbeeinträchtigung der Fische.

2.)   **Folgen für das Ökosystem**

Verlandung der Gewässer,

Erhöhung der Bioproduktion und Degradierung der Artenmannigfaltigkeit,

Kurzschließen des Stoffkreislaufes, Ausfall von Konsumenten

Verbesserte Schadstoffelimination,

Verringerung der Sichttiefe,

Zurückdrängung von emersen und submersen Wasserpflanzen,

Tag-Nacht-Schwankungen des Sauerstoffgehaltes,

Verschlammung,

Rückgang des Schilfbestandes,

Rückgang stenöker Tier- und Pflanzenarten.

4.4   Eliminierungsleistungen

In fast allen Gewässern werden eingetragene Nährstoffe in bestimmtem Umfang eliminiert. Die Eliminierung erfolgt über die Einzelschritte: Inkarnation in den Pflanzenzellen (Umsetzung der Nährstoffe in Biomasse durch Photosynthese, Speicherung von Nährstoffen, Luxusaufnahme von Phosphat) - Sedimentation mit abgestorbener Biomasse - Festlegung der Nährstoffe im Sediment. Die Leistungen sind je nach Gewässertyp und Jahreszeit sehr unterschiedlich. In oligotrophen und mesotrophen Seen erreicht die Eliminierung im allgemeinen die Größenordnung der Belastbarkeit (vgl. Kapitel 5). Die den Seen zugeführte tolerable Phosphatmenge wird bei aerobem Hypolimnion ausgefällt und ins Sediment transportiert. In eutrophen Seen werden die zugeführten Nährstoffe nur noch unvollständig eliminiert und stehen damit teilweise zur Bioproduktion wieder zur Verfügung. In poly- und hypertrophen Systemen ist die Eliminierung im Jahresdurchschnitt weit herabgesetzt; zeitweilig sind zwar hohe Eliminierungsraten erreichbar, diese werden aber durch

Nährstofffreisetzungen meist voll kompensiert (vgl. Kapitel 3 und 6). Die Nährstofffreisetzung aus dem Sediment kann durch unterschiedliche Mechanismen erfolgen: Remobilisierung von Phosphat bei anaeroben Verhältnissen über der Sedimentschicht, vor allem im Sommerhalbjahr bei zeitweiligen Sauerstoffschichtungen, Auszehrung im Hypolimnion bei geschichteten Seen, windbedingte Weichsedimentaufwirbelung in Flachseen. Sehr große Eliminierungen sind in eutrophen, ungeschichteten Seen mit Durchschnittstiefen über 5 m zu erwarten, wenn sich im Sommerhalbjahr keine Sauerstoffschichtungen einstellen. Darauf beruhen die hohen Eliminierungsraten in den Vorsperren der Talsperren (KLAPPER 1992). Nährstoffeliminierungen in Fließgewässern beruhen in erster Linie auf Sedimentation abgestorbener Biomasse in Stillwasserbereichen (z. B. Altwässer, Buhnenfelder, seenartige Erweiterungen) und auf Inkarnation der Nährstoffe in Makrophytenbeständen. Die Leistungen können erheblich sein, sie erreichen in mäßig fließenden Gewässern Größenordnungen von 0,5 - 0,7 g P/m^2a (KALBE 1986), können aber auch weit darunter bleiben. Das entspricht den Eliminierungsleistungen stehender Gewässer. Trotzdem besteht gerade bei Fließgewässern stets die Gefahr, daß Nährstoffe schnell wieder freigesetzt werden, z.B. bei Hochwasserführung und Abtransport von Sedimenten.

4.5   Stickstoffixierung aus der Atmosphäre

Bei Mangel an Stickstoffverbindungen für die Primärproduktion speziell in hypertrophen Seen können heterocystenführende Blaualgen molekularen atmosphärischen Stickstoff durch Nitrogenase binden. Damit kann eine mögliche Limitierung der Primärproduktion aufgehoben werden. Zur Stickstoffixierung sind zahlreiche, gerade in hypertrophen Seen häufige Arten befähigt; es gehören *Aphanizomenon flos-aquae, Anabaena flos-aquae, Anabaena planctonica* und *Oscillatoria redeckei* dazu.

Im allgemeinen wird zwar die Rate der Stickstoffbindung mit maximal ca. 175 kg N/ha·a als gering angesehen, kann aber damit durchaus bis knapp 50 % des Gesamtimportes betragen (KLAPPER 1992). KOHL et al. (1984) fassen die wesentlichen Ergebnisse von Untersuchungen zur Stickstofffixierung zusammen (Tabelle 4.4).

Tabelle 4.4: N- Eintrag durch planktische N_2-Fixierung in Binnengewässern (KOHL et al. 1982, 1984; RÖNICKE 1986; KLAPPER 1992)

Gewässer	Jahr	N-Eintrag kg/ha·a	N-Import-Anteil %
Lake Erken	1970	5,0	40
Lake Mendota	1970	7,5	7
	1971	14,4	8,5
Lake Södra	1975	16,0	51
Bergundeasjön	1976	29,0	82
Lake George	1968	44,0	33
Clear Lake	1970	18,0	43
Lake Sammamish	1973	0,3	0,2
Lake Washington	1974	0,2	0,5
Rietvleitalsperre	1975	6,0	1,4
	1976	95,0	23
	1977	175,0	46,5
Arendsee	1979	58,1	
	1980	2,7	
	1981	9,8	
	1982	43,2	

In Reisfeldern können als Extremfall bis zu 300 kg N/ha·a gebunden werden. Wesentlichen Anteil haben hier neben verschiedenen Cyanobakterien vor allem Bakterien (*Azotobacter, Clostridium, Desulfovibrio* und photoautotrophe Bakterien) (BICK 1989). Vergleichbar sollten damit flach überstaute Feuchtgebiete der gemäßigten Breiten sein.

5 Belastbarkeit limnischer Ökosysteme

Unter Belastbarkeit eines limnischen Ökosystems wird die mögliche Zufuhr von Stoffen (chemische Verbindungen, Elemente, Stoffe, Substanzen) und die tolerierbare Belastung durch Stressoren jeglicher Art verstanden, die das System gerade noch ertragen kann, ohne daß es wesentlich verändert wird.

Der Begriff schließt einerseits Zielvorstellungen, andererseits aber auch die ökologische Leistungsfähigkeit zur Kompensation von Störungen, Eliminierung von Schadstoffen und Selbstreinigung durch Abbau ein. Die Belastbarkeit ist immer von den ökologischen Bedingungen im System abhängig, so daß jedes Gewässer unterschiedlich belastbar ist. Wesentlichen Einfluß für die Größe der Belastbarkeit haben die hydrologischen Bedingungen (Wasserführung, Wasservolumen, Fließgeschwindigkeit, Turbulenz), Morphologie der Gewässer, Schichtung des Wasserkörpers, Wassertemperatur, Aktivität der Biomasse, Zusammensetzung der Lebensgemeinschaften. Oft steigt die Belastbarkeit von Fließgewässern mit der Zunahme des Abflusses, weil eine wesentlich größere Verdünnung der Schadstoffe möglich wird (Abb. 5.1). Gerade in trophiedeterminierten Fließgewässern sind diese Zusammenhänge durch andere Beziehungen deutlich überdeckt (Abb. 5.2). Durch Nährstoffverbrauch und -eliminierung in Abhängigkeit von den meteorologischen Bedingungen ergeben sich kaum Korrelationen. Das gilt speziell für anorganische Nährstoffe, aber auch für abbaubare organische Verbindungen. Auch bei Salzen werden unterschiedliche Lösungsvorgänge klare Zusammenhänge verwischen.

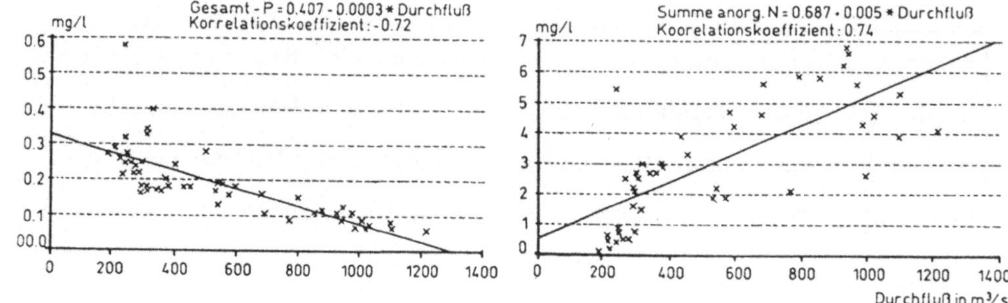

Abb. 5.1:	Korrelation von Stickstoff und Phosphor mit dem Durchfluß in der Oder anhand der Parameter Summe anorg. N und Gesamtphosphat (GPO$_4$), 1993 und 1994 (Material des LUA Brandenburg, Abt. H u. W, 1995, unveröff., M. GIERK u. H. KLOSE)

Vor allem bei Fließgewässern mit größerer Fließgeschwindigkeit muß mit einer unvollständigen Einmischung der Zuflüsse auf relativ langer Fließstrecke gerechnet werden. Dadurch können die Grenzen der Belastbarkeit früher erreicht werden, wenn die Belastungsfahnen bestimmte Ufer- oder Grundbereiche erfassen.

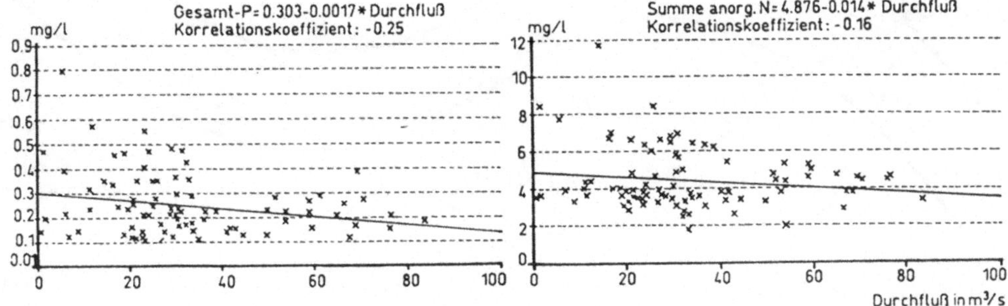

Abb. 5.2: Korrelation von Stickstoff und Phosphor mit dem Durchfluß in einem trophiedeterminierten Flußsystem, dargestellt anhand der Summe des anorg. N und des Gesamtphosphates (GPO$_4$) in der Havel bei Potsdam (Material des LUA Brandenburg, Abt. W u. H, unveröff. 1995, M. GIERK u. H. KLOSE)

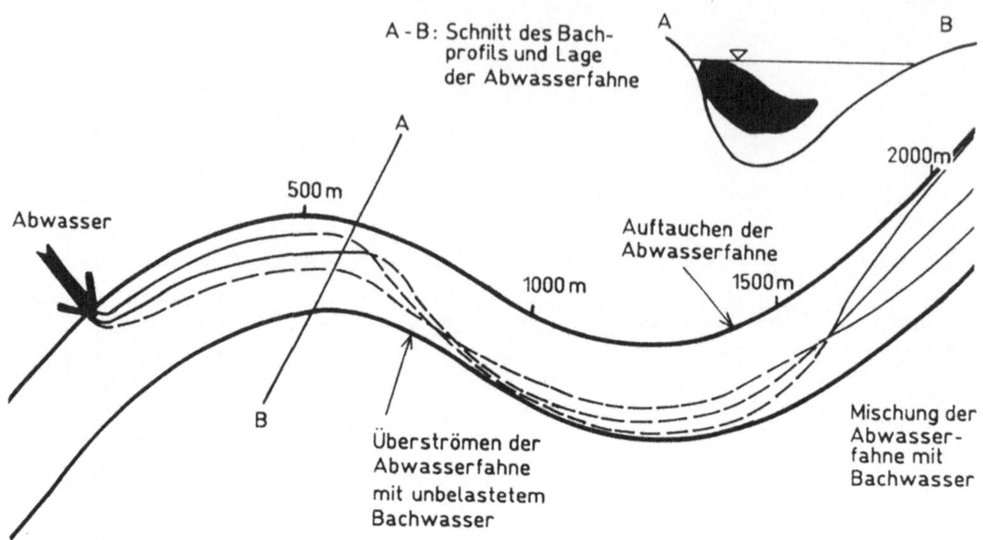

Abb. 5.3:   Abwasserfahnenbildung in einem stark mäandrierenden Fließgewässer (generalisiert)

In geschichteten Seen und Talsperren besteht die Möglichkeit der Einschichtung belasteter Zuflüsse in bestimmte Horizonte in Abhängigkeit von der Wassertemperatur und Dichte. Zuflüsse mit bestimmter Wassertemperatur werden sich immer in die entsprechende Temperaturschicht des Gewässers einschichten. Für Salze gilt dies sinngemäß für die Einschichtung in einen bestimmten Dichtehorizont (Abb. 5.4). Eine windbedingte Umwälzung des Wasserkörpers bei salzdeterminierter Schichtung ist meist ausgeschlossen, weil die einzelnen Schichten sehr stabil ausgebildet sind.

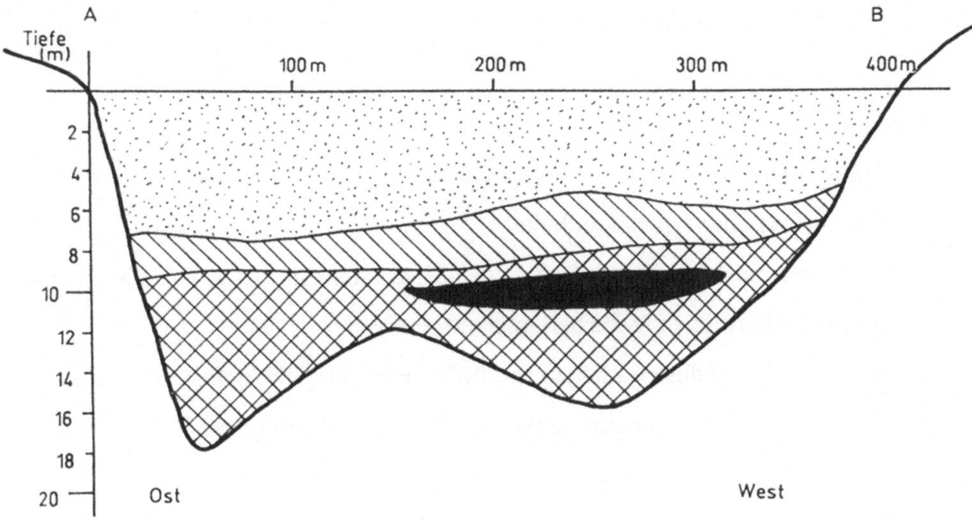

Abb. 5.4:   Einschichtung eines cyanidbelasteten Zuflusses in den Wasserkörper der Kriebsteintal-
sperre in Abhängigkeit von der Dichte (Abschlußbericht d. Expertengruppe d. Ministe-
riums für Umweltschutz u. Wasserwirtschaft der DDR, Berlin 1976, unveröffentl.,
KALBE/KLAPPER/PÜTZ).
4 Konzentrationsstufen: < 0,05 , <0,10, <0,25, >0,25 mg/l CN$^-$

Die Belastbarkeit des Grundwassers ist im wesentlichen von der geologischen Situation des Grundwasserleiters und dem Chemismus abhängig. Aber auch hier spielen die mögliche Verdünnung in Beziehung zum Wasseraustausch und die Akkumulation von Schadstoffen in Abhängigkeit von der Aufenthaltszeit eine große Rolle.

5.1   Belastungsquellen

Als wesentliche Belastungsquellen sind zu nennen:

-   Kommunale Abwässer mit hoher Belastung an organischen Stoffen, Nährstoffen und Haushaltschemikalien,

-   Abwässer aus Landwirtschaft, vor allem aus Tierhaltungen, aber auch landwirtschaftlichen Verarbeitungsbetrieben,

-   Abwässer aus Industrieanlagen mit hoher Belastung an schwer oxydierbaren organischen Verbindungen, toxischen Stoffen, kanzerogenen Stoffen und anorganischen Schadstoffen,

-   Nährstoff- und Agrochemikalieneinträge aus intensiv genutzten landwirtschaftlich und gärtnerisch genutzten Flächen,

-   Belastungen durch den Tourismus,

-   Belastungen durch Deposition.

Hauptkomponenten der organischen Belastung durch **kommunale (häusliche) Abwässer** sind Eiweißverbindungen und deren Abbauprodukte (Peptide, Aminosäuren), Amine (Derivate des Ammoniaks), Kohlenhydrate (Zucker, Stärke, Zellulosen), Carbonsäuren (aliphatische und aromatische Verbindungen), Kohlenwasserstoffe und Huminstoffe (Fulvosäure, Huminsäure). Wesentlich für die Belastbarkeit limnischer Systeme ist die Abbaubarkeit der Verbindungen. Gerade unter den Kohlenwasserstoffen, aber auch unter den Carbonsäuren finden sich zahlreiche Verbindungen, die biochemisch nur schwer angreifbar sind. Der größte Anteil organischer Verbindungen im kommunalen Abwasser läßt sich jedoch gut abbauen und mineralisieren. Parameter des biochemischen Abbaus ist der Biochemische Sauerstoffbedarf (BSB, BOD).

Im allgemeinen erfolgt die Bestimmung als BSB_5, d. h. der Biochemische Sauer-stoffbedarf in 5 Tagen (siehe Kapitel 4.1). In der angewandten Limnologie wird vielfach der Begriff des Einwohnergleichwertes (EGW) verwendet. Er bezieht sich auf die durchschnittliche tägliche Abgabe von sauerstoffzehrenden Stoffen durch einen Einwohner:

$$1 \text{ Einwohnergleichwert} = 60 \text{ g } BSB_5/d,$$

die sich mit der Abgabe von ca. 100 bis 150 l Abwasser verbinden. Davon liegen ca. 35 g in gelöster und ca. 25 g in ungelöster Form vor. Außerdem werden durch einen Einwohner täglich ca. 2 g P, 13 g N und 80 g Feststoffe/Schwebstoffe (Trockenmasse) abgegeben. Auch bei diesen Parametern wird von Einwohner-gleichwerten gesprochen.

Ähnlich wie bei kommunalen Abwässern sind die Hauptbelastungskomponenten bei **Abwässern aus Tierproduktionsanlagen** organische Schadstoffe und anorganische Nährstoffe, die vergleichbaren Eliminierungs- und Abbauprozessen unterliegen. Meist sind allerdings die Belastungen insgesamt wesentlich höher (Konzentration und Last):

1 Rind	=	30 EGW	=	1620 g BSB_5,
1 Schwein	=	25 EGW	=	1200 g BSB_5,
1 Ente	=	0,2 EGW	=	10 g BSB_5,
1 Gans	=	0,5 EGW	=	26 g BSB_5,
1 t Fisch	=	100 EGW	=	5400 g BSB_5.

Auch die intensive fischereiliche Bewirtschaftung von Gewässern bringt oft erhebli-che Belastungen. Bei Zufütterung von Pellets, Getreide oder anderen Futtermitteln werden Nährstoffe und organische Verbindungen ins Gewässer eingetragen, die nicht insgesamt von den Fischen aufgenommen werden können. In Intensivfisch-gewässern ist die Belastung pro Tonne Fisch ca. 25 EGW.

Außerordentliche Bedeutung erlangt der Einsatz von **Agrochemikalien** in der Landwirtschaft und im Gartenbau, wobei neben dem Dünger vor allem Pflanzenbehandlungs- und Schädlingsbekämpfungsmittel (PBSM bzw. PSM; populär Pestizide) Negativauswirkungen auf die Gewässer, zunehmend auf das Grundwasser ausüben. Besonders chlororganische Insektizide und Triazinherbizide sind schwer abbaubar und können, einmal ins Grundwasser gelangt, Jahrzehnte erhalten bleiben oder zu anderen Schadstoffen metabolisieren, dazu zählen z. B. DDT, HCH, Aldrin, Dieldrin. Leichter abbaubar sind im allgemeinen Herbizide der Phenoxycarbonsäuregruppe. Größere Bedeutung besitzen aber auch Triazine, EDTA, NTA, Diuron und Zinnorganika. Ein besonderes Problem stellt der übermäßige Stickstoffeinsatz als Dünger in der Landwirtschaft dar. Anorganische Stickstoffverbindungen werden im allgemeinen nur schlecht im Boden zurückgehalten, so daß ein Eintrag ins Grundwasser die Folge ist. Vielfach bildet sich bei aeroben Bedingungen Nitrat, das wesentliche gesundheitliche Relevanz besitzt:

1.)   Ursache der Säuglingsmethämoglobinämie, wobei eine Reduktion des NO_3^- zu NO_2^- und zum Nitrosylion (NO^+) erfolgt und dadurch die Sauerstoffaufnahme blockiert wird.

2.)   Kanzerogene Wirkung bei langzeitiger Aufnahme, wobei durch Reduktion des NO_3^- über NO_2^- und Weiterreaktion zum Nitrosamin erfolgt.

Abläufe von **Industrieanlagen** enthalten vielfach unüberschaubare anorganische und organische Schadstoffe. Unter ihnen befinden sich zahlreiche schwer oder nicht abbaubare Verbindungen. Der Schadstoffeintrag hängt vom Produktionsprofil und von den eingesetzten Rohstoffen ab. Summarisch soll hier auf Schwermetalle, Kohlenwasserstoffe, Leichtflüchtige chlororganische Kohlenwasserstoffe (LCKW), Polycyclische aromatische Kohlenwasserstoffe (PAK, PAH), Polychlorierte Biphenyle (PCB), Stoffe der Benzol-Toluol-Xylol-Gruppe (BTX), lipophile Stoffe und adsorbierbare organische Halogenverbindungen (AOX) hingewiesen werden, die akut toxisch, kanzerogen und akkumulierbar sein können. In zunehmendem Maße kommen Pharmaka hinzu, die teils flächendeckend eingesetzt werden und natürlich ins Abwasser gelangen.

Die Abwässer einiger Industriebranchen sind sehr hoch mit leicht abbaubaren organischen Stoffen belastet, dazu zählen die meisten Lebensmittelbetriebe (Brauereien, Zucker- und Stärkefabriken, Konservenhersteller, Schlachthöfe, Tierkörperverwertungsbetriebe usw). Der BSB_5 unbehandelter Abwässer kann das Zehnfache kommunaler Abwässer betragen.

Der **Tourismus** bringt vor allem für stehende Gewässer in der Nähe größerer Ballungsräume sehr starke Belastungen mit sich. Hervorzuheben sind neben dem direkten Eintrag von Kot, Urin und Schweiß beim Baden (100 Badende = 2 EGW) vor allem die Zerstörung natürlicher Ufer, Beseitigung der Schilfgürtel und der Eintrag von Müll.

5.2   Sauerstoffregime

Die **Diffusion atmosphärischen Sauerstoffs** ins Wasser ist von der Turbulenz und Strömung abhängig, aber auch vom Sauerstoffdefizit. Das Lösungsvermögen richtet sich nach der Temperatur (siehe Kapitel 3.2.2). Die Geschwindigkeit der Aufnahme (Belüftung) ist vom Partialdruck abhängig. Unter bestimmten Bedingungen ist der Geschwindigkeitsbeiwert der Belüftung konstant, er wird meist **Wiederbelüftungskoeffizient K_2** (Dimension: $Zeit^{-1}$) genannt (UHLMANN 1982). Die Rate des Gasaustausches (der Wiederbelüftung) in Abhängigkeit vom relativen Sättigungsdefizit wird als **Wiederbelüftungsrate k_r** bezeichnet (Dimension: Masse$\cdot$Fläche$^{-1}\cdot$ Zeit^{-1}) (KALBE 1972). Beispiele für K_2 (h^{-1}):

Stehende Gewässer:	0,03 - 0,08,
Teiche:	0,08,
Oxydationsteiche:	0,2,
große Seen:	0,6,
Fließgewässer bei	
v = 0,5 m/s:	0,23,
v = 0,2 m/s:	0,16.

Die Höhe der Wiederbelüftung ergibt sich aus folgender Beziehung:

$$dD/dt = -K_2D = -K_2(c_s - c_t) \tag{5.1}$$

$$D_t = D_o \cdot e^{-k2.t} \tag{5.2}$$

(D = Sauerstoffdefizit; c_s = Sauerstoffgehalt bei 100 % Sättigung; c_t = Sauerstoffgehalt zum Zeitpunkt t; D_t = Defizit zum Zeitpunkt t; D_o = Defizit zum Zeitpunkt 0).

Der Sauerstoffeintrag durch Sauerstoffproduktion der grünen Pflanzen kann in hocheutrophen Gewässern die Größenordnung des atmosphärischen Eintrages deutlich übertreffen (BARTHELMES 1984; KALBE 1984), so daß es zu Übersättigungen des Wassers mit Sauerstoff kommen kann. Bei stärkerer Turbulenz an der Wasseroberfläche (z. B. windbedingte Wellen) wird dieser Übersättigungssauerstoff an die Atmosphäre abgegeben. Dagegen bleiben Sauerstoffübersättigungen bei Windstille und geringer Turbulenz lange erhalten; sie können bis über 200 % des Sättigungswertes erreichen. Da eine Sauerstoffzufuhr durch Photosynthese nur am

Tage zustande kommt, die Prozesse der Respiration aber sowohl am Tage als auch in der Nacht, kann es zu charakteristischen Tag-Nacht-Kurven des Sauerstoffgehaltes im Gewässer kommen. Das Maximum des Sauerstoffgehaltes liegt meist in den späten Nachmittagsstunden, das Minimum in den frühen Morgenstunden (KALBE 1972, Abb. 5.5). Besonders ausgeprägt sind solche Tagesgänge in hocheutrophen Gewässersystemen mit hoher Primärproduktion und erheblichem Bestandsabfall.

Für den Sauerstoffhaushalt eines Gewässers sind sowohl der Eintrag als auch die Zehrung verantwortlich. Bei Belastung mit abbaubaren organischen Substanzen werden erhebliche Mengen an Sauerstoff verbraucht; der Verbrauch kann dabei die Zufuhr weit überschreiten, so daß es zu Sauerstoffmangel bzw. Anaerobie kommt.

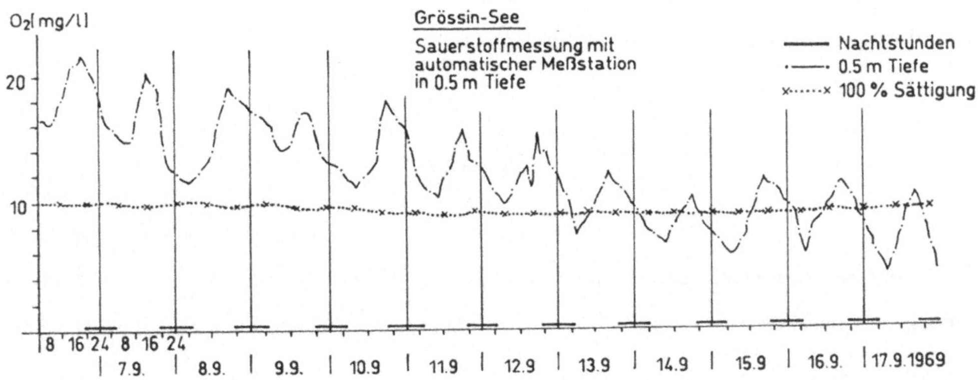

Abb. 5.5:   Sauerstoff-Tag-Nacht-Gänge in einem hypertrophen Flachsee: Grössinsee bei Potsdam, Brandenburg. Aufnahme mit automatischer Sauerstoffmeßkette. Aus KALBE 1972

Der Sauerstoffhaushalt berechnet sich wie folgt (STREETER u. PHELPS; FAIR u. GEYER 1961):

$$dD/dt = k_1 L - K_2 D \qquad (5.3)$$

(D = Sauerstoffdefizit; k_1 = Abbaukoeffizient; L = Belastung, ausgedrückt als biochemischer Sauerstoffbedarf. Der Abbaukoeffizient wird empirisch ermittelt und ist temperaturabhängig, er beträgt bei 20° C = 0,25/d, bei 5° C = 0,13/d).

In Fließgewässern ergeben sich aus Sauerstoffeintrag und Sauerstoffentzug charakteristische Sauerstoffganglinien im Flußlängsschnitt (Abb. 5.6).

Nach einer Abwasserbelastung sinkt zunächst der Sauerstoffgehalt bis zu einem Tiefpunkt (maximales Sauerstoffdefizit D_{max}) je nach Fließgeschwindigkeit, Turbulenz und Belastung nach 2 bis 3 Tagen, danach überwiegt die Wiederbelüftung, so daß nach ca. 8 bis 10 Tagen der Sättigungswert erreicht werden kann. Von großer Bedeutung für die Berechnung der Belastbarkeit ist die Ermittlung des Punktes D_{max} im Fließgewässer (kritische Fließzeit t_c).

$$t_c = \frac{1}{K_2 - k_1} \ln\left[\frac{K_2}{k_1}\left(1 - \frac{(K_2 - k_1)D_0}{k_1 S_0}=\right)\right] \qquad (d) \qquad\qquad (5.4)$$

(t_c = kritische Fließzeit in Tagen bei Erreichen des max. Sauerstoffdefizits D_{max} ; K_2 = Wiederbelüftungskonstante; k_1 = Abbaukonstante; D_0 = Sauerstoffdefizit zum Zeitpunkt 0; S_0 Sauerstoffsättigungswert in mg/l).

Die kritische Fließzeit bestimmt für ein Fließgewässer das Pessimum in der Sauerstoffversorgung der hier lebenden tierischen Organismen und führt meist zur Verarmung des gesamt betroffenen Bereiches.

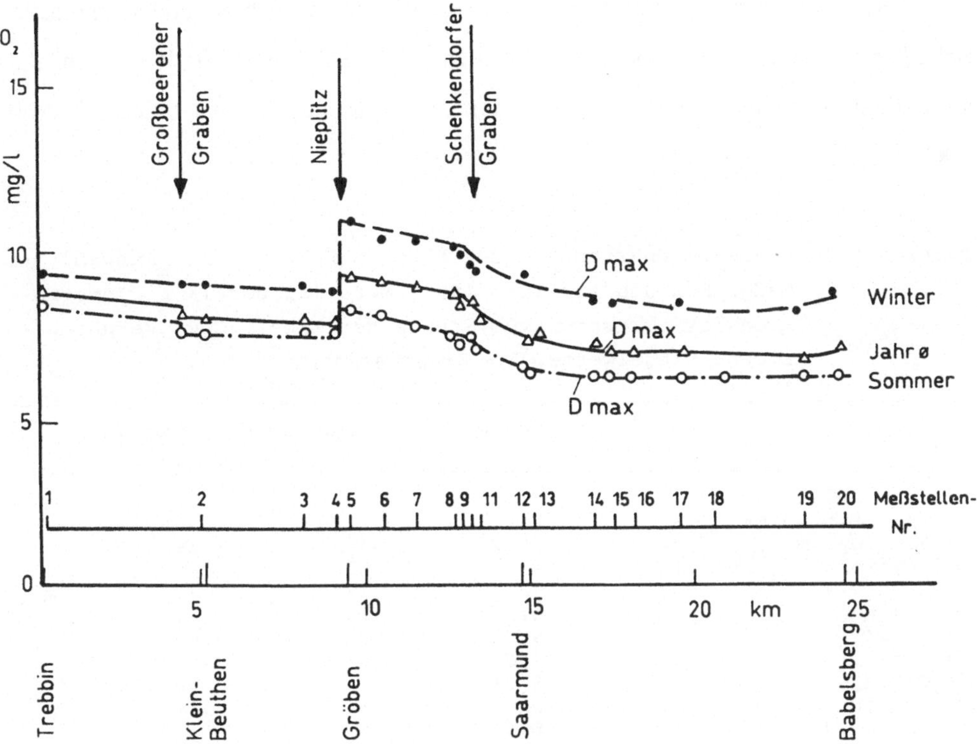

Abb. 5.6: Sauerstoffganglinien in einem kleinen Niederungsfluß bei Potsdam: Nuthe, Aufnahme 1980 -1983, aus KALBE 1986. Der Tiefpunkt des Sauerstoffgehaltes wird hier bereits nach 0,2 - 0,3 d erreicht; das deutet auf eine weitgehend eliminierte Restbelastung im Flußsystem hin

In Deutschland sind die meisten der größeren Flüsse stark belastet. Die Selbstreinigungskraft reicht nicht mehr aus, um alle Schadstoffe zu eliminieren. Als der am stärksten belastete Strom gilt nach Verbesserung der Wasserbeschaffenheit des Rheins in den achtziger Jahren die Elbe, obwohl auch hier eine deutliche Verbesserung seit 1990 mit Wegfall industrieller Abläufe vor allem in den größeren Industriezentren eingetreten ist (Tabelle 5.1).

Auch die Oder wird speziell hinsichtlich einiger anorganischer und organischer Schadstoffe ziemlich stark belastet. Dabei muß in Rechnung gestellt werden, daß wesentliche Anteile der Belastung im Sediment akkumuliert werden (Abb. 5.7, Abb. 5.8).

Tabelle 5.1: Wasserbeschaffenheit der Elbe in Deutschland. Auswahl von Meßgrößen und Profilen 1993. Material der IKSE (Internationale Kommission zum Schutz der Elbe), Gewässergütebericht. Mittelwerte, ^{x} = Brackwasser

	Dessau	Magdeburg	Cuxhaven
pH-Wert (elektr.)	7,3	7,6	7,9
elktr. Leitfähigk. (μS/cm)	581	1320	37600^x
gelöst. O_2 (mg/l)	10,2	9,3	10,7
abfiltrierb. Stoffe (mg/l)	4	23	60
CSB_{Cr} (mg/l)	16	28	39
BSB_2 (mg/l)	8,3	16	6,8
TOC (mg/l)	5,7	9,1	6,0
DOC (mg/l)	4,5	6,2	4,4
UV-Ext.$_{254nm}$ (cm^{-1})	0,11	0,15	<0,1
AOX(adsorb.Halogenverb.) (μg/l)	89	54	10
NO_3^--N (mg/l)	5,4	5,7	2,4
NH_4^+-N (mg/l)	0,74	0,71	0,23
o-PO_4^{---}-P (mg/l)	0,02	0,10	0,11
Gesamt-PO_4-P (mg/l)	0,16	0,28	0,22
Cl^- (mg/l)	42	260	10400^x
SO_4^{--} (mg/l)	140	201	1500^x
Hg (μg/l)	0,46	0,19	0,25
Cu (μg/l)	3,9	7	3,7
Cd (μg/l)	1,1	0,24	0,1
Pb (μg/l)	2,9	4,0	4,3
Cr (μg/l)	1,3	4,0	10,7
As (μg/l)	4,1	2,7	3,8
Benzen (μg/l)	<5	<2	<1
Toluen (μg/l)	<5	<2	<1
o-Xylen (μg/l)	<3	<0,5	2
1,2-Dichlorbenzen (μg/l)	<1	<0,45	
1,2,3-Trichlorbenzen (μg/l)	<0,2	<2	<0,001
Dichlorethan (μg/l)	<0,25	<0,25	<1
Tetrachlormethan (μg/l)	1,8	2,4	<0,01
Trichlormethan (μg/l)	1,3	0,2	<0,01
1,1,2-Trichlorethen (μg/l)	2	0,23	<0,01
PCB 28 (μg/l)	<0,025	<0,005	<0,0005
PCB 52 (μg/l)	<0,025	<0,005	<0,0005
Dimethoat (μg/l)	1,3	0,94	0,12
Parathionmethyl (μg/l)	0,52	0,68	0,04

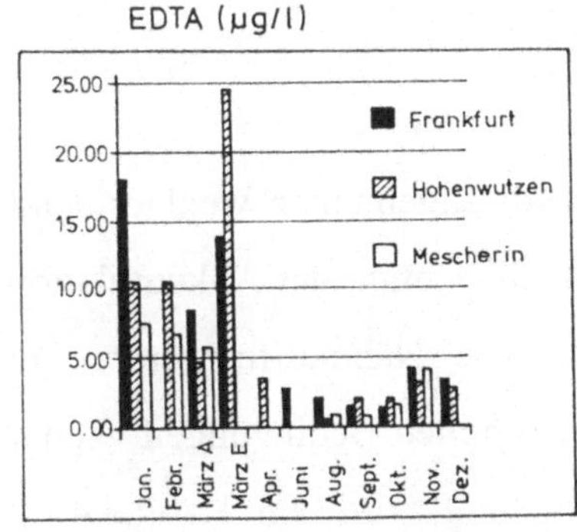

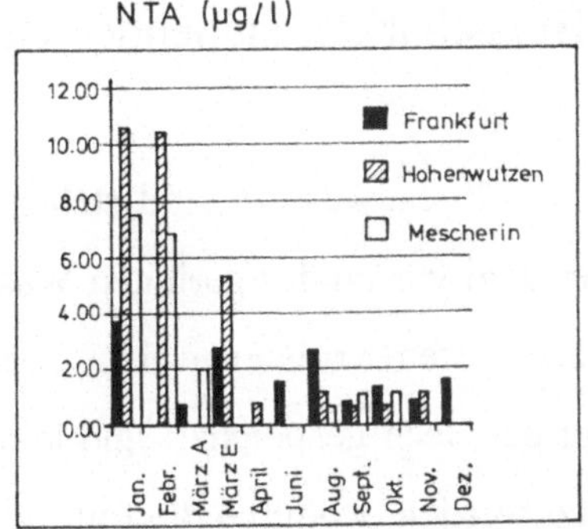

Abb. 5.7:   Belastung der Stromoder mit EDTA und NTA an drei ausgewählten Meßstellen im Jahresgang 1994 (SONNENBURG 1995), als Beispiele für die Belastung durch die chemische Industrie und Haushalte (Waschmittel, Kosmetika, Textilien, Papier). EDTA (Ethylendiaminotetraessigsäure), NTA (Nitrilotriessigsäure)

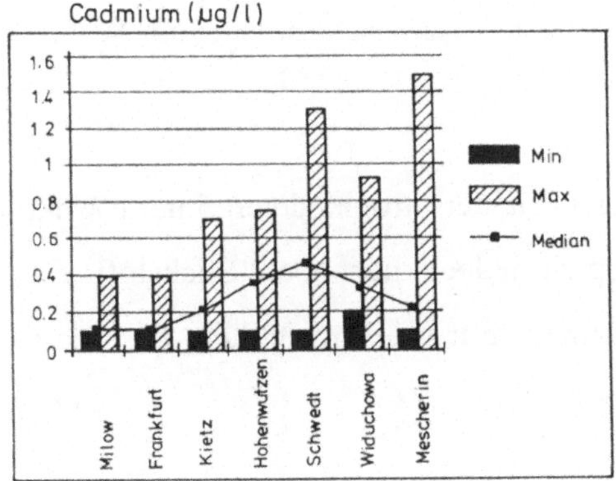

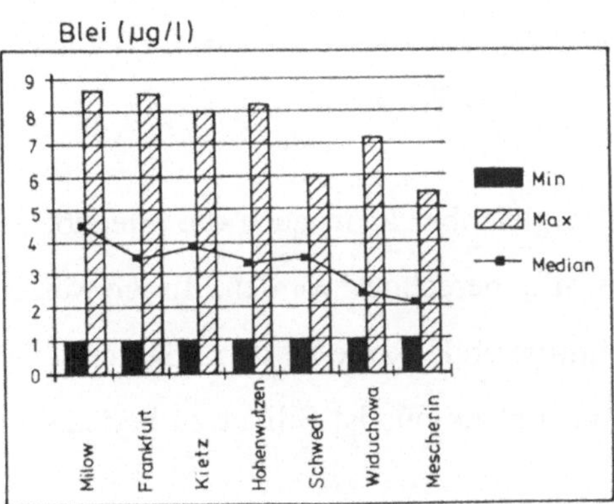

Abb. 5.8:   Belastung der Stromoder im Gewässerabschnitt der deutschen Grenzoder mit ausgewählten Schwermetallen, 1994 (SONNENBURG 1995)

5.3   Belastbarkeit stehender Gewässer

Gegenüber Fließgewässern sind stehende Gewässer im allgemeinen weniger stark belastbar, weil wegen des geringen Wasseraustauschs die Gefahr der Akkumulation von Schadstoffen vorhanden ist. Speziell anorganische Nährstoffe werden im Sediment der Seen gespeichert und können unter bestimmten Bedingungen wieder freigesetzt werden, wodurch die Eutrophierung beschleunigt wird (vgl. Kapitel 4.3).

Die Belastbarkeit L_c von Seen mit Phosphaten hat VOLLENWEIDER (1976) anhand der externen Zufuhr mathematisch formuliert:

$$L_c = (\overline{P})_c^{Sp}\ q_s \left(1 + \sqrt{\frac{\overline{z}}{q_s}}\right) \qquad (mg/m^3\ a) \qquad (5.6)$$

($(P)_c^{Sp}$ = spezifische (kritische) Gesamtphosphorkonzentration für die jeweilige Trophiestufe (Grenze zwischen oligo- und eutroph: 10 - 20 mg/m^3, Grenze zwischen eutroph und hocheutroph: 25 - 50 mg/m^3); q_s = z/t_w (hydraulische Belastung); z = Durchschnittstiefe; t_w = Aufenthaltszeit im System = V/Q = Volumen/mittl. Abfluß).

Vergleichbar kann auch die Grenzbelastung für andere trophiedeterminierte Nährstoffe berechnet werden. In Gewässern spielt jedoch nur noch Stickstoff eine limitierende Rolle in den höheren Trophiestufen. Für die Entwicklung des Diatomeenplanktons ist Silikat zu berücksichtigen.

Der für ein Gewässer "kritische" P-Eintrag $(P)_c$ gibt an, welche Belastung höchstens zugefügt werden darf (Gesamtbelastung für den Zeitraum t = 1a), um eine Überschreitung einer vom gewünschten Trophiegrad abhängigen Gesamtphosphatkonzentration   (P) $_{\lambda,c}$ zu verhindern (OECD 1982):

$$\sum (P) < \sum (P)_c = (\overline{P})_{i,c}\, Q \qquad\qquad (5.7)$$

$$(\overline{P})_{i,c} = (0{,}645(\overline{P})_{\lambda,c})^{1{,}22}\,(1+\sqrt{T_w}) \qquad\qquad (5.8)$$

((P) = Eintrag Ges.-P/a; (P)$_c$ = kritische Jahresfracht; (P)$_{i,c}$ = kritische, mittlere Ges.-P-Konzentration aller Zuflüsse; T_w = Aufenthaltszeit im System = V/Q; (P)$_{\lambda,c}$ = kritische mittlere Ges.-P-Konzentration im See; Q = Jahreszufluß; V = Seevolumen. Die Grenzen für die Belastbarkeit ergeben sich dann aus der Fixierung der zulässigen Ges.-P-Konzentration   (P)$_{\lambda,c}$ für den jeweiligen Trophiestatus, z. B. Oligotrophie < 14 mg/m^3, Mesotrophie < 45 mg/m^3, Eutrophie < 160 mg/m^3).

Für den Ruppiner See in Brandenburg (Deutschland) errechneten HÖHNE u. RIESENBERG (1994) eine Belastung von insgesamt 10.031 kg P/a, das entspricht 1.216 mg P/m^2 bzw. 152 mg P/m^3. Demnach würde der See nahe der zulässigen Grenze für einen eutrophen Status liegen. Zu einem ganz ähnlichen Ergebnis würde man beim Einsatz des in Kapitel 4 beschriebenen grafischen Modells kommen (KLAPPER 1992). Ganz ähnlich verhält es sich bei Akkumulation von anderen Schadstoffen, wie Schwermetallen, Bioziden, PAK und PCB, die zunächst im Sediment festgelegt werden, aber gleichfalls wieder freigesetzt werden können. Außerdem werden solche akkumulierbaren Stoffe in die Nahrungskette eingeschleust und reichern sich dann hauptsächlich im Fettgewebe (Organika) oder bei höheren Tieren in den Knochen (Schwermetalle) an.

Beispielhaft sollen für die Belastung und Kontamination mit organischen Spurenstoffen die Polychlorierten Biphenyle (PCB) dienen. Es handelt sich um eine Stoffklasse chlorierter, aromatischer Verbindungen, die weltweite Anwendung fanden, vor allem als Weichmacher von Kunststoffen, Transformatoren- und Kondensatorenflüssigkeiten, sowie Flüssigkeiten in hydraulischen Systemen, Gasturbinen und Vakuumpumpen. Da sie zur Gruppe der lipophilen Stoffe gehören, ist eine starke Akkumulation im Fettgewebe zu erwarten und daher auch eine Anreicherung in der Nahrungskette (Tabelle 5.2). Nach RASMUSSEN et al. (1990) erhöht sich die PCB-Konzentration in jedem Glied der Nahrungskette auf das 3,5-fache.

Tabelle 5.2: Anreicherung des PCB in der Nahrungskette im Genfer See, nach verschiedenen Autoren (generalisiert)

Sediment:	0,02 ppm
Wasserpflanzen:	0,05 ppm
Plankton:	0,39 ppm
Muscheln:	0,6 ppm
Fische:	3,5 ppm
Eier des Haubentauchers:	56 ppm

In der Hydrosphäre kommt es zu einer deutlichen PCB-Kontamination (Tabelle 5.3). Es ist zu erwarten, daß die in der Nahrungskette akkumulierten PCB direkt aus dem Wasser aufgenommen werden oder über Nahrung aus dem Sediment.

Tabelle 5.3: Durchschnittliche PCB-Kontamination in der Hydrosphäre (nach KOCH u. WAGNER 1989; BALZER et al. 1991; RIPPEN 1992)

Meerwasser	bis	30 ng/l
Oberflächenwasser	bis	1,4 μg/l
Trinkwasser	bis	8,5 μg/l
Abwasser	bis	33 μg/l
Sedimente	bis	61 μg/l

Die Eliminierung der PCB in der Nahrungskette ist sehr unterschiedlich. Die Halbwertszeit schwankt zwischen 2-3 und 55 Tagen (GOOCH u. HAMDY 1982).

Tabelle 5.4: Eliminationsraten (k) für PCB bei Organismen verschiedener trophischer Ebenen

Organismus	Inkubationszeit (d)	k-Wert (d)	Halbwertszeit (d)
Bakterien	0 - 3	-0,0305	10,46
	3 - 7	-0,0663	
	7 - 17	-0,0009	55,94
Mückenlarven	0 - 1	-0,0229	4,47
	1 - 5	-0,0879	4,35
Fische insektivor	0 - 1	-0,1308	2,47
	1 - 6	-0,1373	2,54
Fische piscivor	0 - 1	-0,1024	4,62
	1 - 7	-0,0574	4,57

In Deutschland ist ein Großteil der Seen stärker belastet. Hauptbelastungsursache ist die Anreicherung mit den Pflanzennährstoffen Phosphor und Stickstoff. Die Folge ist die Zuordnung in einen polytrophen oder hypertrophen Status. Im Land Brandenburg werden so ca. 30 % aller Seen über 1 ha Größe diesen hochbelasteten Typen zugeordnet (Landesumweltamt Brandenburg, Potsdam 1995). Die prozentuale Verteilung der einzelnen Trophiestufen ergibt sich wie folgt:

Oligotrophe Seen:	0,5 %
Mesotrophe Seen:	12,1 %
Eutrophe Seen:	57,4 %
Polytrophe Seen:	27,8 %
Hypertrophe Seen:	2,2 %

Der Anteil geringer belasteter Seen ist in den Ländern mit hohem Gebirgsanteil größer, weil im Gegensatz zu Brandenburg wesentlich mehr tiefe, geschichtete Seen vorhanden sind. Trotzdem ist auch in solchen Regionen die Belastbarkeit vieler Seen überschritten.

5.4 Schädigung limnischer Ökosysteme

Überlastungen schädigen die Ökosysteme in jedem Fall. Die Wirkungen sind jedoch sehr unterschiedlich. Bei extremen Belastungen kommt es zur Vernichtung bestimmter Populationen und Artengruppen. Weniger spektakuläre Belastungen führen zur allmählichen Zurückdrängung stenöker Arten und zur Monotonie der Lebensgemeinschaften. Empfindlichste Umweltnoxe ist vermutlich die aquatische Lebensgemeinschaft, die schon bei geringfügigem Stress durch Veränderungen reagiert; dabei muß nicht immer das ökologische Gleichgewicht verändert werden. Im einzelnen sind folgende Auswirkungen zu betrachten:

Fischsterben: Auffälligste Reaktion auf Überlastung vor allem mit sauerstoffzehrenden organischen Stoffen und Giften sind Fischsterben, die im allgemeinen eine größere Zahl von Arten betreffen (bei krankheitsbedingten Fischsterben ist fast immer nur eine Art betroffen). Häufigster Fall eines Fischsterbens ist die Sauerstoffreduzierung auf Gehalte unter bestimmte Toleranzgrenzen meist durch Abwassereinleitungen. Bei ca. 4 - 5 mg/l sterben zunächst empfindlichere Fischarten, wie Bachforellen (*Salmo trutta fario*), Äschen (*Thymallus thymallus*), Bachsaiblinge (*Salvelinus fontinalis*), Elritzen (*Phoxinus phoxinus*), bei Gehalten unter 3 mg/l folgen die anderen Arten, vor allem Cypriniden und Aale (*Anquilla anquilla*). Weniger auffällig ist das parallele Sterben niederer Tiere, die an einen bestimmten Mindestsauerstoffgehalt gebunden sind, z. B. Insektenlarven, Mollusken. Fischsterben durch Einleitung von Giften sind zwar seltener, dessen ungeachtet aber wesentlich radikaler, weil fast immer der gesamte Fischbestand vernichtet wird.

Besonders in hypertrophen Systemen trat in warmen Sommern wiederholt **Geflügelbotulismus** auf, verursacht durch das *Clostrudium botulinum*-Toxin Typ c (KÖHLER et al. 1977; FEILER u. KÖHLER 1977). Für die Havelgewässer unterhalb Berlins konnte nachgewiesen werden, daß in abgestorbenem Planktonmaterial unter anaeroben Bedingungen und bei Wassertemperaturen über 25 °C eine Vermehrung des Botulismusbakteriums und erhebliche Toxinausschüttungen erfolgten, bei deren Aufnahme vor allem Höckerschwäne (*Cygnus olor*), Enten (Anatidae), Möwen (Laridae) und Bleßhühner (*Fulica atra*) vergiftet wurden. Der Rückgang der Höckerschwanpopulation um Berlin-Potsdam ist auf gehäufte Botulismusgeschehen zurückzuführen. Bereits früher wurden in der Literatur vereinzelt Botulismusfälle beschrieben.

Blaualgen (Cyanobakterien) sind in polytrophen und hypertrophen Gewässern potente **Phykotoxinbildner**. Das durch verschiedene Arten gebildete Toxin ist offensichtlich ein für Warmblüter giftiges Peptid. GORHAM et al. (1966) unterscheiden zwei Faktoren, die möglicherweise unterschiedliche chemische Strukturen besitzen, den FDF und den SDF (Schnelltodfaktor und Langsamtodfaktor). Häufigster Toxinbildner ist *Microcystis aeruginosa*, danach wird das Toxin Microcystin benannt. BROSCHINSKI (1981) und KOHL et al. (1984) wiesen für zahlreiche brandenburgische Gewässer das Microcystin nach. Neben *Microcystis* sind auch *Aphanizomenon flos-aquae* und *Anabaena flos-aquae (lemmermanni)* als Toxinbildner bekannt. Offensichtlich wird die Toxinbildung durch endogene Faktoren in Gang gesetzt, wobei eine Kontrolle durch Plasmide erfolgen soll. Die Toxine werden in größter Menge in der log-Phase des Populationswachstums gebildet und bei Lyophilisierung der Zellen freigesetzt. KALBE u. THIESS (1964) berichteten über ein

Entenmassensterben durch eine Nodularia-Wasserblüte. Die LD_{50}-Werte für Warmblüter liegen bei 19 - 400 mg TS/kg. Deshalb ist eine unmittelbare Schädigung nur
bei Aufnahme großer Planktonmengen z. B. durch Wassergeflügel möglich. Die
gelegentliche Aufnahme z. B. beim Baden (Mensch) oder beim Tränken (Haustiere)
ist unproblematisch.

Von großer Bedeutung für die Nutzung der Gewässer und des Wassers ist die
Verseuchung der Gewässer mit pathogenen Bakterien und Viren. Vor allem die
mit den Abgängen des Menschen und der Haustiere in die Gewässer eingebrachten
Mikroorganismen verbleiben im allgemeinen lange lebensfähig bzw. aktiv und
stellen damit ein Risiko dar. Von besonderer Bedeutung sind pathogene *Escheri-
chia-coli*-Stämme, Salmonellen, Shigellen und verschiedene Enteroviren (Coxackie,
Rheoviren, Adenoviren, Hepatitisviren, Polioviren).

6 Ökologisches Gleichgewicht

Der Begriff des Ökologischen Gleichgewichtes wird im modernen Umweltschutz sehr häufig gebraucht. Anthropogene Belastungen "zerstören" oder "schädigen" das Gleichgewicht, oder das Ökologische Gleichgewicht "funktioniert" nicht mehr. Generell werden alle Belastungen, Störungen oder Eingriffe negativ bewertet, wenn damit Veränderungen des Systems eintreten. Dabei wird übersehen, daß sich das Ökologische Gleichgewicht als Balance zwischen Stoffhaushalt, Stoffumsetzungen, Energiefluß und Lebensgemeinschaft einstellt und bei Belastungen oder Störungen zwangsläufig neue Gleichgewichte entstehen, die zwar nicht immer wünschenswert erscheinen, nichtsdestoweniger aber sehr wohl funktionieren können.

Eine "Störung" des Gleichgewichtes kann durch Ent- wie Belastung hervorgerufen werden, wobei im ersten Fall ein geringer belastetes neues Gleichgewicht zu erwarten ist, im zweiten Fall das höher belastete, das aus Sicht des Umweltschützers ungeeigneter erscheint. Von einer "Zerstörung" des Ökologischen Gleichgewichtes kann in beiden Fällen nicht gesprochen werden, es sei denn, daß durch Vergiftung oder Beseitigung des Systems keine Neueinstellung eines Beziehungsgefüges möglich wird.

Generell sind bei Verwendung des Begriffes "Ökologisches Gleichgewicht" erhebliche Vorbehalte angebracht (SCHERNER 1965): Dieses ist so kompliziert und so dynamisch, daß man bisher noch bei keinem in der Natur gegebenen Ökosystem in der Lage ist, es exakt nachzuweisen, experimentell in den Griff zu bekommen oder gar vorauszuberechnen (ELLENBERG 1973).

Dennoch wird immer wieder bewiesen, daß durch bestimmte Maßnahmen, Belastungen, Störungen u. ä. das Gleichgewicht beseitigt wird und damit ungeordnete Zustände entstehen. Es ist angebracht, den Begriff deshalb von vordergründigen Naturschutzbetrachtungen oder politischen Vorstellungen zu entfrachten und auf die ökologischen Grundlagen zurückzuführen.

6.1 Ökologische Nische

Jede Art (und jeder einzelne Organismus als Vertreter der Art) nimmt im Ökosystem eine ganz bestimmte Stellung ein, für die sie auf Grund ihres Verhaltens, ihrer Eigenschaften und ihres Leistungsvermögens bestens geeignet ist. Diese Stellung wird als Ökologische Nische der Art bezeichnet.

Der Begriff der Nische geht auf ELTON (1927) zurück; er beschreibt keine Örtlichkeit, sondern den funktionellen Status in der Gemeinschaft von Arten bzw. in einem Ökosystem. Die Art bekleidet somit eine bestimmte Funktion, die "Tätigkeitsmerkmale" besitzt, die in dieser Form oder Ausprägung einmalig sind. Diese Funktion beinhaltet die von der Art ausgehenden Wirkungen im Beziehungsgefüge des Ökosystems, z. B. als Produzent unter ganz bestimmten ökologischen Bedingungen mit ganz bestimmten Leistungen, die von keiner anderen Art deckungsgleich übernommen werden können. Damit steht der Nischenbegriff außerhalb der im Ökosystem fixierten, lokalisierbaren Begriffe wie Biotop, Habitat oder Standort.

In limnischen Ökosystemen sind wie in allen Ökosystemen Ökologische Nischen unterschiedlichster Ausprägung vorhanden. Die Nischenvielfalt ist kaum überschaubar, wird aber bei Betrachtung der ungeheueren Artenzahl pflanzlicher und tierischer Organismen in den Kompartimenten Produktion - Konsumption - Destruktion erahnbar (Tabelle 6.1).

Tabelle 6.1: Artenzahlen in verschiedenen Kompartimenten mitteleuropäischer Seen und verschiedener systematischer Einheiten (zusammengestellt aus zahlreichen Quellen, z. B. FOTT, HERTER, RYLOV, SCHIEMENZ, STRESEMANN)

Phytoplankton		ca 15 000
davon	Cyanophyta	2 000
	Chrysophyta	1 000
	Bacillariophyta	4 000
	Chlorophyta	6 000
Zooplankton		ca. 180
davon	Protozoa	10
	Rotatoria	75
	Crustacea	80
Crustacea		ca. 250
Libellenlarven		ca. 75
Hirudineen		ca. 20
Oligochaeta		ca. 30
Plathelminthes		ca. 150
Mollusca		ca. 450
Fische (Pisces)		ca. 70
Wasservögel		ca. 40

Die Einzelnische steht durchaus nicht scharf abgegrenzt im System, sondern sie überlappt hinsichtlich der Ausnutzung bestimmter ökologischer Faktoren und der Auswirkungen auf das Faktorengefüge funktionell benachbarte Nischen (Abb. 6.1). Denken wir nur an die in einem Flachsee lebenden räuberischen Fische, die ihre Nahrung aus dem Angebot der sogenannten Friedfische erlangen. Obwohl z. B. Hecht (*Esox lucius*), Flußbarsch (*Perca fluviatilis*) und Zander (*Stizostedion lucioperca*) hinsichtlich des Artenspektrums einen fast identischen "Speiseplan" besitzen, nutzen sie unterschiedliche Anteile aus, wie Jungfische, Fische einer bestimmten Größe, Fische des freien Wassers, Fische in den Uferpflanzen usw. Außerdem unterscheiden sich die Arten in der Nahrungswahl auch dadurch, daß neben Fischen andere Nahrungstiere aufgenommen werden, wie Zooplankter, Insektenlarven und Kleinkrebse zu unterschiedlichen Anteilen.

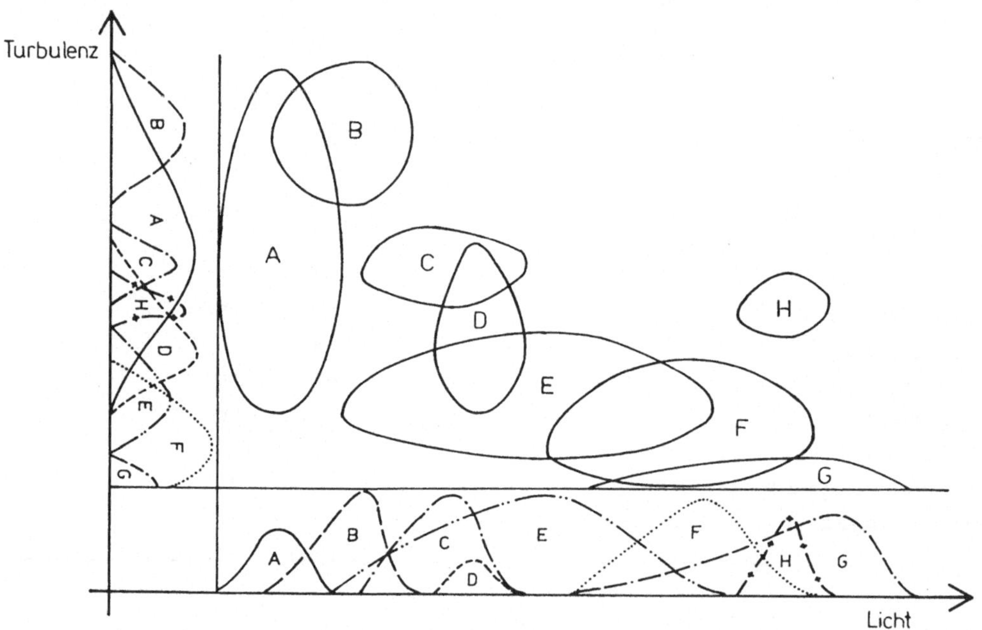

Abb. 6.1:   Nischenüberlappung bei zwei Faktoren für mehrere Arten (A - H)

Die Ökologische Nische wird nicht allein durch die Nahrungswahl bestimmt, obwohl dieser Bereich relativ gut überschaubar erscheint und deshalb beim Versuch der Beschreibung der Nische meist in den Vordergrund gestellt wird. Vielmehr wird die Nische durch die Rolle der Art im Ökosystem charakterisiert, z. B. durch ihre

Wirkung auf das Gefüge, natürlich auch im Räuber-Beute-Verhältnis, beispielsweise im Zusammenspiel aller Artwechselbeziehungen und im Stoffkreislauf. Durch die Nahrungsaufnahme beeinflussen räuberische Fischarten ja nicht nur Bestand und Zusammensetzung der Ichthyofauna, sondern auch darüber hinausgehend die Biomasse der Zooplankter und des Phytoplanktons, weil diese wiederum vom Fischbestand abhängig sind. Daraus ergibt sich zwangsläufig, daß eine einzelne Art je nach Ausstattung des Ökosystems bei insgesamt ausreichenden Lebensbedingungen ganz unterschiedliche Nischen besetzen kann und damit auch eine ganz unterschiedliche Rolle im System spielen muß. Bei einem breiten ökologischen Potential nimmt die Einzelart in unterschiedlichen Gewässern sehr verschiedenartige Nischen ein (es werden verschiedenartige Nischenanteile realisiert).

Die Besetzung unterschiedlicher Nischen wird am deutlichsten bei Untersuchung hochspezialisierter Organismen. Bei den Primärproduzenten nehmen bestimmte Arten ganz unverwechselbare Nischen ein, obwohl sie sonst als euryök gelten, z. B. der Stickstoffixierer *Aphanizomenon flos-aquae* (Cyanophyta), der in hypertrophen Flachseen in der Lage ist, Stickstoff aus der Atmosphäre zu binden, wenn Stickstoffmangel eintritt. Damit kann diese Art noch Gewässer besiedeln, die für die meisten Phytoplankter ausgeschlossen sind. Im Kompartiment der Konsumenten I. Ordnung läßt sich die Rolle einiger Kleinkrebse und Insektenlarven recht gut beschreiben. Als Beispiel kann hier die im Tiefenwasser lebende, schwimmfähige *Chaoborus*larve dienen, die einerseits zur wichtigsten Nahrungsquelle der die kalten (hypolimnischen) Tiefenwasserbereiche mesotropher Seen besiedelnden Kleinen Maräne (*Coregonus albula)* wird und andererseits ins Tiefenwasser absinkende, abgestorbene Biomasse aufnimmt oder räuberisch lebt.

In den Kompartimenten der Konsumenten II. und III. Ordnung (Räuber) lassen sich gerade im limnischen Bereich zahlreiche eng spezialisierte Arten benennen, die eine wesentliche Rolle im Ökosystem spielen, wie z. B. der Aal (*Anguilla anguilla*), die Quappe (*Lota lota*), die Kleine Maräne (*Coregonus albula)*, der Kormoran (*Phalacrocorax carbo*), der Gänsesäger (*Mergus merganser*) und die Löffelente (*Anas clypeata*). Gerade bei den Entenvögeln kommt es zu einer auffälligen Nischenspezialisierung, die wiederum die Ausnutzung der unterschiedlichen Nahrungsaspekte zuläßt (Abb. 6.2).

Abb. 6.2:   Spezialisierung von Entenvögeln an eine bestimmte Nahrung durch Ausprägung unterschiedlicher Schnabelformen

Innerhalb der Gruppe der Destruenten fallen zahlreiche Spezialisierungen auf, die maßgeblich den Stoff- und Energiekreislauf beeinflussen, so vor allem die Nitrifizierer (Nitritationsbakterien) *Nitrosomonas, Nitrosococcus, Nitrospira* und Nitratationsbakterien *Nitrobacter, Nitrococcus, Nitrospina,* die Ammonium zu Nitrit bzw. zu Nitrat oxydieren und dabei ihre Energie gewinnen, sowie verschiedene Eisenbakterien (*Leptothrix ochracea, Gallionella ferruginea, Crenothrix polyspora*) und Schwefelbakterien (*Thiocystis violacea, Pelogloea chlorina, Thiopedia rosea, Chlorobacterium aggregatum, Lamprocystis roseo-persicina, Beggiatoa alba*).

Der Nischenbegriff ist eng mit den ökologischen Begriffen Euryökie und Stenökie einerseits und Konkurrenz andererseits verbunden. Es versteht sich von selbst, daß euryöke Arten eine größere Nischenbreite besitzen als stenöke, daß sie besser in der Lage sind, Schwankungen der ökologischen Faktoren wie Licht, Temperatur, Nährstoffe, Nahrung usw. zu ertragen. Stenöke Arten dagegen verlangen eine genauer definierte Umwelt mit feststehenden Umweltbedingungen, die nur in wenigen Systemen realisiert sind. Von ganz wesentlicher Bedeutung ist aber auch die Konkurrenz von Arten für die Nischenbesetzung. Die Vermehrung einer Population im Ökosystem führt manchmal zu Konkurrenz; diese wiederum ruft eine ökologische Differenzierung hervor und damit die Nischenvielfalt: Ein Konkurrent kann entweder eine Nischeneinengung oder eine Nischenerweiterung einer anderen Art verursachen.

Euryöke Arten sind nur dort euryök, wo sich ihre Potenzamplituden mit den ökologischen Faktoren decken, z. B. im Zentrum ihres Verbreitungsareals, während sie an den Arealgrenzen stenök werden können, da manche Umweltfaktoren nur noch an speziellen Standorten realisiert sind; damit werden die Arten regional stenök. Das gilt z. B. für den eng an Gewässer gebundenen Gänsesäger (*Mergus merganser*), der an seinen Arealgrenzen als stenöke Art vorzugsweise oligo- und mesotrophe Seen besiedelt, im Zentrum der Verbreitung aber viel weniger anspruchsvoll ist und in fast allen Gewässersystemen vorkommt (KALBE 1990).

Die Summe der verschiedenen Ressourcen, die von einer organismischen Einheit

ausgenutzt bzw. von ihr beeinflußt wird, wird als Nischenbreite bezeichnet. Die un-
eingeschränkte Ausnutzung aller Ressourcen durch eine Art bzw. eine Population
ohne Konkurrenten (in einem natürlichen System allerdings undenkbar) ist die
Fundamentalnische (HUTCHINSON 1957); sie läßt sich noch relativ gut beschreiben, weil sie durch das vollständige ökologische Potential der Art bestimmt
wird. Tatsächlich erleben wir eine Art stets in einem ganz bestimmten Ökosystem,
in dem sie ihre Nische besetzt. Diese real besetzte Nische, praktisch ein Ausschnitt
aus der Fundamentalnische, ist die realisierte oder Realnische.

Primär entwickeln sich zwischen den genetisch bestimmten Fähigkeiten einer Art
(Population) und ihrem ökologischen Potential und den ökologischen, abiotischen
Faktoren (ökologischen Valenzen) entsprechende Beziehungen. Diese liefern den
Rahmen für die Fundamentalnische. Sekundär bei Hinzutreten biotischer Faktoren
engt sich die Fundamentalnische zur Realnische ein (MÜLLER 1984). Die Realni-
sche ergibt sich somit aus den interspezifischen Wechselbeziehungen. Fischfres-
sende Wasservögel wie Kormorane (Phalacrocorax), Seetaucher (Gavia) und Säger
(Mergus) engen gegenseitig die Fundamentalnische ein.

Die Nischenbreite nimmt z. B. mit abnehmender Verfügbarkeit der Nahrung zu.
Euryöke Arten mit einer breiten Nische sind begünstigt, weil in einer nahrungs-
armen Umwelt ein Konsument keine spezialisierten Nahrungsansprüche haben kann.
Dagegen ist in nahrungsreicher Umwelt die Strategie der selektiven Nahrungssuche
und einer enger begrenzten Nische sinnvoll. Kormorane werden so z. B. an nah-
rungsarmen, oligotrophen Gewässern gezwungen sein, alle Fischarten und - größen
zu fangen, während sie in nahrungsreichen, eutrophen Gewässern vorzugsweise
Aale einer bestimmten Größe aufnehmen.

6.2   Artenmannigfaltigkeit - Diversität

Der Begriff der Artenmannigfaltigkeit (species diversity) oder Diversität wurde in erster Linie zur Bewertung der Reichhaltigkeit von Lebensräumen eingeführt. Er kennzeichnet ganz allgemein das Verhältnis von Artenzahl und deren Häufigkeit. Dieses Verhältnis charakterisiert den Status des Ökosystems. Ursprünglich ging man davon aus, daß die Diversität ein direktes Maß für die "Qualität" eines Lebensraumes ist (unbelastete und unbeeinflußte Ökosysteme sind durch eine große Zahl von Pflanzen- und Tierarten charakterisiert, deren Häufigkeit niedrig bleibt. Belastete Systeme sind durch Dominanz weniger Arten mit großer Häufigkeit monotoner, entsprechend der biozönotischen Grundregel, daß mit Abnahme der Artenzahl die Individuendichte einzelner Arten zunimmt, z. B. GLAESON 1925; MARGALEF 1958; SHANNON 1948; BEZZEL u. REICHHOLF 1974).

Die Anwendung des Diversitätsbegriffes in der Limnologie bringt speziell im Hinblick auf den Trophiestatus eines Gewässers deutliche Differenzierungen. Oligo- und mesotrophe Gewässer besitzen eine wesentlich höhere Diversität als eutrophe, polytrophe und speziell hypertrophe Seen (Tabelle 6.2).

Zur Berechnung der Diversität kann man sich verschiedener Modelle bedienen. Am häufigsten wird der sogenannte SHANNON-Index (H´) verwandt:

$$H' = - \sum_{i=1}^{s} \left(\frac{n_1}{N} \right) \lg \left(\frac{n_1}{N} \right) \qquad (6.1)$$

(S = Artenzahl; i = bestimmte Art; n_i = Häufigkeit einer Art; N = Gesamthäufigkeit aller Arten).

Meist wird dieser Index wie folgt angegeben:

$$H' = - \sum_{i=1}^{s} p_i \ln p_i \; 1.44 \tag{6.2}$$

(p_i = relative Häufigkeit der i-ten Art im Verhältnis n_i/N).

In Vereinfachung der Beziehung wird anstelle der Diversität H′ oft die Artendichte d nach GLAESON (MARGALEF 1958) angewendet:

$$d = (S - 1)/\ln N \; 1{,}44 \tag{6.3}$$

Ganz ähnliche Ansätze besitzen der sogenannte SIMPSON-Index (1949) und die Modellbetrachtungen für den Verteilungsgrad E (Eveness).

Tabelle 6.2: Diversität und Trophie brandenburgischer Seen

Gewässer	Diversität SHANNON-Index Zooplankton/Wasservögel		Diversität GLAESON-Artendichte Zooplankton/Wasservögel		Trophie
	Ind./l KALBE 1985	Ind. ges.	Ind./l KALBE 1985	Ind. ges.	
Wummsee		1,36	5,7-613	1,25	mesotroph
Twernsee		1,83	4,31-4,89	1,63	eutr. geschicht.
Werbellinsee		1,80	4,37-5,83	1,68	eutr./mesotroph
Gr. Döllnsee		1,35	4,95-5,6	1,27	eutr. geschicht.
Gottowsee	5,0-5,9	1,15	4,86-5,43	1,10	Klarwasserflachsee
Blankensee	1,02-3,17	2,93	1,05-3,01	2,39	hypertroph
Dreetzsee		2,0	1,02-1,87	1,87	hypertroph
Fahrlander See		2,62	1,31-1,86	2,11	hypertroph
Havelseen		1,01	1,55-2,98	1,01	hypertroph

Die Frage, welche Aussagekraft die errechnete Artendiversität tatsächlich hat, ist Gegenstand intensiver Fachdiskussionen, wobei vielfach Naturschutzfragen und limnoornithologische Problemstellungen den Hintergrund bilden. Unabhängig von den aus der Diversität abgeleiteten Bewertungen muß man sich bewußt sein, daß die Ermittlung einer Gesamtdiversität für ein Ökosystem mit all seinen Gliedern schlechterdings unmöglich ist. Erstens sind die Biomassen einzelner Kompartimente kaum vergleichbar und würden Korrektive erfordern, und zweitens wird sich die Diversität einzelner Organismengruppen kaum decken. So ist die Diversität des Zooplanktons beispielsweise anders als die der Wasservögel.

Dessen ungeachtet ist die Artenmannigfaltigkeit in oligotrophen und meseotrophen Seen im allgemeinen höher als in eutrophen und vor allem hocheutrophen. Ein sehr ähnliches Bild ergibt sich auch bei Fließgewässern, wo in oligotrophen Abschnitten hohe Diversitäten erreicht werden.

6.3 Verteilung der Arten im System - Dispersion

Unter Dispersion wird die Verteilung der Individuen im Raum verstanden (TISCHLER 1975). Es werden unterschiedliche Muster unterschieden: äqual = gleichmäßig; inäqual = ungleichmäßig/zufallsbedingt; kumular = stellenweise gehäuft; insular = inselförmig. Eine gleichmäßige (äquale) Verteilung der Organismen im System ist kaum zu erwarten; am ehesten ist sie in gleichförmigen Wasserkörpern anzutreffen, deren ökologische Faktoren konstant sind. Selbst weit verbreitete, häufige Wasserbakterien sind im allgemeinen ungleichmäßig trotz weitgehender Homogenität des Wasserkörpers verteilt. Gute Beispiele für inäquale Dispersion ergeben sich vor allem in stark gegliederten Systemen, wie Gebirgsbächen,breiten Niederungsflüssen mit Altwässern, geschichteten See und buchtenreichen Flachseen. In breiten Niederungsflüssen kommt es regelmäßig zu horizontalen Gliederungen, nachdem Zuflüsse einmündeten. Auch die eigentlichen Strömungsbereiche unterscheiden sich von den Uferregionen, Altwässern und Ruhigwasserzonen. Stark gegliederte Seen mit stabiler Schichtung im Sommer besitzen vor allem im Bereich des Metalimnions Räume höherer Organismendichte, speziell des Phytoplanktons und des Bakterioplanktons. Das Metalimnion besitzt in Anhängigkeit von den Dichteunterschieden in den Grenzbereichen Mikroströmungen, denen die Organismen aktiv oder passiv folgen. Dadurch entstehen Organismenwolken mit hoher Aktivität im Stoffwechsel (WÜEST 1992). Von großer Bedeutung für eine ungleichmäßige Verteilung der Organismen ist bei hocheutrophen Flachseen der Wind. Phytoplanktonwolken werden in den windabgewandten Uferbereichen zusammengetrieben, während die windzugewandten Gewässerteile planktonarm sind (Abb. 6.3).

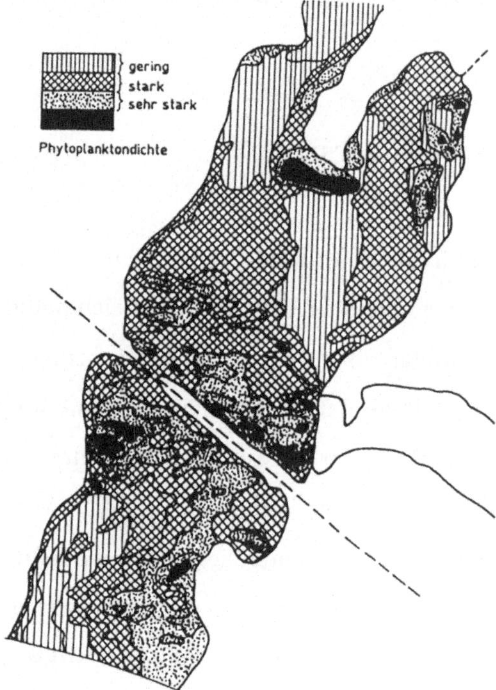

Abb. 6.3:   Entwicklung von Phytoplanktonwolken in hypertrophen Havelseen bei Potsdam, nach Luftbildinterpretation

Sehr kleine Organismen folgen physikalischen Gesetzen im Bestreben, sich zu größeren Konglomeraten zusammenzufinden und damit eine gleichmäßige Dispersion aufzuheben. Bei unbelebten Partikeln kommt es zur Koagulation oder Flockung. Dabei werden jeweils kleinere Partikel zu größeren aggregiert. Belebte Partikel koagulieren auf Grund vorhandener elektrischer Polarisierung im allgemeinen nicht, ein Zusammenstreben ist aber gleichfalls zu beobachten, indem Bakterien, Nano- und Mikroplankton sich an unbelebten Detritus anlagert; sie bilden hochaktive Flocken. Diese Form der Dispersion wird unter genau definierten Bedingungen z. B. in künstlichen, biologischen Kläranlagen angestrebt (Belebungsverfahren mit großer aktiver Adsorptionskapazität für gelöste organische Stoffe).

6.4 Artenfehlbetrag

Der Begriff des Artenfehlbetrages A geht auf KOTHE´ (1962) zurück. Er wurde für Fließgewässer entwickelt, bei denen nach Belastung eine deutliche Artenverarmung zu beobachten ist. Darunter wird die prozentuale Verringerung der Artenzahl im Längsprofil verstanden. KOTHE´ formulierte die allgemeine Beziehung:

$$A = (A_1 - A_x)/A_1 \ 100 \quad (\%) \tag{6.4}$$

(A_1 = Zahl der Arten zum Zeitpunkt t_0, A_x = Artenzahl bei t_x,

Beispiel: Waren in einem unbelasteten Fließgewässer ursprünglich 100 Arten vorhanden und können nach einem bestimmten Ereignis, z. B. durch eine Abwassereinleitung, nur noch 50 Arten nachgewiesen werden, so beträgt der Artenfehlbetrag A = 50 %).

KOTHE´ geht vom allgemeinen ökologischen Theorem aus, daß Belastungen in der Regel eine Degradierung des Ökosystems bewirken, die von Artenverarmung und Artenmonotonie begleitet sind. Damit wäre der Artenfehlbetrag ein hervorragendes Kriterium für die Degradierung eines Ökosystems. Um so erstaunlicher ist es, daß sich diese Größe in der Limnologie nicht durchsetzte. Das liegt vermutlich daran, daß die allgemeine Formulierung unrichtig ist (UHLMANN 1966). Denkbar sind folgende Ereignisse:

- In einem extrem nährstoffarmen, oligosaproben Bachabschnitt bewirkt eine geringe Belastung die Zunahme der Artenzahl. Durch Zufuhr von Nährstoffen wird überhaupt erst die Möglichkeit der Ansiedlung von weiteren Arten geschaffen (A = -x).

- Die Zunahme der Belastung eines ß-mesosaproben Flusses führt zwar zur Reduzierung des bisherigen Artenbestandes, gleicht diese aber durch Besiedlung mit anderen Arten aus, so daß die Artenzahl insgesamt gleich bleibt (A = 0). Beispielsweise tritt anstelle der Vielzahl autotropher Protophyten eine große Zahl heterotropher Protozoen.

- Die Belastung des Fließgewässers ist so groß, daß sich auf jeden Fall ein Artenfehlbetrag ergibt (A = x).

Für den zuletzt dargestellten Fall wurde der Terminus entwickelt. Aber auch hier dürften die Ergebnisse nicht eindeutig sein, weil die Höhe des Artenfehlbetrages von sehr vielen Faktoren abhängt, die nicht belastungsbedingt sind (Strömung, Morphologie, Artengefüge). Aus diesem Grund sollte als Artenfehlbetrag lediglich der Verlust der vorher vorhandenen Arten bewertet werden, d. h. es wird die Zahl der gemeinsamen Arten an zwei Fließgewässerprofilen betrachtet; die möglicherweise neu hinzugekommenen Arten werden in die Berechnung nicht einbezogen. KALBE (1985) führte diesen modifizierten Artenfehlbetrag A_{mod} für die systematische

Gruppe der Vögel erfolgreich ein, wobei folgende allgemeine Beziehung gilt:

$$A_{mod} = (A_0 - A_t)/A_0 \; 100 \quad (\%) \tag{6.5}$$

(A_0 = Artenzahl zum Zeitpunkt t_0; A_t = Artenzahl der gemeinsamen Arten zum Zeitpunkt t_1).

Damit wird der Artenfehlbetrag aber zu einem Spezialfall des in der Ökologie eingeführten Begriffes des Gleichheitsgrades E (Eveness) für die Ermittlung der Degradierung oder Veränderung eines Ökosystems.

Der Vorteil des mit (6.5) definierten Artenfehlbetrages liegt auf der Hand: Es können ganz unterschiedliche systematische Gruppen getrennt beobachtet werden, es genügt u. U. die Auswahl weniger dominanter Arten für die Berechnung. Die Aussage ist trotzdem wesentlich, weil ein größerer Artenfehlbetrag immer ökologische Ursachen hat.

In der Praxis läßt sich der Artenfehlbetrag weiter modifizieren. Theoretisch besteht die Möglichkeit, von einem für bestimmte Gewässerarten typischen Artenbestand auszugehen, der im konkreten Fall nicht mehr vorhanden ist, aber einer Zielvorstellung z. B. des Naturschutzes oder der Wasserwirtschaft entspricht. Voraussetzung ist allerdings die Formulierung des theoretischen Artenbestandes durch Analogieuntersuchungen an vergleichbaren Gewässern. Ansätze dafür finden sich z. B. bei KALBE (1985) für die ökologische Gruppe der Wasservögel. Generell können jedoch alle systematischen und ökologischen Artengruppen für eine Bewertung herangezogen werden.

6.5   Stabilität des Ökosystems

Der Begriff der Ökologischen Stabilität wird sehr unterschiedlich gebraucht. Die wesentlichen differenten Inhalte sind die folgenden:

1.)   Fähigkeit eines Ökosystems gegenüber endogenen Einflüssen, über längere Zeit ein konstantes Gefüge zu erhalten. Solche Systeme sind "ausgereift", wie wir das von "alten" Gewässern kennen, z. B. Baikalsee in Sibirien oder Chöwdsgöl Nuur in der Mongolei, mit sehr geringem Wasseraustausch (T_M = 400 a).

2.)   Fähigkeit eines Ökosystems gegenüber äußeren (exogenen) Einflüssen durch Regulation im Sinne der Erhaltung des vorhandenen Gefüges zu reagieren, z. B. bei Abwasser- oder Nährstoffbelastung.

Offensichtlich setzt sich der zweite Begriffsinhalt als Definition durch (SCHWERDTFEGER 1975; UTSCHINK 1981; MAY 1980; KALBE 1995):

Die Ökologische Stabilität ist die Fähigkeit des Ökosystems, auf exogene Belastungen und Störungen zu reagieren und durch Regulation das vorhandene Gefüge und die vorhandenen Strukturen im Sinne eines Ökologischen Gleichgewichtes zu erhalten oder wieder zum ursprünglichen Organismenbestand, Energie- und Stoffhaushalt zurückzuführen. Gekennzeichnet wird die Stabilität durch Konstanz seiner Glieder über einen längeren Zeitraum und Elastizität der im System ablaufenden Prozesse.

Alle exogenen Belastungen und Störungen sind als Stressoren für das Ökosystem aufzufassen.

Der Stabilitätsbegriff hat große Ähnlichkeit mit dem Begriff der Elastizität (resilience), den BICK (1989) wie folgt definiert:

> Elastizität ist ein Maß für die Fähigkeit eines Ökosystems, Störungen zu ertragen und zu überleben. Je elastischer ein Ökosystem ist, desto stärker kann die störungsbedingte Abweichung von den Normalbedingungen sein, ehe eine Umwandlung zu einem anderen Ökosystem erfolgt, d. h. das bestehende System zerstört ist.

Diese Fähigkeit erfordert Selbstreinigungs-, Eliminierungs-, Akkumulations- und andere Abwehrleistungen seiner Populationen. Alle limnischen Ökosysteme besitzen solche Abwehrstrategien, die der Erhaltung des Systems dienen (Kapitel 4). Sowohl GRIMM et al. (1992) als auch ORIANS (1975) betrachten die Stabilität als einen "generellen" Begriff für eine ganze Reihe von Eigenschaften des Ökosystems, zu denen vor allem gehören:

-   Konstanz (constancy): Wichtige Zustandsgrößen des Systems bleiben über einen längeren Zeitraum unverändert (ohne direkten Bezug zur Stabilität).

-   Elastizität (resilience): Rückkehr zum ursprünglichen Status nach einer zeitlich begrenzten exogenen Störung.

-   Persistenz (persistence): Beharren des Systemgefüges über die Zeit.

-   Resistenz (resistance): Widerstand gegenüber Veränderungen im System.

6.5.1 Stabilität und Diversität

Das ökologische Theorem "Mannigfaltigkeit führt zu Stabilität" findet sich in vielen Publikationen und wird auch in eine Reihe von Standardwerken übernommen.
Das und der von HUTCHINSON (1959, 1969) formulierte Zusammenhang

Komplexizität = Stabilität

stehen dabei offensichtlich im Widerspruch zu systemtheoretischen Betrachtungen und sind somit kaum haltbar. Daraus resultiert aber die speziell von Naturschützern oft erhobene Forderung nach hoher Artenmannigfaltigkeit in Naturschutzgebieten. Daß mit diesem Ziel viele Naturschutzobjekte nicht erreicht werden, konnte am Beispiel der Großtrappe (*Otis tarda*) für terrestrische Ökosysteme nachgewiesen werden (KALBE 1983, 1986). Das gilt aber auch für Objekte in Feuchtgebieten und Gewässern, z. B. für Limikolen.

UHLMANN (1975) stellt den Zusammenhang von Stabilität und Diversität anhand der Artenzahl her. Danach wären Einarten- und Vielartensysteme am stabilsten. Es muß nicht weiter erörtert werden, daß Einartensysteme nur unter Ausschaltung aller äußeren Einflüsse zu existieren vermögen und überdauern können, wenn die Einzelelemente des Systems konstant gehalten werden. In der Natur existieren solche Systeme nicht. Zweiartensysteme im Falle der Konkurrenz der beiden Glieder besitzen einen hohen Grad an Instabilität. Mehr- und Vielartensysteme sind sicher stabiler; eine Korrelation zwischen Artenzahl und Stabilität läßt sich aber wohl nicht herstellen. Ein Vergleich der Diversität verschiedener limnischer Ökosysteme auf der Grundlage der Besiedlung mit einzelnen Tiergruppen macht jedenfalls deutlich, daß kein Zusammenhang besteht (Tabelle 6.1). Die höchsten Diversitäten werden in mesotrophen und schwach eutrophen Klarwasserflachseen erreicht, während speziell die hocheutrophen Seen sehr niedrige Diversitätswerte besitzen.

Besonders unter dem Eindruck verheerender Veränderungen von "reifen", natürlichen Systemen nach Eingriffen in deren Gefüge durch den Menschen muß die Auffassung revidiert werden, daß komplexe Ökosysteme mit sehr hoher Diversität stabiler als "einfache" seien. Ganz offensichtlich genügen relativ schwache Eingriffe in solche Systeme, um sie zu zerstören. So genügt bei oligotrophen Seen unter bestimmten Voraussetzungen eine bereits geringfügige Erhöhung der Nährstoffbelastung, um Stoffhaushalt und Stoffumsetzungen völlig zu verändern. Damit verschiebt sich auch die Artenzusammensetzung. Das Ökosystem "Oligotropher See" ist trotz hoher Diversität sehr empfindlich gegenüber Störungen. Ab einer bestimmten Grenze vermag das System z. B. den zunehmenden Nährstoffeintrag durch Eliminierungsprozesse nicht mehr zu kompensieren. Das sich dann neu einstellende Gefüge eines eutrophen Sees mit anderer Artenzusammensetzung und niedrigerer Diversität ist dann gegenüber demselben Störfaktor (Nährstoffeintrag) zunächst wesentlich stabiler.

6.5.2 Stabilität und Trophie

Auch im natürlichen Alterungsprozeß unterliegen limnische Ökosysteme einer Entwicklung und Veränderung. Gemessen an der Produktivität des Systems kommt es zur Stufenfolge

oligotroph $\rightarrow$ mesotroph $\rightarrow$ eutroph $\rightarrow$ polytroph $\rightarrow$ hypertroph.

Wie in Kapitel 4 näher erörtert, steigen die Produktionsleistungen in gleicher Richtung. Unabhängig davon ergeben sich Stabilitätsfolgen. Das wird bei Betrachtung des Faktors "Phosphorbelastung" deutlich (Abb. 6.4).

Jede Trophiestufe besitzt im Bereich der unteren und mittleren Belastung eine hohe Stabilität, im Bereich der oberen Belastungsgrenze aber herrschen instabile Verhältnisse. Es wird augenscheinlich, daß mit zunehmender Trophie die Stabilitätsbereiche breiter werden, wobei hypertrophe Seen den größten Toleranzbereich besitzen und damit auch den größten Stabilitätsbereich umfassen. Demgegenüber ist der Stabilitätsbereich in oligotrophen Seen sehr schmal; hier genügt eine geringfügige

Erhöhung der Nährstoffimporte, um das System "wehrlos" zu machen.

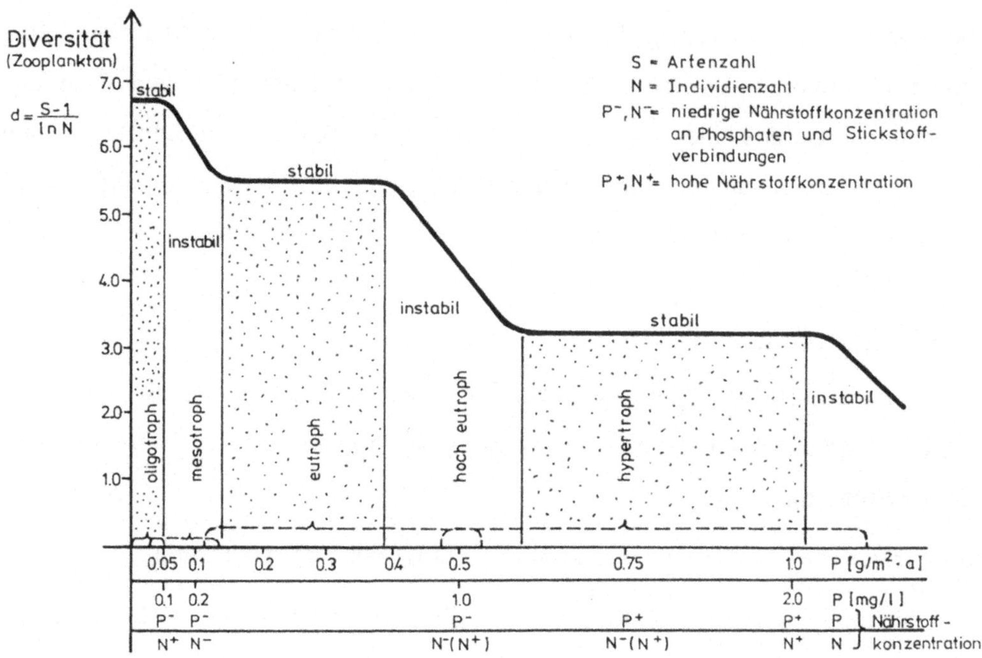

Abb. 6.4:   Diversität, Trophie und Phosphatbelastung in Seen Brandenburgs und Wechsel von Stabilitäts- und Instabilitätsbereichen (KALBE 1995)

Es ist interessant, daß in einigen wenigen trophischen Ebenen mit Zunahme des Trophiestatus zunächst eine Erhöhung der Diversität zu beobachten ist. Das gilt beispielsweise für die ökologische Gruppe der Wasservögel im Übergang von Oligo- zur Meso- und Eutrophie (KALBE 1985). Mit fortschreitender Trophie kommt es aber auch hier zur Artenverarmung und hoher Individuendichte einzelner Arten.

Es ist zu vermuten, daß es auch beim Übergang von einer hocheutrophen zur eutrophen und von einer eutrophen zur oligotrophen Stufe nach Entlastung des Systems (Rückläufigkeit der Eutrophierung = Repolytrophierung, Oligotrophierung) zu vergleichbaren Prozessen wie bei der Eu- bzw. Hypertrophierung kommt, wobei Verzögerungen mit Instabilitätsphasen zu erwarten sind, die auf Grund des systemerhaltenden Bestrebens des Ökosystems auftreten. Beispielsweise wird ein hocheutrophes System auch nach Reduzierung der Phosphatbelastung im Wasser Sedimentpotentiale ausnutzen und so noch über einige Jahre Veränderungen verhindern oder bremsen.

Die Systemstabilität, die sich in der Erhaltung eines höheren Trophiestatus auch nach Entlastung äußert, führen bei hocheutrophen Systemen BENNDORF u. BAUMERT (1981) neben der Ergänzung der Phosphate durch Remobilisierung aus dem Sediment auch auf die durchmischungsbedingte Steigerung der Primärproduktion zurück. Inwieweit auch die Anpassungsfähigkeit des Planktons an die verminderte Nährstoffsituation einen Anteil am Beharrungsvermögen des Ökosystems besitzen, ist ungeklärt, z. B. durch Rückgriff auf einen Phosphatpool in den Zellen nach Luxusaufnahme und ein beschleunigtes turn over der Nährstoffe. Die Rücklösung von Phosphaten aus dem Sediment ist vermutlich bei Entlastung der hauptsächlich stabilisierende Prozeß für die Biomasseentwicklung, wie ein Vergleich von Eliminierung und Remobilisierung von Phosphaten in einem hypertrophen Flachseensystem zeigt (Abb. 6.5).

Offensichtlich erst nach extremer Entlastung eines hocheutrophen Gewässers kommt es zu Veränderungen in der Artenabundanz und - dominanz, obwohl insgesamt der hocheutrophe Status noch erhalten bleibt. Das deutet die Entstabilisierung und den Übergang zu einer niedrigeren Trophiestufe an (Abb. 6.6).

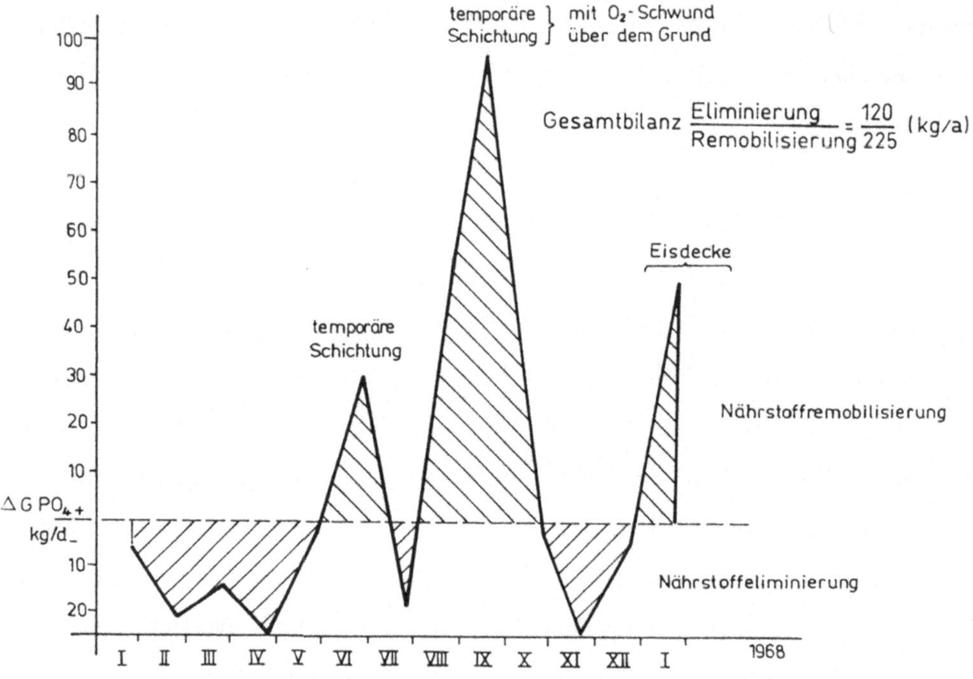

Abb. 6.5:   Remobilisierung und Eliminierung von Phosphaten im System Blanken- und Grössinsee (Brandenburg) im Jahresverlauf. Untersuchungen 1968/69, L. KALBE. Versuch der Bilanzierung des Nährstoffhaushaltes (GPO₄ = Gesamtphosphat)

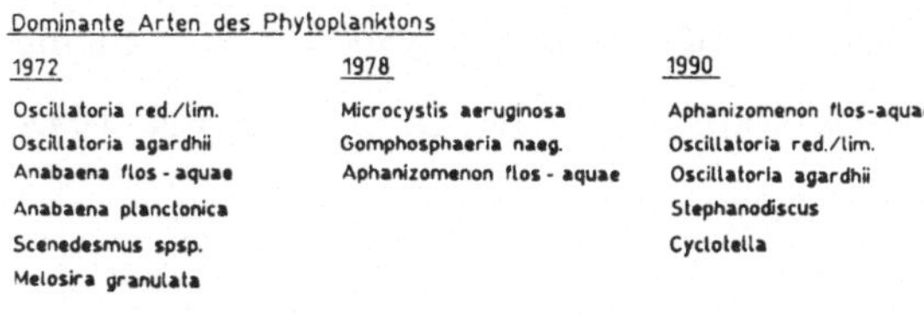

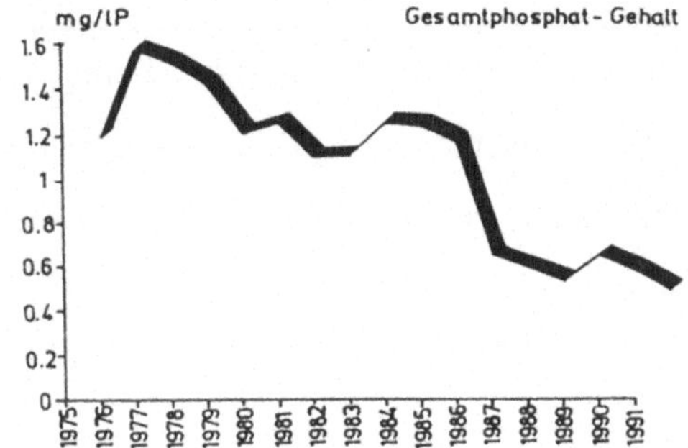

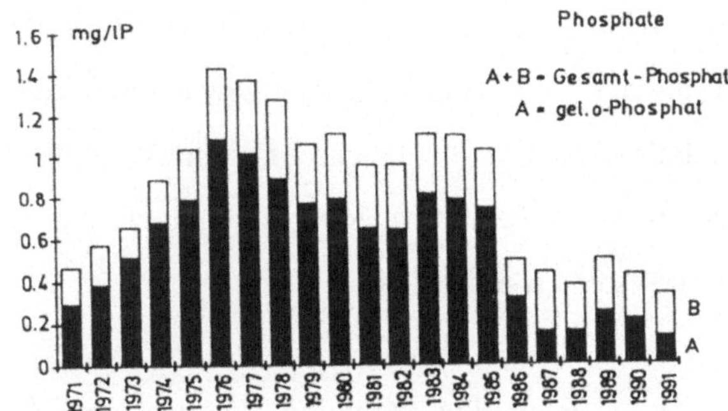

Abb. 6.6:   Veränderung der Artenzusammensetzung und Dominanz im Plankton der Havelgewässer in Beziehung zum Phosphatgehalt in den Potsdamer Havelseen (Material des Landesumweltamtes Brandenburg, Bearbeiter H. KLOSE, 1994)

6.6   Ökologisches Gleichgewicht

6.6.1   Begriff des Ökologischen Gleichgewichts

Das Ökologische Gleichgewicht wurde in die ökologische Literatur als feststehende Größe schon sehr früh eingeführt. Neuere Definitionen beziehen sich dabei aber vordergründig auf die Wechselbeziehungen zwischen den physikalischen, chemischen und biologischen Elementen eines Ökosystems (z. B. STUGREN 1978; SCHAEFER u. TISCHLER 1993; ANL 1984):

> Das Ökologische Gleichgewicht ist ein innerhalb einer bestimmten Zeitspanne konstanter Status des Ausgleichs zwischen verschiedenen physikalischen, chemischen und biologischen Wechselbeziehungen sowie Energie-, Stoff- und Informationsflüssen in einem Ökosystem oder einer ganzen Landschaft.

Das Ökologische Gleichgewicht des Ökosystems wird oft als dynamisches Gleichgewicht bezeichnet, weil die Erhaltung des Gesamtgefüges mit einem ständigen Wechsel im Aufbau der Lebensgemeinschaft, im Stoffbestand und im Stoffumsatz sowie Energieumsatz einhergeht. Grundlage eines solchen Gleichgewichtes ist die Fähigkeit des Ökosystems zur Regulation. Der oft gebrauchte Terminus "Selbstregulation" ist falsch, weil neben den internen Regelungsmechanismen auch äußere Regulationsprozesse bei allen offenen Systemen einwirken.

Das Ökologische Gleichgewicht im Sinne einer ökosystemaren Balance umfaßt verschiedene Teilgleichgewichte:

-   Das biozönotische Gleichgewicht: Trotz erheblicher Schwankungen im Bestand der Organismenarten und Häufigkeiten von Jahr zu Jahr und im Wechsel der Jahreszeiten bleibt ein ganzheitliches Wirkungsgefüge der Lebensgemeinschaften erhalten (TISCHLER 1975). Voraussetzung dafür ist das Fortbestehen der ökologischen Bedingungen im System.

-   Art-zu-Art-Gleichgewichte: Populationen oder Artengruppen entwickeln auf Grund bestimmter Wechselbeziehungen untereinander eine Balance, z. B.

Einstellung bestimmter Räuber-Beute-Beziehungen, Beziehungsgefüge zwischen Pflanzen und Pflanzenfresser, Wirt-Parasit-Verhältnis, Konkurrenzbeziehungen zwischen verschiedenen Arten.

- Fließgleichgewichte: Es entwickeln sich Gleichgewichte im Stoff- und Energieumsatz, wie z. B. bei Export und Import von Nährstoffen, Wasser, gelösten Gasen (Sauerstoff, Kohlendioxid). Fließgleichgewichte beinhalten Aufbau und Abbau von organischer Substanz, Bodenbildung und Bodenabtrag, Biomasseproduktion durch Pflanzen und Konsumption durch Tiere. Die Zahl der sich einstellenden Fließgleichgewichte in einem System ist sehr groß.

Im Bereich der Gewässerökologie lassen sich Ökologische Gleichgewichte für alle Gewässertypen beschreiben. So wird für einen oligotrophen See das Gleichgewicht durch eine geringe pflanzliche Primärproduktion, die ausgeglichene Konsumption der pflanzlichen Biomasse durch Konsumenten I. Ordnung und die Reduzierung dieser wiederum durch Konsumenten II. und III. Ordnung charakterisiert, wobei der Abbau der im System gebildeten Biomasse weitgehend erfolgt und entsprechende Nährstoffe wieder in den Stoffkreislauf zurückgeführt oder eliminiert werden. Typisch für dieses Gleichgewicht ist somit die Balance der Nährstoffe, des Gashaushaltes, der Biomasse, des Energieumsatzes, eingeordnet in entsprechende Stoffkreisläufe.

Das Ökologische Gleichgewicht eines hocheutrophen Flachsees stellt sich demgegenüber völlig anders dar: Der hohe Nährstoffpool bewirkt eine stürmische Entwicklung von Primärproduzenten, die nicht angenähert von Konsumenten I. Ordnung aufgebraucht werden können, so daß sich zwei Hauptkreisläufe der Biomasseumsetzungen einstellen, nämlich ein kurzgeschlossener Kreislauf mit

Aufbau von pflanzlicher Biomasse in Form des Phytoplanktons - Absterben des Phytoplanktons - Destruktion der abgestorbenen Biomasse durch Bakterien, Pilze und Makrobenthos - Freisetzung der Nährstoffe und erneuter Primärproduktion, und ein für alle limnischen Ökosysteme typischer langgeschlossener Kreislauf mit Aufbau pflanzlicher Biomasse - Entwicklung Konsumenten I. bis III. Ordnung in ausgewogenem Verhältnis - Absterben - Destruktion - Nährstofffreisetzungen und erneute Primärproduktion.

Beim kurzgeschlossenen Kreislauf wird im Sommer im hypertrophen See das filtrierende Crustaceenplankton trotz insgesamt hoher Algenbiomasse durch die Dominanz schlecht verwertbarer kolonialer Grünalgen und Cyanobakterien (Blaualgen) stark nahrungslimitiert (DENEKE 1992). Ursache und Folge dieser und ähnlicher Entwicklungen im hocheutrophen System sind die Zurückdrängung des Kompartiments der Phytoplanktonfresser (Filtrierer, Zooplankton) durch das Phytoplankton selbst (Dichteeffekt, Struktur der Kolonien) als auch die weiterhin erfolgende Dezimierung der Filtrierer durch Konsumenten II. Ordnung (Fraßdruck der Fische), die im System gute Entwicklungsbedingungen besitzen, da sie auf andere Nahrungskompartimente (Makrozoobenthos) ausweichen können und dadurch hohe Dichten erreichen.

Auch in Fließgewässern stellen sich in abgrenzbaren Teilstrecken, die als Ökosysteme aufzufassen sind, Ökologische Gleichgewichte ein, z. B. in Bachoberläufen (Forellen-und Äschenregion) mit einem ausgewogenen Verhältnis von Algenentwicklung (Bewuchs), reich entwickelter Makrofauna (Planarien, Hirudineen, Insektenlarven, Mollusken) und einer typischen Fischfauna als Endglied der Nahrungskette. Selbstverständlich sind die Stoffumsetzungen durch das In- und Output von Stoffen wesentlich größer als in stehenden Gewässern, so daß Veränderungen in benachbarten Ökosystemen (oberhalb gelegene) ungleich schwerwiegendere Veränderungen des Gleichgewichtes hervorrufen können.

Die Einstellung des Ökologischen Gleichgewichtes ist zeitabhängig. Bevor stabile Verhältnisse entwickelt werden, vergehen manchmal mehrere Jahre. Sehr gut läßt sich dies z. B. anhand der Vegetationsentwicklung bei neu entstandenen Seen verfolgen (Abb. 6.7). Unabhängig davon stellen aber auch die in der Jahresreihe jeweils variierenden Sukzessionen Gleichgewichtszustände dar, die allerdings nicht sehr stabil sind. In der Gesamtarbeitsleistung des Ökosystems sind jedoch solche wechselnden Gleichgewichte erforderlich, um die typischen Besiedlungen zu erreichen.

6.6.2 Ökologisches Beziehungsgefüge

Das Ökologische Gleichgewicht ist Ausdruck eines bestimmten ökologischen Beziehungsgefüges (Wirkungsgefüge). Dieses besteht aus miteinander verbundenen abiotischen und biotischen Elementen:

-       Nahrungskettengeflecht des Ökosystems,
-       Stoffkreisläufe,
-       Aufbau- und Abbauprozesse,
-       Energietransfer,
-       Austausch mit benachbarten Ökosystemen, z. B. Input, Output, Organismen-
        transport u. -Einwanderung,
-       Klimatischer Faktorenkomplex,
-       Substrateinflüsse (Ufergestaltung, Größe, Tiefe, Morphologie.

Das Beziehungsgefüge aller Elemente in einem Ökosystem ist außerordentlich vielschichig und kompliziert (BICK 1989; Abb. 6.8).

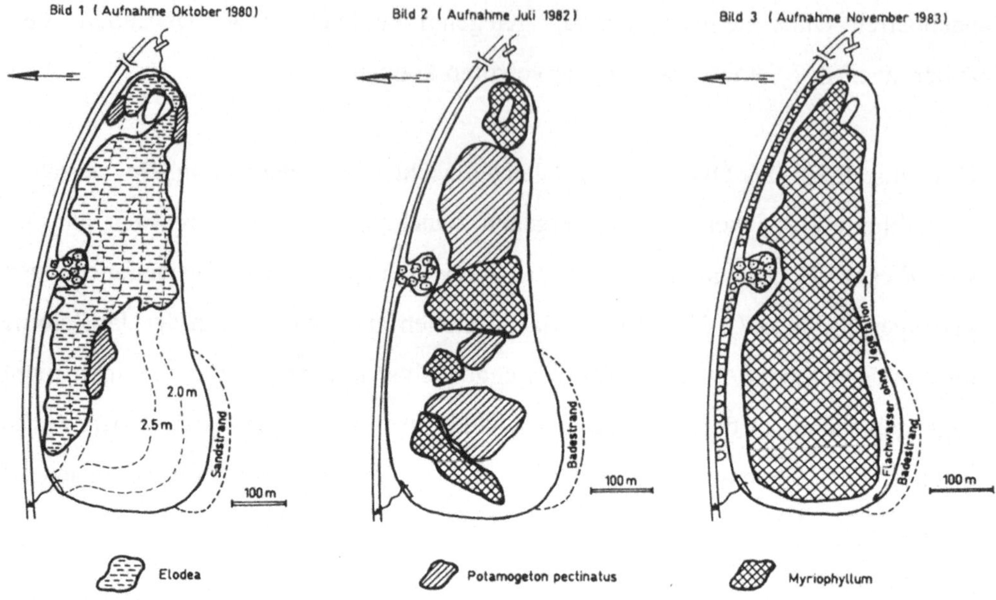

Abb. 6.7:   Einstellung eines Gleichgewichtes im neu entstandenen Gottowsee (Brandenburg) über Makrophytensukzessionen innerhalb von 4 Jahren

6.6.3 Räuber-Beute-Verhältnis

Räuber-Beute-Beziehungen existieren in sehr vielfältiger Weise in Gewässerökosystemen. Nicht selten sind sie als Zwei-Arten-Beziehungen ausgeprägt, aber meist herrschen Mehrarten-Beziehungen vor. Bei ersteren ist ein Räuber (Prädator) auf ein Beutetier spezialisiert. In relativ artenarmen limnischen Ökosystemen kommt es

manchmal zu solchen einfachen zweigliedrigen Beziehungen, z. B. zwischen Raub-
fisch (Flußbarsch, *Perca fluviatilis*) und Beutefisch (Moderlieschen, *Leucaspius delineatus*). In Mehrartensystemen stehen im Regelfall einem Räuber zahlreiche Beutetierarten zur Verfügung, z. B. nutzt ein zooplanktonfressender Fisch unterschiedliche Cladoceren, Cyclopoiden und Rotatorien.

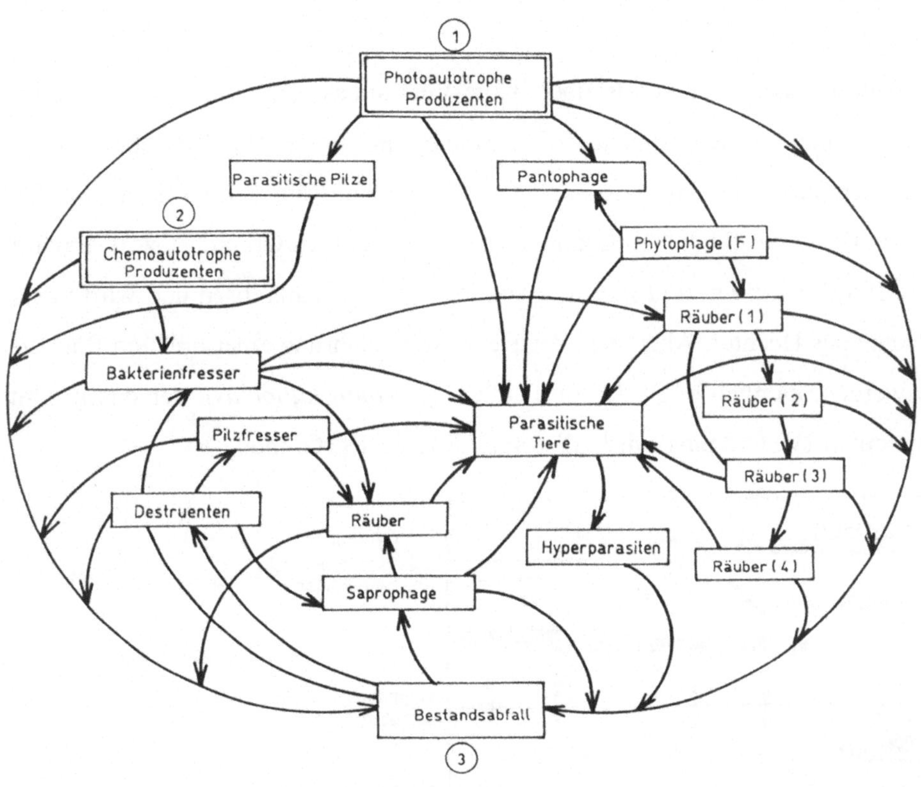

Abb. 6.8:   Beziehungsgefüge in einem limnischen Ökosystem. Nach BICK 1989

Räuber-Beute-Beziehungen sind oft durch relativ große Bestandsschwankungen gekennzeichnet. Eine Dezimierung der Beute muß zwangsläufig auch zur Reduzierung des Räubers führen, während eine Vermehrung der Beute auch das Anwachsen der Räuberpopulation zur Folge hat. WILSON u. BOSSERT (1973) stellten eine solche idealisierte Beziehung anhand des Raubfisches Hecht (*Esox lucius*) und seiner Beute dar (s. Abb. 2.5).

In der Nahrungskette nehmen Räuber-Beute-Verhältnisse unterschiedliche Positionen und Ebenen ein. Konsumenten II. Ordnung sind in der Regel Räuber I. Ordnung. Sie ernähren sich von Konsumenten I. Ordnung. Räuber I. Ordnung werden wiederum Beute der Räuber II. Ordnung (Konsumenten III. Ordnung), z. B. ernährt sich die Plötze (*Rutilus rutilus)*, ein "Friedfisch", von Kleinkrebsen und wird ihrerseits Beute des Hechtes. Aber auch der Hecht kann Nahrung einer höheren Räuberebene werden, nämlich z. B. des Fischadlers (*Pandion haliaetus*), der damit zum Konsumenten IV. Ordnung wird, aber auch Räuber III. Ordnung ist.

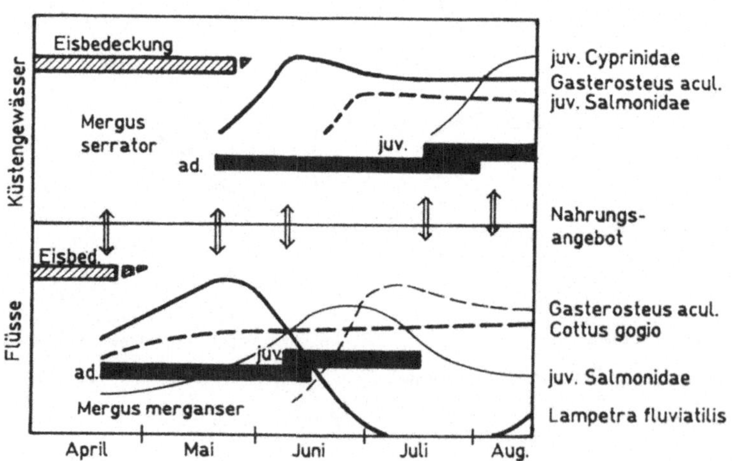

Abb. 6.9:   Räuber-Beute-Beziehungen in einem südschwedischen Küstenfluß. Der im Wechsel der Jahreszeiten vorhandene Fischbestand wird von 3 Wasservogelarten genutzt. Die Vermehrung von Kleinfischen fällt mit dem Auftreten der Jungvögel zusammen, ad = Alttiere, juv = Jungtiere (SJÖBERG 1987, verändert)

In der Praxis sind selten mehr als drei Konsumentenkompartimente vorhanden. Der o. a. Fischadler bevorzugt kleinere Fische, meist Friedfische, da diese häufiger sind als Raubfische. Damit werden Fischadler und Hecht Konkurrenten im gleichen Ökosystem. SJÖBERG (1987) stellte interessante Räuber-Beute-Beziehungen unter Beteiligung verschiedener Prädatoren in einem südschwedischen Küstenfluß fest. Unter Ausnutzung der Nischenvielfalt wurde von drei räuberischen Wasservogelarten der Beutefischbestand im Gewässer optimal zeitversetzt und im Ortswechsel "bewirtschaftet" (Abb. 6.9).

6.6.4 Fließgleichgewichte

Gemäß den im Abschnitt 6.6.1 gegebenen Erläuterungen sind Fließgleichgewichte spezielle Teilgleichgewichte des Ökologischen Gleichgewichts; je nach Differenzierung des Ökosystems existieren miteinander vernetzt zahlreiche Einzelbalancen (UHLMANN 1975). Der Begriff des Fließgleichgewichts (steady state) geht auf BERTALANFFY (1942, 1968) zurück:

Für bestimmte Prozesse und Teilbereiche in offenen Systemen stellen sich in Abhängigkeit von den zeitlichen und räumlichen Gegebenheiten Gleichgewichte ein, die die Dynamik der Prozesse und die Wechselbeziehungen zu gleichzeitig ablaufenden Stoff- und Energieumsätzen einschließen und fließende Veränderungen in bestimmten Grenzen zulassen. Fließgleichgewichte sind Teil des Ökologischen Gesamt- oder dynamischen Gleichgewichts.

Charakteristische Fließgleichgewichte in Gewässerökosystemen stellen sich zwischen dem jeweils vorhandenen Nährstoffangebot und der durch die OrganismenGemeinschaft gebildeten Biomasse ein. In Abhängigkeit vom wechselnden Nährstoffangebot in einem offenen System (externer Einfluß) entwickelt sich so auch in gewissen Grenzen eine kleinere oder größere Biomasse; es entsteht ein neues stationäres Gleichgewicht. Bei angenähert gleicher Nährstoffversorgung kommt es unter gleichbleibenden Umweltbedingungen über einen überschaubaren Zeitraum zu einer einigermaßen konstant bleibenden Biomasse. Auch das Artengefüge wird in der Regel weitgehend konstant gehalten. Trotzdem treten leichte Systemschwingungen auf, die sich aus dem Gesamtfaktorengefüge ergeben (UHLMANN 1975, Abb. 6.10).

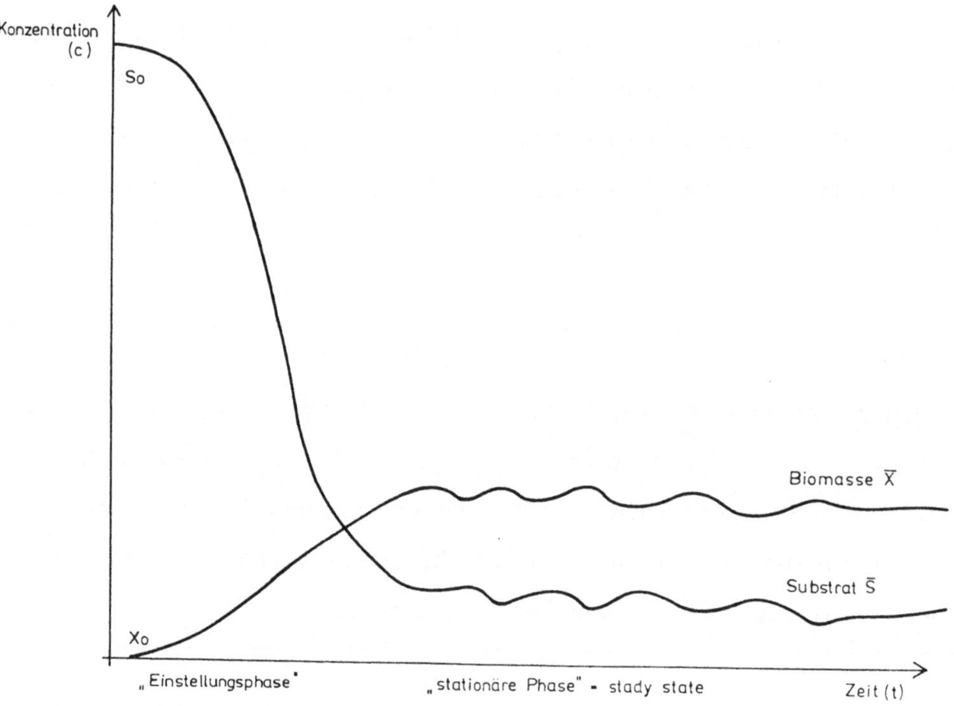

Abb. 6.10:   Einstellung eines Fließgleichgewichtes zwischen Biomasse und Substrat (x_0 = Initialbiomasse, s_0 = Anfangssubstratkonzentration)

Überdeckt werden diese einfachen Beziehungen vor allem durch Art-zu-Art-Gleichgewichte, wie sie in Abschnitt 6.6.3 beschrieben wurden. So ist es durchaus denkbar, daß bei einer insgesamt annähernd konstanten Biomasse der Anteil der Ein-
zelpopulationen schwankt. Interessante Sonderfälle für Fließgleichgewichte in unterschiedlichen Gewässerökosystemen sind die Beziehungen von Photosynthese und
Abbau organischer Substanzen, die als P/R-Verhältnisse beschrieben werden (P =
Produktion; R = Respiration). Es sind folgende Typfälle zu erwarten:

P = R: Das Verhältnis P/R = 1,0, es wird ebensoviel organische Substanz aufgebaut
wie verbraucht. Im allgemeinen gilt diese Situation für die meisten natürlichen
Gewässer geringer Belastung.

P > R: Es gilt P/R > 1,0, es wird mehr Biomasse gebildet als abgebaut. Dieses
Fließgleichgewicht ist typisch für hocheutrophe Systeme, wobei die "Überpro-
duktion" in Richtung einer Akkumulation von Biomasse ins Sediment aus dem
freien Wasser verlagert wird. Auch bei hocheutrophen Systemen mit stürmischer
Biomasseentwicklung bis zu intensiven Vegetationsfärbungen und dichten Wasserblüten ist aber kennzeichnend, daß sich Phasen des P/R > 1,0 mit solchen P/R
= 1,0 und P/R < 1,0 abwechseln, je nach Dominanz wachsender Populationen und
in Abhängigkeit von den Witterungsbedingungen (KALBE 1972; Abb. 4.5).

In Perioden des Absterbens von Biomasse kommt es stets zu P/R < 1,0 mit abfallenden Sauerstoffganglinien im Gewässer. Das kann im Extremfall zu erheblichem O_2-Schwund mit Fischsterben führen.

P < R: Das Verhältnis P/R < 1,0, d. h., der Abbau organischer Stoffe überwiegt.
Das Überwiegen sauerstoffzehrender Prozesse ist typisch für abwasserbelastete
Fließgewässer und für hocheutrophe Systeme am Ende der Produktionsperiode,
wenn die Phytoplankter absterben. Generell ist für Gewässer mit ständigem P/R-
Verhältnis < 1,0 charakteristisch, daß der entsprechende Gleichgewichtszustand nur

durch den dauernden Import von organischem, abbaufähigem Material aufrechter-
halten bleibt. Bei Wegfall des Eintrages würde sich relativ schnell durch Selbstreinigung ein Fließgleichgewicht P/R = 1,0 einstellen.

6.6.5 Biomanipulation

Unter Biomanipulation wird der gezielte Eingriff in eine bestimmte trophische
Ebene bezeichnet, um auf diese Weise nachhaltig die Nahrungskette zu beeinflussen. Im allgemeinen gilt dabei als beste Möglichkeit die top-down-Manipulation,
die Eingriffe in das Endkompartiment erfordert. Die von SHAPIRO et al. (1975)
und BENNDORF et al. (1983, 1984) entwickelten Techniken in Gewässerökosystemen zur Manipulation bestimmter Kompartimente in der Nahrungskette sind solche
top-down-Eingriffe und dienen in erster Linie einer verbesserten Nutzungsmöglich-
keit eutrophierter Gewässer. Hauptziel der Manipulation war die Reduzierung der
Phytoplanktonbiomasse durch Unterstützung der Vermehrung der Filtrierer. Gerade
die Massenentwicklung des Phytoplanktons findet ja bei hocheutrophen Seen kein
Äquivalent (Regulativ) im filtrierenden Zooplankton. Der Angriffspunkt der Biomanipulation in solchen Systemen muß dort liegen, wo der größte Effekt erzielt
werden kann, nämlich bei den Räubern II. Ordnung (Raubfische). Die Erhöhung des
Bestandes an Raubfischen führt dann zu folgenden, erwünschten Prozessen:

1.)   Erhöhung des Raubfischbestandes durch gezielten Besatz, Einschränkung
       des Fangs u. ä.

2.)   Ein höherer Raubfischbestand führt zur Reduzierung des Friedfischbesatzes,
       der sich hauptsächlich vom Zooplankton ernährt.

3.)   Verringerung der Friedfische bewirkt Vermehrung des Zooplanktons.

4.)   Durch vergrößerte Zooplanktonbiomasse (Filtrierer) wird das Phytoplankton
       reduziert.

Ein solcher Eingriff in die Nahrungskette führt stets zur Veränderung des Ökologischen Gleichgewichtes. Der Stofffluß im kurzgeschlossenen Kreislauf Primärproduzenten - Destruenten - Primärproduzenten wird zugunsten eines langgeschlossenen
Kreislaufes Primärproduzenten - Konsumenten - Räuber - Destruenten - Primärproduzenten erweitert. Selbstverständlich bedarf es bei einem solchen Eingriff einer
(wohl auf Dauer) Steuerung von außen, um ein einigermaßen stabiles Gleichgewicht
zu erhalten.

BENNDORF et al. (1983; 1984) stellen Experimente in einem kleinen, mesotrophen
Steinbruchgewässer vor, in das Regenbogenforellen (*Salmo gairdner*i) als Prädatoren eingesetzt wurden. Die Antwort des Ökosystems wird wie folgt dargestellt:

- Die Masse der zooplanktonfressenden Fische (vor allem Moderlieschen,
  Leucaspius delineatus) ging rapid zurück.

- Die Biomasse der Filtrierer (Zooplankton) stieg auf ca. 400 % (*Chaoborus
  flavicans*); ohne Manipulation konnte die Art den Fraßdruck der Fische
  nicht kompensieren.

- Die Steigerung der Freßaktivität von Chaoborus besaß dessen ungeachtet
  keinen Effekt auf die Phytoplanktonbiomasse, jedoch auf das Artengefüge
  des Phytoplanktons. Ursache dafür soll die Wachstumslimitierung der Algen
  infolge des insgesamt niedrigen Nährstoffangebotes im mesotrophen Gewässer sein.

Daraus und aus theoretischen Betrachtungen kann ein hypothetisches Schema für
die Biomanipulation über Raubfische entwickelt werden (KOSSATZ 1982; BENN-
DORF et al. 1984; Abb. 6.11).

Möglichkeiten der Biomanipulation, auch bei Ansatz in anderen Hierarchieebenen
des Ökosystems, sind denkbar, so z. B. durch direkte Zuführung von Filtrierern in
Abwasserteichsysteme oder durch Förderung des Makrozoobenthon im organisch

stark belasteten Sediment hocheutropher Gewässer. Grenzen für solche Maßnahmen ergeben sich aber zweifellos in erster Linie aus den Kosten und aus der Unwägbarkeit der ungewollten Beeinflussung der ökologischen Bedingungen des Ökosystems. So führte z. B. der Besatz mit Silber- (*Hypophthalmichthys molitrix*) und Marmorkarpfen (*Aristichthys nobilis*) zur Reduzierung der Phytoplanktonbiomasse in hocheutrophen Seen nicht zum erhofften Ziel, sondern erhöhte im Gegenteil auf Grund des beschleunigten turn over der Nährstoffe die Primärproduktion (BART-HELMES 1981).

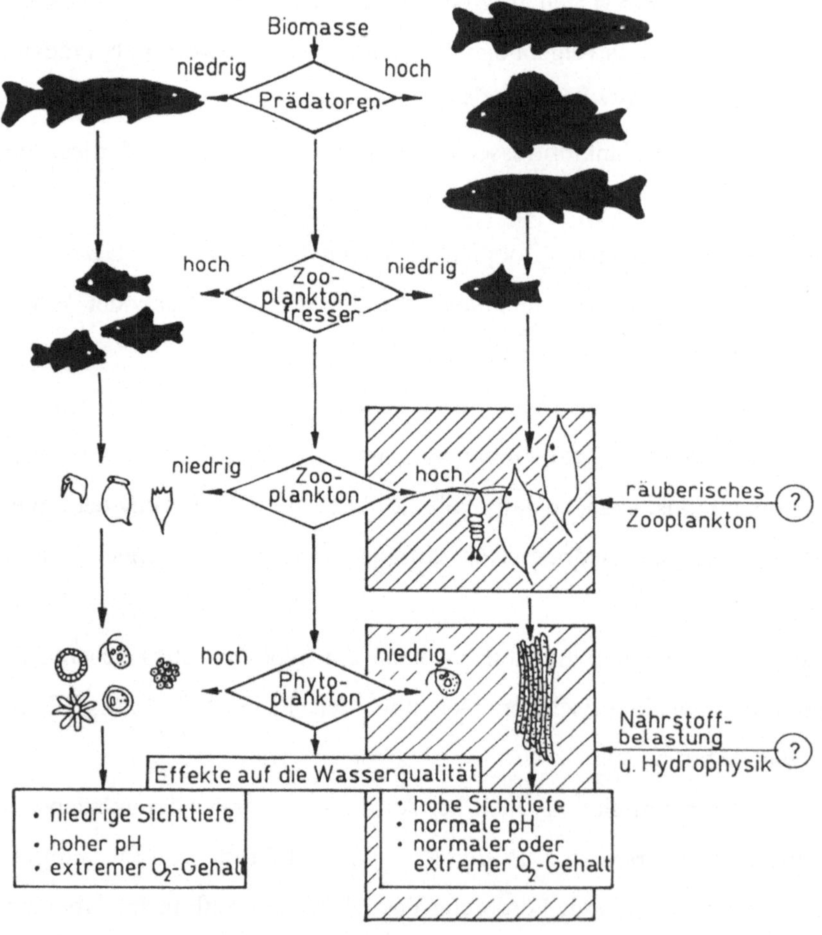

Abb. 6.11:   Biomanipulation in einem kleinen mesotrophen Gewässer (aus BENNDORF et al. 1984)

7 Regeneration limnischer Ökosysteme

Zumindest in hochentwickelten und dichtbesiedelten Industrieländern sind die Grenzen der Belastbarkeit limnischer Ökosysteme erreicht oder überschritten. Viele Binnengewässer (einschließlich des Grundwassers) sind mit persistenten (nicht oder schwer abbaubar) organischen Substanzen, toxischen Schwermetallen und sauerstoffzehrenden Verbindungen überlastet. In Deutschland können von den großen Fließgewässern mehr als 70 % nicht für anspruchsvolle Nutzungen wie Trinkwassergewinnung und Baden (primärer Körperkontakt) vorgesehen werden. Hinzu kommt die Überdüngung stehender und rückgestauter Oberflächengewässer, die die Hypertrophierung bewirkt. Vor allem in Nordeuropa und Kanada ist der Prozeß der Versauerung von kalkarmen Seen und Fließgewässern durch sauren Regen noch nicht gestoppt.

Der Prozeß der Überlastung ist aus ökologischer Sicht deshalb von so entscheidender Bedeutung, weil er auf sehr wenige Jahrzehnte zusammengedrängt ist und den Organismen, die über eine lange Zeit in der Evolution geprägt wurden und sich an bestimmte ökologische Bedingungen gewöhnen konnten, keine Chance zur Anpassung läßt. Auch die Möglichkeiten der einzelnen Populationen, die durch Belastungen geschädigt wurden, zu regenerieren, sind sehr eingeschränkt.

Die Reproduktionsraten K-selektierter Arten sind im allgemeinen so niedrig, daß oft nur über viele Jahre hinweg ein Verlust ausgeglichen werden kann. Zu ihnen zählen in limnischen Ökosystemen die meisten Prädatoren, aber auch speziell angepaßte Arten, deren Bestände in Europa bedroht sind, wie z. B. die Flußperlmuschel *(Margaritifera margaritifera)*. R-selektierte Arten, deren Strategie auf eine Massenvermehrung gerichtet ist, sind dagegen in der Lage, in ganz kurzer Zeit die Bestände zu vergrößern und zu vervielfachen.

In der Ökologie wird im Zusammenhang mit der Regenerationsfähigkeit von Ökosystemen mit zwei Zeitkonstanten gearbeitet: Verdoppelungszeit und Generationszeit. Die Verdoppelungszeit gibt den Zeitraum an, in der eine Population unter günstigen ökologischen Bedingungen eine Verdoppelung des Bestandes erreicht (Biomasse, Individuenzahl). Die Generationszeit bestimmt die durchschnittliche Lebenszeit einer Organismengeneration.

Generell gilt, daß kleine Arten bei kurzer Generationszeit auch eine kürzere Zeit zur Verdoppelung des Bestandes benötigen, dagegen große Arten längere Generations- und Verdoppelungszeiten besitzen. Die Wachstumsrate μ typischer K-Strategen liegt oft bei $\mu = 0,01$ bis $0,05$ (a^{-1}), so daß Verdoppelungszeiten von 15 und mehr Jahren zustande kommen.

Neben diesen biologisch bedingten Regenerationszeiten spielt die Erneuerung des Wasserkörpers nach Entlastung eine entscheidende Rolle. UHLMANN (1977) bringt eine Zusammenstellung der theoretischen Erneuerungsraten für unterschiedliche limnische Ökosysteme (Abb. 7.1).

Die hohe Erneuerungsrate bei schnell fließenden Gebirgsbächen führt zu einer Verdrängung vorangegangener Belastungen in kürzester Zeit durch Wasser einer anderen (neuen) Beschaffenheit. UHLMANN bezeichnet solche Systeme als "stark offen". Im Gegensatz dazu ist bei stehenden Gewässern die Erneuerungsrate von der Durchmischung abhängig und folgt einer Ausdünnungsbeziehung:

$$C_t = C_0 \cdot e^{-D\,t} \tag{7.1}$$

(C_t = Konzentration zum Zeitpunkt t; C = Ausgangskonzentration; D = Erneuerungsrate).

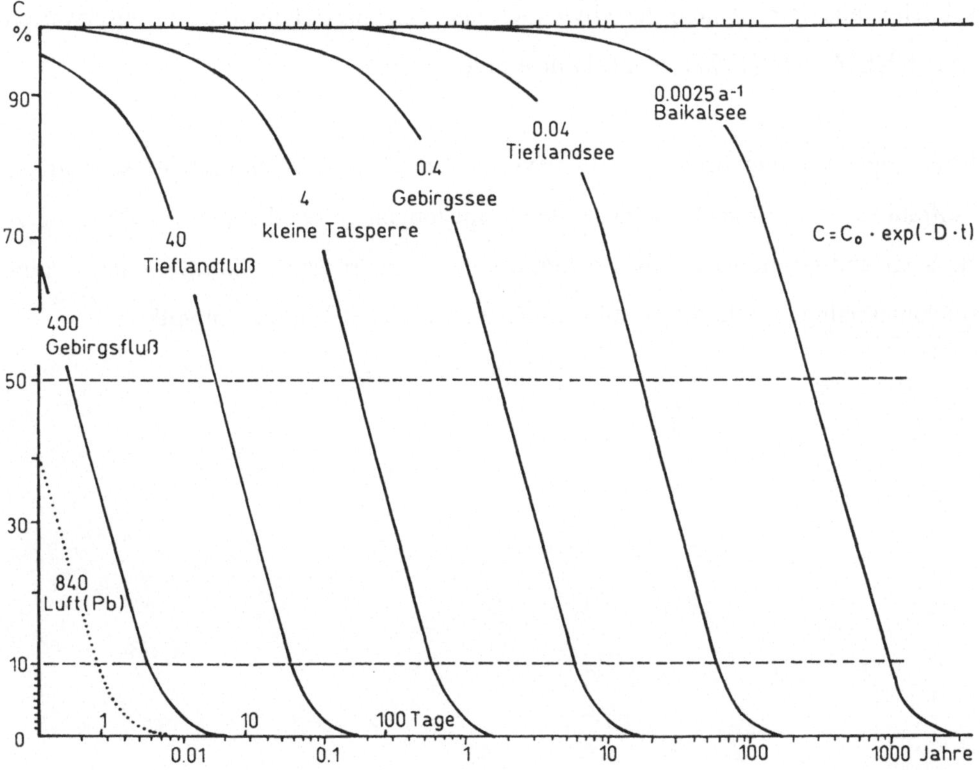

Abb. 7.1: Größenordnungen der theoretischen Erneuerungsrate D des Wasserkörpers limnischer Ökosysteme in Beziehung zur Ausgangskonzentration C eines Faktors (UHLMANN (1977)

Eine wesentliche physikalische Größe für den Regenerationsprozeß in allen Ökosystemen spielt die Halbwertszeit schädlicher Stoffe, z. B. organischer Schadstoffe. Für zahlreiche Einzelsubstanzen aber auch Gruppen von chemischen Verbindungen liegen ausreichende Kenntnisse dazu vor. Eine exakte Berechnung bzw. Prognose der Verweilzeit einer schädigenden Substanz im Ökosystem läßt sich daraus aber nicht ableiten, weil neben der die Halbwertszeit bestimmenden Vorgänge überlagernd biologische Transformationsprozesse und Eliminierungen mit Verlagerungen aus dem Ökosystem maßgeblich beteiligt sind. Deshalb sind oft Schadstoffe viel schneller aus dem System verschwunden als nach ihrer Halbwertszeit zu erwarten war. UHLMANN (1977) nennt dafür einige Beispiele.

Eine Regenerierung limnischer Ökosysteme im Selbstlauf umfaßt oft sehr große Zeiträume. Das gilt speziell für Systeme mit langen Verweilzeiten des Wassers, z. B. Seen und Grundwasser im Lockergestein. Deshalb werden kurative und Sanierungsmaßnahmen, allerdings unter Einsatz erheblicher Mittel, sinnvoll.

8 Ökologisch begründete Qualitätsziele

"Qualitätsziele" sind rechtlich verbindliche Grenz- und Richtwerte, die stets nutzungsbezogen sind. Es existieren zahlreiche Rechtsverordnungen, Richtlinien, Normen u. ä., die konkrete Festlegungen für bestimmte Nutzungsformen bzw. Schutzgüter enthalten. Für Deutschland gelten z. B. die WHO-Guidelines for Drinking Water Quality (1984), EU-Richtlinie für Trinkwasser (1989), EU-Richtlinie für Badewasser (1990), EU-Richtlinie für Fischgewässer (1994), TVO v. 01. 07. 1990, die Brandenburgische Liste für Boden und Abwasser (1990). Solche Rechtsverordnungen werden ständig ergänzt und aktualisiert.

Daneben wurden Zielvorgaben entwickelt, die fachlich begründete Bewertungsmaßstäbe darstellen, die der Emissionsverminderung durch Festlegung von Maßnahmen dienen sollen. Diese Zielvorgaben sind zwar keine rechtlich verbindlichen Normen, aber sie bilden die Orientierung für erreichbare Beschaffenheiten der Gewässer, wobei sie sich auf ökologische Gesetzmäßigkeiten und ökotoxikologische Wirkungswerte stützen sollten.

Die Grundlage für die Festlegung von Zielvorgaben und Qualitätszielen ist gleichermaßen die Risikobetrachtungsweise (HANSEN 1995). Dabei sind zwei Risikostufen (Niveaus) zu berücksichtigen (STORTELDER 1995):
- Niveau, über dem das Risiko inakzeptabel ist ("Maximum permissible concentration", MPC), es wird aus den sogenannten NOEC-Werten abgeleitet (No-observed effect-concentrations).
- Niveau, unter dem die Risiken zu vernachlässigen sind ("Negligible concentration", NC), vereinbarungsgemäß entspricht es dem 1%-MPC-Wert.

8.1 Zielvorgaben für gefährliche Stoffe

Zielvorgaben für gefährliche Stoffe wurden für verschiedene Schutzgüter entwickelt (IRMER et al. 1995). Unter gefährlichen Stoffen werden dabei solche summiert, deren akute oder chronische Toxizität, Kanzerogenität oder potentielle Kanzerogenität für bestimmte Schutzgüter nachgewiesen oder wahrscheinlich ist. Wesentlichste Schutzgüter für Oberflächengewässer sind die aquatische Lebensgemeinschaft, die Fischerei, das Baden (primärer Körperkontakt) und das Kompartiment Schwebstoffe und Sedimente.

Die aquatische Lebensgemeinschaft stellt wohl das sensibelste Schutzgut dar, weil zahlreiche Arten unterschiedlichster trophischer Ebenen betroffen sein können, die auf bestimmte Schadstoffe sehr differenziert reagieren. Vereinbarungsgemäß werden bei der Festlegung der Zielvorgaben 4 trophische Ebenen betrachtet: Bakterien, Grünalgen, Kleinkrebse, Fische. Für die Ableitung der Zielvorgaben werden allgemein anerkannte Testverfahren verwandt:

-   Primärproduzenten: Grünalgen, z. B. *Scenedesmus subspicatus*, Zellvermehrung über 72 Stunden,
-   Primärkonsumenten: Kleinkrebse, z. B. *Daphnia magna*, Reproduktion über 21 Tage,
-   Sekundärkonsumenten: Fische, z. B. *Brachydanio rerio*, Toxizität über 28 Tage, behelfsweise 14 Tage,
-   Destruenten: Bakterien, z. B. *Pseudomonas putida*, Zellvermehrung über 16 Stunden.

Für zahlreiche Stoffe liegen so ermittelte Einzelwerte vor, die allerdings nicht in allen europäischen Ländern gleichermaßen gelten, weil mit unterschiedlichen Risiko- bzw. Sicherheitsfaktoren gearbeitet wird (Tabelle 8.1).

Tabelle 8.1: Zielvorgaben für gefährliche Stoffe in Oberflächengewässern in Deutschland (Auswahl), aus IRMER et al. (1995). Schutzgut aquatische Lebensgemeinschaft

Substanz	Deutschland $\mu g/l$	Europa $\mu g/l$
Organische Verbindungen		
Dichlormethan	10	10
Trichlormethan	0,8	10
Tetrachlormethan	7	10
1,2-Dichlorethan	2	10
Trichlorethen	120	10
1,4-Dichlorbenzen	10	10
1,2,3-Trichlorbenzen	20	0,1
Hexachlorbenzen	0,01	0,01
Nitrobenzen	0,1	1
4-Chlor-2-nitrotoluen	20	1
2-Chloranilin	3	10
Schwermetalle		
Cadmium	0,07	300-500
Chrom	10	-
Kupfer	4	-
Blei	3,4	-
Quecksilber	0,04	1
Nickel	4,4	-
Zink	14	-

Für das Schutzgut Fischerei (Berufs- und Sportfischerei) werden Zielvorgaben auf der Grundlage der geltenden Höchstmengen für Nahrungsmittel aus dem aquatischen Bereich unter Berücksichtigung der Akkumulationsfähigkeit in tierischen Geweben abgeleitet.

Gefährliche Stoffe, die von Schwebstoffen und Sedimenten zu hohen Prozentsätzen gebunden werden, z. B. Schwermetalle und lipophile Stoffe (Organohalogenide), müssen strengere Bewertungen erfahren. Bisher sind kaum gesicherte Zielvorgaben abgeleitet worden. Meist werden die Sedimente in Gewässern wie Boden oder Klärschlamm bewertet; das ist ganz sicher falsch, da dafür bisher nur Grenzwerte festgelegt wurden, die eine akute Gefährdung charakterisieren, nicht aber längerfristige Leistungsveränderungen der Lebensgemeinschaften der Sedimente und deren Akkumulationsfähigkeiten.

8.2 Zielvorgaben für die Wasserbeschaffenheit

Das Hauptproblem zahlrcicher Oberflächengewässer Ost- und Norddeutschlands ist nicht die Belastung mit gefährlichen Stoffen, sondern mit die Wasserbeschaffenheit beeinträchtigenden, abbaufähigen organischen Stoffen, anorganischen und organischen Nährstoffen und Salzen. Überall dort, wo der Anteil industrieller Abläufe niedrig bleibt, sind diese Stoffgruppen für den Status des Ökosystems entscheidend.

Dieser Betrachtungsweise tragen z. B. die in Nordrhein-Westfalen erarbeiteten "Allgemeinen Güteanforderungen für Fließgewässer" (AGA 1991) und die in Brandenburg erarbeiteten Ansätze zur Erarbeitung von Zielvorgaben (LUA 1994) Rechnung. Generell gilt in fast allen Bundesländern das sogenannte Verschlechterungsverbot. Parameter für die Einhaltung dieser Verbote und etwaige Sanierungserfordernisse sind die

-        ökotoxikologischen Wirkungen gegenüber Wasserorganismen und

-        indirekte Wirkungen (Tabelle 8.2, HAMM 1991).

Die Zielvorgaben sollten sich grundsätzlich an Bedingungen orientieren, die stabile Verhältnisse für das Ökosystem erwarten lassen.

Tabelle 8.2: Zielvorgaben für allgemeine Beschaffenheitsparameter von Fließgewässern (aus HAMM 1991)

Wirkungsbereiche/Parameter	Zielvorgabe (mg/l)
Ökotoxische Wirkungen	
Ammoniak (NH_3)	0,025
Gesamtammonium (NH_4^+ + NH_3)	
- Salmonidengewässer	0,16 (N)
- Cyprinidengewässer	0,31 (N)
Nitrit (NO_2-N)	
- Salmonidengewässer	
unter 10 mg/l Cl	0,03
über 10 mg/l Cl	0,2
- Cyprinidengewässer	
unter 10 mg/l Cl	0,06
über 10 mg/l Cl	0,4
Indirekte Wirkungen	
Nitrifikationssauerstoffbedarf	
- tiefe, sehr langsam fließende,	
gestaute Flüsse	0,5 (NH_4-N)
- andere Flüsse	3,0 (NH_4-N)
Eutrophierung gestauter Flüsse	
- noch tolerabel	0,16 - 0,2 Ges.-P
- weiterreichendes Ziel	0,05 - 0,15 Ges.-P

Für rückgestaute Fließgewässer und Seen stehen dabei die trophiedeterminierenden Zielvorgaben im Vordergrund, wobei vor allem die Nährstoffversorgung zu limitieren ist, daraus abgeleitet aber allgemeine Qualitätsparameter zu erarbeiten sind, z. B. zum Sauerstoffregime, zum pH-Wert, zur organischen Belastung (CSB, TOC, Biomasse, Sichttiefe). Für die Potsdamer Havel, einem extrem hocheutrophierten, rückgestauten Fluß in Brandenburg, wurden solche Zielvorgaben entwickelt (Tabelle 8.3).

Tabelle 8.3: Zielvorgaben für Kenngrößen der Wasserbeschaffenheit in der Potsdamer Havel in Anlehnung an den Entwurf der "Allgemeinen Güteanforderungen (AGA) für Fließgewässer im Land Brandenburg", LUA 1994

Kenngrößen	Zielvorgabe (Sommermonate)
Güteklasse	II
Saprobienindex	entfällt
max. Temperatur (Wasser) $^{\circ}$C	28
max. Aufwärmung $^{\circ}$C	5
Sauerstoffgehalt mg/l	> 6
Sauerstoffsättigung %	80 - 120
Sauerstoffzehrung 48 h mg/l	< 4
pH-Wert	6,5 - 9,0
CSB mg/l	< 20
TOC mg/l	< 7
NH_4-N mg/l	< 0,3
Gesamt-N mg/l	< 4
Gesamt-P mg/l	< 0,1
Chlorophyll 663 mg/m^3	< 80
Sichttiefe m	> 1

9 Sanierung, Restaurierung und Renaturierung

Die Regenerierung geschädigter limnischer Ökosysteme ist ein zeitabhängiger Prozeß, der je nach Gewässertyp unterschiedliche Zeiträume umfaßt, bei Seen und im Grundwasser oft über Jahrzehnte gehend (vgl. Kapitel 7). Deshalb sind gezielte Maßnahmen zur Beschleunigung dieser Prozesse anzuraten. Im einzelnen bieten sich folgende Möglichkeiten (KLAPPER 1978, 1992):

- Prophylaxe (gesetzliche Regelungen),
- Diät (Begrenzung schädlicher Stoffzufuhr, z. B. Sanierung des Einzugsgebietes durch Bau von Abwasserbehandlungsanlagen),
- Therapie: Maßnahmen im Gewässer zur Steuerung des Stoffhaushaltes,
- Kurative Maßnahmen: "Heilung" des Ökosystems, Bekämpfung der Gewässerschäden.

9.1 Begrenzung schädlicher Stoffzufuhr (Diät)

Die Sanierung des Einzugsgebietes der Gewässer ist die Voraussetzung für wirkungsvolle Einzelmaßnahmen zur Verbesserung der Wasserbeschaffenheit bzw. Restaurierung. Dazu gehört die Eliminierung der diffusen und punktförmigen Belastungsquellen. Vor allem die Erfassung und Behandlung der diffusen Quellen ist meist sehr problematisch. Über sehr kleine Zuflüsse gelangt aus landwirtschaftlichen Flächen Dünger und organisches Material durch Abtrag in die Gewässer, Laubfall und Deposition kommen hinzu. Zu beeinflussen ist der Abtrag vor allem durch einen sparsamen Düngemitteleinsatz, bodenverbessernde Maßnahmen und gezielte Fruchtfolge in der Landwirtschaft, sowie durch erosionshindernde Bepflanzungen. Eine Einflußnahme auf die punktförmigen Belastungen ist zwar kostenaufwendig, aber technisch zu bewältigen. Wesentlichste Maßnahme ist die Abwasserbehandlung. Es werden folgende Verfahren angewandt:

- Abwasserbehandlung in technischen Anlagen: Üblich ist die mechanisch-biologische Behandlung des Abwassers in zwei Stufen, in deren erster die absetzbaren Stoffe abgeschieden werden, in deren zweiter ein biochemischer (mikrobieller) Abbau der organischen Stoffe erfolgt, wobei es gleichzeitig zu einer Teileliminierung der anorganischen Nährstoffe kommt. Die P-Eliminierung kann in gut arbeitenden Kläranlagen bis zu 35 % betragen, die N-Eliminierung erreicht 30 %. Die organische Belastung wird in modernen Anlagen zu über 90 % reduziert. Für die biologische Reinigung des Abwassers werden zunehmend Belebungsverfahren angewandt, während früher hauptsächlich Tropfkörper zum Einsatz kamen. Die Leistung von Belebungsanlagen wurde durch Verbesserung der Belüftung und eine kontrollierte Belebtschlammrücknahme bis auf über 2,5 kg BSB_5/m^3 h erhöht. In sogenannten Hochleistungsanlagen, bei denen eine nachgeschaltete Regeneration des Belebtschlammes erfolgt, bevor der Schlamm wieder zurück ins Belebungsbecken gegeben wird, sind Leistungen bis zu 6 kg BSB_5/m^3 h möglich. Die Wirkungsweise biologischer Anlagen ist in Abb. 9.1 dargestellt. Der Durchlauf des Abwassers und die Schlammbehandlung werden in Abb. 9.2 als Fließschema gezeigt. Grundsätzlich sind folgende Reinigungsanlagen zu unterscheiden:

Mechanische Anlagen (Rechenanlage, Sandfang, Absetzanlagen)

Biologische Anlagen (Tropfkörper, Belebungsanlagen, Oxydationsanlagen, Faulanlagen für den Klärschlamm, Teiche, Bodenbehandlungsanlagen)

Chemische Anlagen (Fällungs- und Flockungsanlagen, Neutralisationsanlagen, Entgiftungsanlagen).

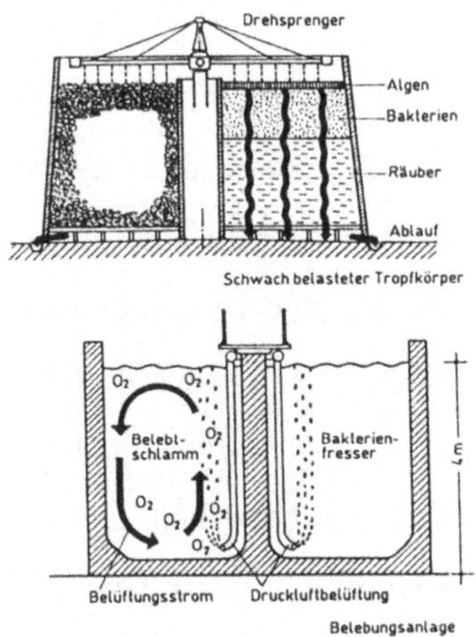

Abb.9.1:   Die Wirkungsweise von Tropfkörpern und Belebungsanlagen zur biologischen Abwasserreinigung. Dargestellt ist ein schwach belasteter Tropfkörper, in dem es zur vertikalen
Zonierung der Abbauprozesse kommt

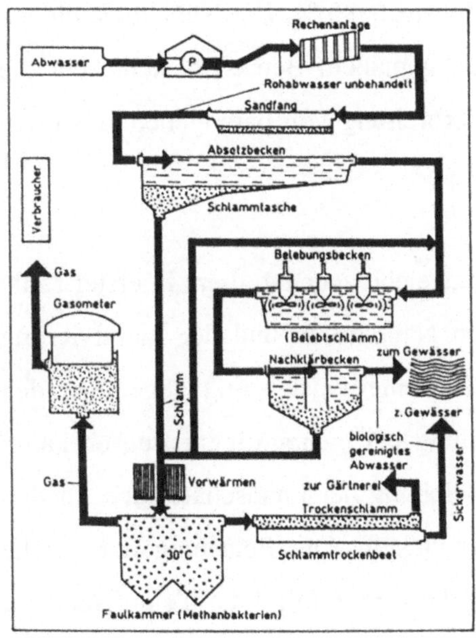

Abb. 9.2:   Fließschema des Abwassers und der Klärschlämme in einer mechanisch-biologischen
Abwasserbehandlungsanlage

-       Weitergehende Abwasserreinigung:
Mechanisch-biologische Kläranlagen vermögen zwar die organische Belastung des Abwassers entscheidend zu reduzieren, eliminieren aber nur zu niedrigem Prozentsatz die Pflanzennährstoffe (Tabelle 9.1). Um eine geringere Nährstoffbelastung der Gewässer zu erreichen, ist eine weitergehende Abwasserreinigung nötig. Im allgemeinen wird diese als 3. oder 4. Reinigungsstufe bezeichnet. Hierunter sind diejenigen Verfahren zu verstehen, die eine weitgehende Eliminierung der Pflanzennährstoffe bewirken. Das ist durch weiträumige Abwasserbodenbehandlung, Nachreinigung in Teichen, chemische Fällung, biologische Phosphorelimination und biologische Denitrifikation möglich.

Die weiträumige **Abwasserbodenbehandlung** ist ein natürliches Reinigungsverfahren, bei dem die mikrobielle Aktivität des Bodens genutzt wird. Die Eliminierung des Phosphors erreicht 90 %, die des Stickstoffs 80 %. Die Nährstoffe dienen dem Aufbau von Pflanzenmaterial. Bei unsachgemäßem Betrieb besteht aber die Gefahr der Grundwasserbelastung und der Verbreitung von pathogenen Bakterien und Viren.

Die Nachschaltung von **Teichen**, oft Schönungsteiche genannt, dient in erster Linie der weiteren Eliminierung von anorganischen Nährstoffen und der Inaktivierung von pathogenen Bakterien und Viren. Die Eliminierungsleistung gegenüber den Nährstoffen N und P steht der Bodenbehandlung bei mehrstufigem Betrieb kaum nach. Teiche haben den Vorteil, neben der Belebung der Landschaft auch für den Naturschutz interessante Lebensräume zu entwickeln. Die Belastung der Teiche muß sehr niedrig bleiben, im allgemeinen rechnet man mit 1 ha Teichfläche für 1000 m^3 Abwasser pro Tag.

Tabelle 9.1: Eliminierungsleistungen verschiedener Abwasserreinigungs-
verfahren für organische abbaubare Stoffe und anorgani-
sche Pflanzennährstoffe (Stickstoffverbindungen und
Phosphat)

Verfahren	Belastbarkeit kg BSB_5/m^3 d	Eliminierung % BSB_5	N	P
Tropfkörper				
schwach belastet	0,175	90	30	35
hoch belastet	0,875	80	30	35
Turmtropfkörper	2,0 - 5,0	65	20	20
Belebungsverfahren				
schwach belastet	1,8	95	30	35
normal belastet	2,5	90	30	35
hoch belastet	3,6	80	<30	<35
hoch belastet mit				
Schlammregenerierung	6,0	70	<30	<35
Oxydationsgraben	0,2	95	<20	<20
normal belastet mit biol.				
P- u. N-Eliminierung	2,5	95	75	90
Teichverfahren				
Abwasserteiche	3 - 11 g/m² d	>95	>35	>50
Abwasserfischteiche	<4 g/m² d	90	<20	<20
Schönungsteiche	<1 g/m² d	-	50	60
Abwasserbodenbehandlung	10 kg/ha d	-	50	>80
Nachreinigung 3.Stufe)				

Schönungs- und Abwasserfischteiche können durchaus wirtschaftliche Bedeutung
erlangen, wenn sie zur Fischproduktion (z. B. Karpfen), Fischnährtierentwicklung
(z. B. Zooplanktonfang für Fischaufzucht) oder Wasserpflanzengewinnung (z. B. in
tropischen Gebieten) genutzt werden.

Die **chemische P-Fällung** kann als Simultanfällung in der Belebungsanlage oder als Nachfällung in einem Kontaktbecken erfolgen. Beide Verfahren sind erprobt. Die Fällung erfolgt mit Eisen- oder Aluminiumsalzen. Das Verfahren ist relativ teuer, aber wirkungsvoll bis zu Eliminierungsraten von 80 %.

Die **biologische P-Elimination** ist in den letzten Jahrzehnten oft in Verbindung mit der Stickstoffeliminierung entwickelt worden. Sehr gute Erfahrungen liegen aus den Berliner Großkläranlagen vor. Das Prinzip beruht auf der abwechselnden Aussetzung der Bakterien im Belebtschlamm auf anaerobe und aerobe Bedingungen. Einige Arten binden unter anaeroben Bedingungen niedermolekulare organische Stoffe. Die dafür erforderliche Energie wird aus der Phosphorfreisetzung im Protoplasma der Bakterienzelle gewonnen; bei der folgenden Exposition ins aerobe Milieu wird eine zusätzliche Phosphorakkumulation bewirkt (Abb. 9.3). Die Phosphoreliminierung kann bei guter Steuerung der Anlagen bis über 90 % erreichen; der P-Gehalt liegt im Ablauf deutlich unter 1 mg/l (Abb. 9.4).

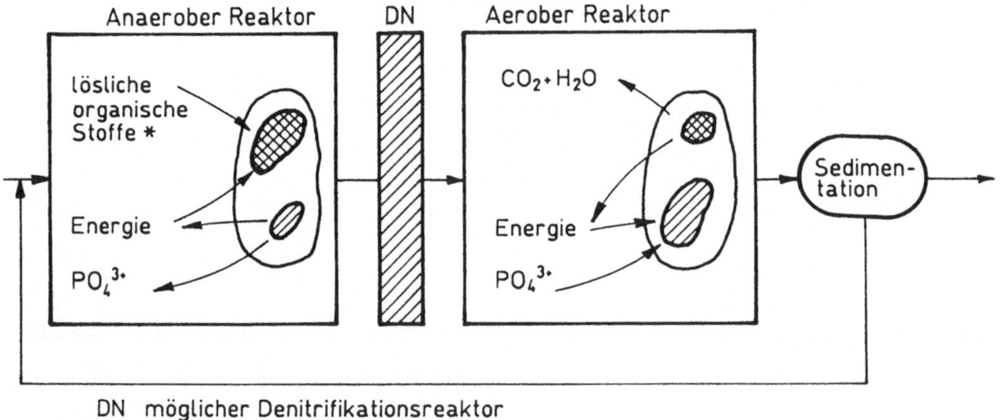

Abb. 9.3:   Biologische Freisetzung und Aufnahme von Phosphaten beim Wechsel von anaeroben und aeroben Bedingungen (KLAPPER 1992)

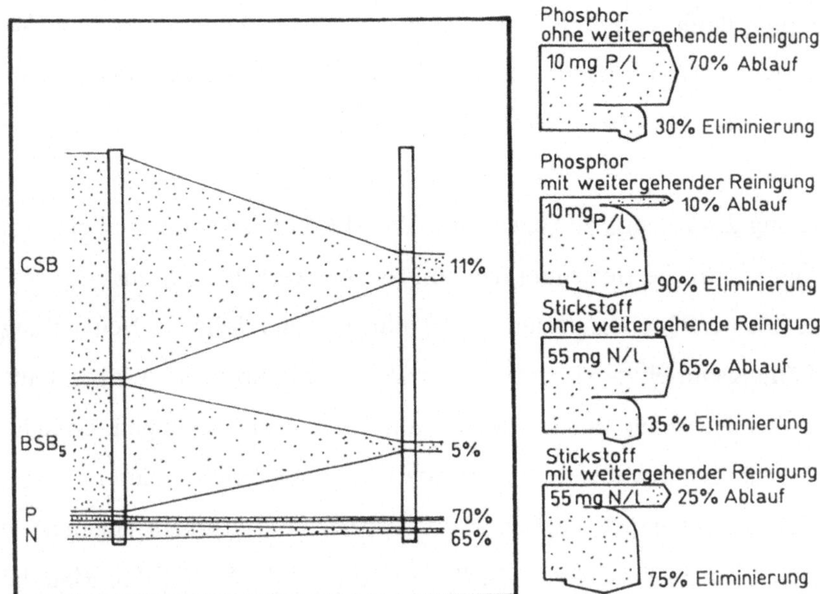

Abb. 9.4:   Leistungen Berliner Kläranlagen durch biologische P- und N-Elimination in Belebungsanlagen (Material der Berliner Wasserbetriebe, 1993)

Die **biologische Denitrifikation** in Kläranlagen beruht auf der chemischen Sum-
menformel

$$2\ NO_3^- + CH_3OH \rightarrow N_2 + CO_2 + H_2 + 2\ OH^-.$$

Der Prozeß verläuft im sauerstofffreien Milieu, wobei der Stickstoff als Elektronen-
akzeptor im Redoxsystem fungiert. Wesentlich für den Vorgang ist das Vorhandensein einer Kohlenstoffquelle, die aus dem Abwasser bzw. aus dem Rücklauf-
schlamm gewonnen wird.

-        Abwasserableitung aus dem Einzugsgebiet: Speziell für den Schutz stehender Gewässer bietet sich als sicherste Maßnahme die Abwasserableitung aus
dem Einzugsgebiet bzw. die Umleitung um das Gewässer an. KLAPPER

(1992) gibt dafür einige Beispiele aus der internationalen Literatur an. Beispielsweise wurden damit sehr gute Erfolge beim Tegernsee und Schliersee erreicht (HAMM 1967, 1971).

- Behandlung des Zulaufs zu Gewässern: Die Methode kommt vor allem dort zum Einsatz, wo die Belastung der Zuflüsse im wesentlichen aus diffusen, kaum erfaßbaren Quellen entstammt. Im allgemeinen erfolgt die Behandlung durch Fällungsmittel vor allem zur Reduzierung des Phosphateintrages. Gute Erfolge wurden auch durch Einbau von Eisenspänepackungen erreicht. Bekannt sind die hervorragenden Resultate der Phosphateliminierung durch große Fällungsanlagen an der Wahnbachtalsperre, in Berlin am Tegeler See und in der Grunewaldseenkette (BERNHARDT u. CLASEN 1985; Material der Berliner Wasserbetriebe, 1993).

9.2 Therapiemaßnahmen

Therapeutische Maßnahmen werden unerläßlich, wenn die Eliminierung der Belastungen am Entstehungsort nicht ausreicht oder nicht möglich ist, da sie aus diffusen Quellen stammt. Dabei werden seeinterne Mechanismen genutzt oder durch technische Maßnahmen befördert und beschleunigt (KLAPPER 1992). Im einzelnen können folgende Maßnahmen erfolgversprechend eingesetzt werden:

Hilfen für das Gewässer: Bei Überlastung mit sauerstoffzehrenden Stoffen und Verringerung des Sauerstoffgehaltes über die kritischen Grenzen zwischen 3 und 5 mg/l (Fischsterben auslösende Grenzen) hilft die Belüftung des Gewässers mit Kompressoren, Kreiseln, Walzen, Verdüsungen u. ä. Vor allem bei Fließgewässern wird damit die atmosphärische Wiederbelüftung unterstützt. Ähnliche Effekte besitzen auch Wehre und Solabstürze. Vor allem bei Gewässern, die nur zeitweilig Sauerstoffschwund besitzen, z. B. nach Belastung mit Regenwasser oder Regenwasserabwassergemisch bei Mischkanalisation, sind zeitlich begrenzte Belüftungen wirkungsvoll und kosteneffektiv einsetzbar. Typische Beispiele in Deutschland waren solche Hilfen in der Ruhr (Nordrhein-Westfalen) und im Teltow-Kanal unterhalb Berlins. Bei Talsperren hat sich die Belüftung nur in Einzelfällen bewährt, weil vergleichsweise ein sehr großes Wasservolumen umgewälzt und belüftet werden muß. Dagegen ist die Einbringung sauerstoffreicher chemischer Verbindungen, z. B. Nitrat, zeitlich begrenzt wirksam (KLAPPER 1992) und führt zur Düngung des Systems.

Phosphatfällung: Die Phosphatfällung im Gewässer dient der Verhinderung der Eutrophierung bzw. der Oligotrophierung nach Überlastung. Bei geschichteten Seen und Talsperren ist damit die Wasserbeschaffenheit wirkungsvoll zu verbessern. Voraussetzung für einen nachhaltigen Effekt ist die Herabsetzung der Phosphatbelastung unter einen limitierenden Grenzwert (vgl. Kapitel 4). Bei flachen Gewässern ist ein längerwirkender Erfolg nicht zu erwarten, weil windbedingte Sedimentumschichtungen eine Rückführung des Phosphats ins Wasser bewirken und die Nährstoffe wieder verfügbar machen (WINCZUK u. KALBE 1978). Auch bei Fließgewässern ist eine Phosphatfällung ungeeignet, weil das entphosphatierte Wasser rasch abfließt. Die Phosphatfällung mit geeigneten Fällungsmitteln bewirkt eine Sorption der ausgefällten Salze an Flocken und eine Sedimentation. Durch Anreicherung der Sedimentoberfläche mit P-bindenden Kationen wird die Rücklösung gehemmt. Als Fällungsmittel kommen vor allem Eisen- und Aluminiumsalze in Betracht wie $Al_2(SO_4)_3 \cdot 18\ H_2O$, Eisen-III-chlorid und Eisen-II-sulfat. KLAPPER (1985, 1992) stellt Beispiele für Sanierungsobjekte mit Phosphatfällung und den Fällmittelaufwand zusammen.

Sedimentkonditionierung: Unter dem Begriff werden Ökotechnologien zusammen-gefaßt, die auf eine Verbesserung der Sedimentbeschaffenheit zielen. Wesentlich ist die Erhöhung des Redoxpotentials an der Sedimentoberfläche und die Schaffung aerober Verhältnisse in den oberen Sedimentschichten. Das kann durch Belüftung mit Destratifikation, Tiefenwasserbelüftung und Tiefenwasserableitung erreicht werden (KLAPPER 1992). Bei Talsperren, aber auch bei Seen sind als Spezialfälle auch Wasserentnahmen aus anaeroben Bereichen möglich. Elegante Verfahren sind Tiefenwasserbelüftung und Tiefenwasserableitung in geschichteten Seen. Bei der Tiefenwasserbelüftung wird sauerstoffarmes Tiefenwasser an die Oberfläche beför-dert, hier mit Luftsauerstoff angereichert und in das Hypolimnion zurückgedrückt. Dafür wurden verschiedene Belüftungsaggregate entwickelt (Abb. 9.5).

Das Verfahren der **Tiefenwasserableitung** wurde mit großem Erfolg erstmals in Polen am Kortowosee (OLZEWSKI 1961) eingesetzt. Später wurde das Verfahren auch in Österreich und in Deutschland erprobt, z. B. im Mauensee, Pitburger See und Arendsee (KLAPPER 1992). Das Prinzip der Tiefenwasserableitung besteht darin, aus dem Hypolimnion sauerstofffreies oder -armes, belastetes Wasser ab-zuziehen, und somit eine Nährstoffausdünnung zu bewirken (Abb. 9.6). Dazu muß vom Abflußbauwerk eine Rohrleitung bis ins Hypolimnion gezogen werden; der oberflächliche Abfluß wird versperrt. In Abhängigkeit vom Zufluß erfolgt die Ableitung der äquivalenten Menge des Tiefenwassers.

Vor Planung dieses Verfahrens ist unbedingt die Fließgewässerbelastung unterhalb des Sees zu prüfen, weil die Zufuhr sauerstoffarmen, nährstoffbelasteten Tiefenwas-sers erhebliche Qualitätseinbußen bewirken kann. Elegant wäre die Nutzung des abgeleiteten Tiefenwassers zur Bewässerung landwirtschaftlicher Flächen.

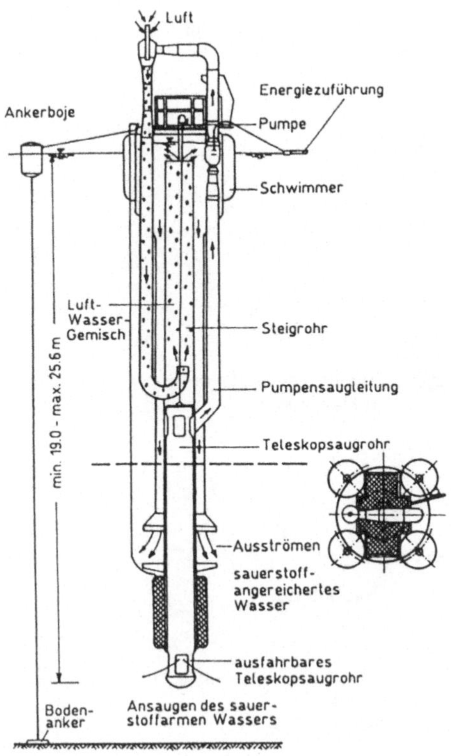

Abb. 9.5:   Schematischer Schnitt durch einen Tiefenwasserbelüfter, Typ "Sosa". Spezifischer Energie-
bedarf 1,4 kWh/kg O_2 bei 50% Sättigung des unbelüfteten Wassers. Nach KLAPPER
(1992)

Die Tiefenwasserableitung ist nur dort sinnvoll, wo unterhalb gelegene Gewässer
durch die Belastungen nicht geschädigt werden können oder wo das abgeleitete
Wasser zur landwirtschaftlichen Bewässerung genutzt werden kann. So wurden aus
dem Schermützelsee (Brandenburg) in den 80er Jahren zur landwirtschaftlichen
Nutzung bis zu 300 000 m³ jährlich aus dem Hypolimnion entnommen (mittels
Pumpen). Der Erfolg der Tiefenwasserableitung wird maßgeblich durch den Durchfluß bestimmt; vor allem im Sommer bei verringertem Zufluß wird der Tiefen-
wasseraustrag erniedrigt und damit die Sanierung verzögert.

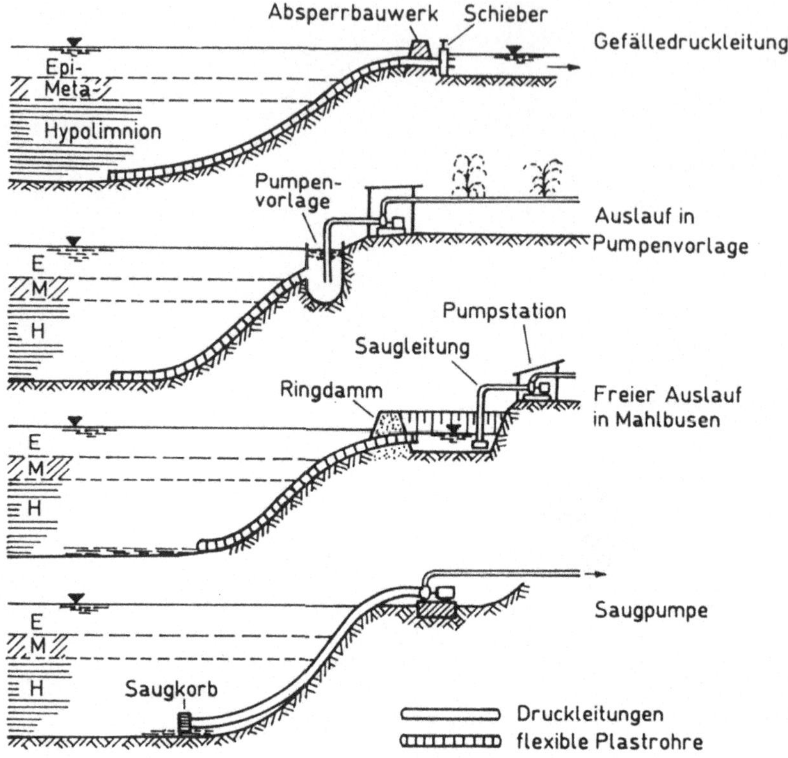

Abb. 9.6:   Tiefenwasserableitung (KLAPPER 1992)

Verdünnung: Höher belastetes Wasser kann durch Zuführung von Wasser besserer
Qualität verdünnt und so ein Sanierungseffekt erreicht werden. Speziell hinsichtlich
der die Bioproduktion limitierenden Nährstoffe läßt sich durch Verdünnung ein
Konzentrationsabfall bewirken, der eine merkliche Verringerung der Biomasse zur
Folge hat. Die Vergrößerung des Durchflusses und Verringerung der mittleren
Verweilzeit des Wassers im System bewirkt aber auch einen höheren Biomassever-
lust, wenn die Wachstumsraten diesen nicht kompensieren können. Das ist im all-
gemeinen bei mittleren Verweilzeiten (TM) < 5 d so.

Vergrößerung der Seetiefe: Die Vergrößerung der Seetiefe durch Anstau von Wasser kann vor allem bei flachen, ungeschichteten Seen eine positive Wirkung besitzen. In sehr flachen Gewässern ergeben sich häufig windbedingte Umschichtungen der oberen Sedimente, die zu einer größeren Nährstoffverfügbarkeit führen und höhere Bioproduktionen initiieren. Bei Vertiefung erreicht die Turbulenz durch den Wind die Sedimente nicht mehr. Eine Vertiefung der Gewässer so weit, daß ein geschichtetes System entsteht, kann gleichfalls die Verbesserung der Wasserbeschaffenheit begünstigen, weil absinkende Schwebstoffe mit großem Nährstoffpool zumindest in der produktiven Stagnationsperiode nicht mehr verfügbar werden. Umgekehrt ist die Aufhebung der Schichtung in den meisten Fällen mit einem erhöhten Nährstoffangebot verbunden.

Lichtabschirmung: In Fließgewässern kann die Lichtabschirmung durch hohe Vegetation am Ufer (z. B. Gebüschstreifen und Uferbäume) ein starkes Pflanzenwachstum im Wasser verhindern. Vor allem bei Position der Ufergehölze an südlichen Ufern wird die direkte Sonneneinstrahlung reduziert. Für größere Fließgewässer und stehende Gewässer ist der Effekt der Lichtabschirmung sehr gering.

9.3 Kurative Maßnahmen

Kurative oder Heilmaßnahmen zur Restaurierung von Gewässern und Beseitigung von Gewässerschäden gehören zu den aufwendigsten Verfahren. Sie dienen der Beseitigung der durch Belastungen hervorgerufenen Veränderungen der Gewässersysteme nachhaltig und sollen zu stabilen, möglichst ursprünglichen ökologischen Verhältnissen zurückführen. Fast immer sind radikale Eingriffe ins System erforderlich. Typische Kurativmaßnahmen sind die Entschlammung von flachen Seen und die Renaturierung von Fließgewässern, Söllen und kleineren Standgewässern.

Entschlammung: Die Methode der Entschlammung von stark verlandeten und verschlammten Gewässern wurde nach sehr guten Erfolgen vor allem in Schweden auch in fast allen entwickelten Ländern Europas und Amerikas eingesetzt. Am bekanntesten sind die Entschlammung des Lake Trummen und die Entschlammung und Entlandung des Lake Hornborg (Hornborgasjön) (vgl. BJÖRK 1971, 1985; Department of natural Resources Madison 1974). In Deutschland wurde das Verfahren mit wechselndem Erfolg an verschiedenen Seen erprobt (z. B. ROHDE 1983; KLAPPER 1992).

Üblicherweise erfolgt die Entschlammung mittels Saugspülbagger, bei dem neben dem Sediment ein großer Anteil Wasser mit abgesaugt wird. Das erfordert große Schlammentwässerungsbecken, in der Regel mit mehrfachem Flächenbedarf des zu entschlammenden Gewässers. Das aus diesen Schlammbecken abfließende Wasser ist hochgradig mit Nährstoffen belastet und muß einer Nährstoffällung vor Rückleitung ins Gewässer unterzogen werden.

Um den Aufwand zur Entwässerung des gepumpten Schlammes zu verringern, wurde beispielsweise in der Havel die Entschlammung mittels Greifertechnik praktiziert. Nach Abschluß der Arbeiten blieb dabei allerdings ein sehr heterogenes Relief des Gewässergrundes mit sauerstofffreien Zonen zurück. Diese müssen zur Verhinderung von Schäden ausgeglichen werden.

Vor allem bei großen Seen ist die Entschlammung zur Restaurierung wegen der erheblichen Kosten kaum realisierbar. Deshalb wird hier versucht, eine Entlastung des Gewässers durch Baggerung sogenannter Sedimentationsrinnen zu erreichen. Bei ausreichender Dimensionierung können solche Rinnen die durch den Wind aufgewirbelten Sedimente und frischen Detritus auffangen und dauerhaft ins Sediment verlagern. Reproduzierbare Ergebnisse liegen trotz verschiedener Maßnahmen vor allem in hocheutrophen Flachseen noch nicht vor.

Ein Problem stellt die Verbringung der ausgebaggerten Sedimente dar. Eine günstige Lösung könnte die Nutzung des Materials zur Bodenverbesserung sein, wenn keine Schadstoffkontaminationen vorliegen.

Renaturierung: Der Ausbau und Verbau vor allem von Fließgewässern mit Begradigungen, Beseitigung von Altwässern, Einbau von Staustufen, Beseitigung der Ufervegetation führte zu einer deutlichen Verarmung der Lebensgemeinschaften und damit verbunden der Selbstreinigungsleistungen. Ziel vieler Renaturierungsvorhaben ist es deshalb, solche Gewässer "zurückzubauen". Die Einzelmaßnahmen müssen sich dabei am Gewässertyp und vergleichbaren "natürlichen" Gewässern der jeweiligen geografischen Region orientieren, um von vornherein eine Einbindung in die typische Landschaft und die Besiedlung mit entsprechenden ortsüblichen Pflanzen- und Tierarten zu erreichen. Zu den Einzelmaßnahmen können gehören:
-       Optimale Flußbettgestaltung,
-       Ufergestaltung und Bepflanzung,
-       Gewährung einer natürlichen Verkrautung,
-       Beseitigung von künstlichen Uferelementen (Steine, Schotter, Beton, Spundwände),
-       Öffnung von Altwässern,
-       Beseitigung von Dämmen,
-       Unterstützung einer Mäandrierung.

Trotzdem ist in jedem Fall zu prüfen, ob das zu renaturierende Gewässer bereits Entwicklungen ermöglichte, die für die weitere Gestaltung der Landschaft, den Naturschutz und den Gewässerschutz von Bedeutung sind. Hier muß sehr vorsichtig eingegriffen werden oder Bestehendes gewahrt bleiben. Beispielsweise würde eine Öffnung von Altwässern mit sehr guter Wasserbeschaffenheit und Ansiedlung seltener Pflanzen und Tiere möglicherweise deren Verlust bedeuten.

Ungeachtet solcher Einschränkungen ist die Renaturierung der meisten Fließgewässer in Mitteleuropa, vor allem auch größerer Niederungsflüsse und Ströme eine erforderliche Zielrichtung, um auf Dauer einer vielgestaltigen Lebewelt den Lebensraum zu bieten und eine Vergleichmäßigung des Abflusses in den Systemen zu gewährleisten. Damit kann auch in Zukunft die Gefahr verheerender Hochwässer eingedämmt werden.

Schizophyta: Zu den Schizophyta gehören Bakterien (Bacteriophyta) und Cyanobakterien (Blaualgen, Cyanophyta). Die Zahl der Bakterien im Wasser ist immens hoch; übertroffen wird sie noch von der in Gewässersedimenten. Den größten Anteil besitzen unter ihnen die proteolytischen (eiweißzersetzenden) Bakterien, die verschiedenen taxonomischen Gruppen zuzuordnen sind. Weitere wichtige Bakteriengruppen sind Nitrifizierer, Denitrifizierer, Ammonifikanten, Stickstoffixierer, Schwefelbakterien, Eisenbakterien, Methanbakterien. Diese taxonomisch uneinheitlichen Bakteriengruppen sind in den meisten Fällen sogenannte psychrophile Bakterien, die günstige Lebensbedingungen im kalten oder mäßig kalten Wasser finden. Sogenannte mesophile (wärmere Medien liebende) und thermophile Bakterien vermögen in Gewässern der gemäßigten Breiten nur begrenzt zu leben, sie entstammen teilweise warmblütigen Tieren und werden mit dem Kot ins Wasser transportiert. Thermophile Bakterien vermögen in heißen Quellen durchaus Temperaturen über 60 °C zu ertragen. Die meisten Bakterien sind farblos. Eine Ausnahme bilden Purpur- und Chlorobakterien (Schwefelbakterien), die Bacteriochlorophyll besitzen. Purpurbakterien besitzen als Farbstoff außerdem Bacteriopurpurin, Chlorobakterien das Bacterioverdin.

Bakterien spielen im Stoffkreislauf der Gewässer eine entscheidende Rolle, sowohl beim Aufbau von Biomasse durch Assimilation als vor allem auch bei der Mineralisation organischer Stoffe. Einige Bakteriengruppen sind zur Chemosynthese befähigt (Schwefelbakterien, Eisenbakterien, nitrifizierende Bakterien) und leben autotroph. Anaerobe Bakterien vergären Buttersäure, Milchsäure, Essigsäure und Alkohol. Bakterien sind die wichtigsten Organismen in Gewässerökosystemen bei der Biologischen Selbstreinigung.

Die Cyanobakterien **(Cyanophyta)** leben mit Ausnahme des Grundwassers in allen Gewässern. Vor allem in Gewässern mit sehr hohen Nährstoffgehalten und hohem Gehalt an organischen Stoffen dominieren sie andere Algenfamilien. Hier neigen sie zu Massenentwicklungen mit Wasserblüten und Vegetationsfärbungen des Wassers (auftreibende Algensuspensionen mit intensiver, meist blaugrüner Färbung).

Cyanobakterien (Blaualgen) leben als einzellige Organismen oder bilden fädige bzw. haufenartige Zellkolonien, teilweise in gallertiger Hülle. Die Zellen enthalten Chlorophyll, Karotin und Phycocyan als wichtigste Farbstoffe, einige Arten auch das rote Phycoerythrin.

Wichtige Blaualgengattungen in Gewässern sind: *Oscillatoria* (dominant in sog. Oscillatorienseen), *Anabaena, Aphanothece, Aphanocapsa, Aphanizomenen* u. *Microcystis* (wichtigste Wasserblütenbildner), *Gomphosphaeria*. Diese Formen sind teils Besiedler schlammiger Sedimente, teils des Profundals. Einige Arten sind in der Lage, aus der Atmosphäre Stickstoff zu binden (Stickstoffixierer): *Aphanizomenon flos-aquae, Anabaena flos-aquae, Anabaena planctonica.*

Chrysophyta: Zu den Chrysophyta (Goldbraune Algen) gehören die in Gewässern vorkommenden Familien der Chrysophyceae, Xanthophyceae und Bacillariophyceae (Diatomeen). Sehr häufig mit zahlreichen Arten sind vor allem die Diatomeen (Kieselalgen), die als Charakteristikum Kieselsäureschalen besitzen. Sie bilden in schnellfließenden Bächen auf Steinen und anderen festen Unterlagen dichte Polster. Sogenannte Aufwuchs- oder Bewuchsorganismen an Steinen, Pfählen und auf anderen festen Substraten sind zu einem großen Teil Kieselalgen. Im Frühjahr und

Herbst wird das Plankton stehender Gewässer fast stets durch Kieselalgenarten dominiert. Die Diatomeen gliedern sich in Centrales, meist kreisrunde Arten, und Pennales. Wichtige Planktondiatomeen sind *Cyclotella, Stephanodiscus, Synedra, Nitzschia, Navicula, Pinnularia, Melosira, Asterionella.*

Die zarten Formen der Chrysophyceae leben vorwiegend in Kleingewässern und in Mooren, z. B.: *Chromulina* (bildet Wasserblüten), *Dinobryon, Mallomonas, Synura* (tritt zuweilen in großen Zahlen auf, z. B. in Talsperren).

Rhodophyta: Nur wenige Rotalgenarten sind in Binnengewässern vertreten. Im allgemeinen gelten sie als sogenannte Reinwasserformen schnell fließender Gewässer. Dazu zählen die Gattungen *Batrachospermum* und *Lemanea*, die auf festen Substraten siedeln und schon makroskopisch sichtbare Fäden bzw. Büschelchen bilden.

Cryptophyta: Zur Familie der Cryptophyceen gehören die im Plankton der Gewässer zuweilen recht häufigen einzelligen Flagellaten *Chroomonas, Cryptomonas* und *Chilomonas.*

Dinophyta: Zu den sogenannte Dinoflagellaten gehört eine Reihe beschalter Geißelalgen, die speziell im Plankton großer Seen recht häufig sein können. Bekannteste Gattungen sind *Peridinium, Gymnodinium* (mit zartem Gehäuse) und vor allem *Ceratium* mit langen Fortsätzen.

Euglenophyta: Die prominente Gruppe der Geißelalgen ist in zahlreichen Gewässern arten- und individuenreich vertreten. Vor allem in Kleingewässern mit relativ hoher organischer Belastung dominieren verschiedene *Euglena*-Arten, deren bekanntetste Art *Euglena viridis*, das sogenannte Augentierchen ist, das aber eine Pflanze ist. Zahlreiche farblose, heterotroph lebende Geißelträger (streng genommen zu den Tieren zu rechnen) besiedeln stark belastete Gewässer. Andere wichtige Flagellaten im Plankton stehender Gewässer sind *Phacus-* und *Trachelomonas*arten.

Chlorophyta: Die Chlorophyta stellen eine artenreiche Gruppe von Algen der Gewässer dar. Zahlreiche Arten sind im Plankton stehender Gewässer vertreten. In stärker eutrophen Gewässern kommt es teilweise zur Massenentwicklung vor allem protococcaler Grünalgen, wie *Pediastrum, Scenedesmus, Tetraspora, Actinastrum.* Sehr bekannt und manchmal nicht selten sind einige koloniebildende Arten wie *Volvox globator, Eudorina elegans, Pandorina morum, Dictyosphaerium pulchellum.* Andere Grünalgen der Familie der Chlorophyceen besiedeln in dichten Polstern oder Matten und Zotten Fließgewässer. Sehr häufig sind die Gattungen *Vaucheria, Cladophora* und *Ulothrix.*

Zur Familie der Conjugatae gehören die häufig in Moorgewässern lebenden *Euastrum-* und *Micrasterias*-Arten. Diese meist sternförmig, symmetrisch gestalteten Algen gehören zu den schönsten Pflanzen im mikroskopischen Bereich. Im Plankton der Seen leben *Staurastrum*-Arten. Die Gattung *Cosmarium* besiedelt stärker belastete Fließgewässer.Die fädigen Formen *Mougeotia, Spirogyra* und *Zygnema* besiedeln sowohl Fließ- als auch stehende Gewässer.

Charaphyta: Die sogenannten Armleuchterargen bilden vor allem in wenig belasteten Seen dichte unterseeische Wiesen. Sie besiedeln die tiefsten durchlichteten Bereiche der Seen. Als Sauerstoffproduzenten besitzen sie im Tiefenwasser oft große Bedeutung. Wichtigste Gattung ist *Chara.*

Eumycota: Einige Arten der Zygomycotina (Jochpilze) und Ascomycotina (Schlauchpilze) sind regelmäßige Bewohner meist stärker mit organischen Stoffen belasteter Gewässer. Sie spielen eine wichtige Rolle bei der Mineralisierung vor allem von Kohlehydraten und Eiweißen.

Zu nennen sind die Formen *Leptomitus lacteus* (Echter Abwasserpilz), *Saprolegnia, Fusarium aquaeductum.*

Bryophyta: Moose sind besonders in sauberen Gewässer nicht selten. Vorzugsweise leben sie in sauerstoffreichen Spritzbereichen, z. B. in Wasserfällen, an Brandungsufern. Das Quellmoos *Fontinalis* bildet auf festeren Substraten dichte Bestände und kräftige Unterwasserpflanzenrasen.

Spermatophyta: Uferpflanzen, emerse und submerse Wasserpflanzen sind für die Entwicklung des Ökosystems in den meisten Gewässern von größter Bedeutung. In ihren Beständen leben zahlreiche Tiere. Sie sind Laichgebiet und Nahrungsgebiet der meisten Fischarten. Unter den Monocotyledoneae sind folgende Gattungen besonders zu erwähnen: *Potamogeton, Najas, Sagittaria, Stratiodes, Elodea, Lemna.* Unter den Dicotyledoneae sind folgende Gattungen besonders zu erwähnen: *Polygonum, Nymphaea, Nuphar, Ceratophyllum, Trapa, Myriophyllum, Hippurus, Hottonia.*

Uferpflanzen bilden an vielen Gewässern mächtige Bestände. In gemäßigten Breiten dominieren Schilf (*Phragmites australis*) und Rohr (*Typha angustifolia* und *latifolia).* Diese Pflanzen bauen das sogenannte Gelege (fischereibiolog. Begriff) auf, in denen Fische und Wasservögel laichen bzw. brüten. Zahlreiche Dicotyledonaearten besiedeln Randbereiche und lockere Schilfzonen.

Protozoa: Gruppe der einzelligen Tiere. In Binnengewässern leben Vertreter der Klassen der Amöben (Amoebina), Thekamöben (Testacea) Geißeltierchen (Flagellatae), Sonnentierchen (Heliozoa), Wimpertierchen (Ciliatae) und Saugtierchen (Suctoria). Die meisten Protozoen spielen als Detritusfresser eine große Rolle bei der Mineralisation ungelöster organischer Stoffe, z. B. abgestorbener Biomasse, im Wasser. Häufige Gattungen sind *Amoeba, Bodo, Trepomonas, Anthophysa, Actinophrys, Paramaecium, Colpidium, Euplotes, Lionotus, Spirostomum, Urostyla, Stentor, Vorticella, Carchesium, Opercularia.* Vor allem farblose Flagellaten und Ciliaten sind typisch für stärker belastete Gewässer, in deren Schlamm-Wasser-Kontaktzonen und Pflanzenbeständen sie leben.

Porifera: Im Süßwasser leben nur wenige Arten der Schwämme, sie erreichen gegenüber Salzwasserformen nur eine geringe Größe. Meist leben sie als "Kolonien" auf fester Unterlage (Holz, Steine). Zwei Gattungen: *Spongilla, Ephydatia.* Die Schwämme bilden Larvenstadien, die planktisch leben.

Coelenterata: Im Süßwasser leben nur kleine Vertreter des Stammes der Hohltiere. Am bekanntesten sind die Süßwasserpolypen (*Cordylophora, Hydra, Chlorohydra*). Die Süßwassermeduse *Craspedacusta* ist einziger Vertreter der freischwimmenden Medusen; sie bleibt mikroskopisch klein und ist sehr selten.

Turbellaria: Die benthisch lebenden Strudelwürmer sind im Süßwasser mit zahlreichen Arten und Gattungen vertreten. Häufigste Gruppe sind die Tricladia, die hauptsächlich in Fließgewässern leben als Indikatoren für unbelastete Gewässer sind. Wichtige Gattungen sind *Dendrocoelum, Crenobia, Dugesia, Fonticola, Planaria* und *Polycelis.*

Nematomorpha: Bekanntester Saitenwurm ist der Brunnendrahtwurm *Gordius aquaticus*, der bis zu 30 cm lang werden kann und knäulartige Kugeln bildet. Er lebt in Trinkwasserbrunnen und im Grundwasser und gelangt gelegentlich ins Trinkwasser.

Rotatoria: Rädertierchen sind typische Vertreter des Zooplanktons, aber auch des Periphytons. Einige Arten leben überwiegend festsitzend. Sie spielen als Nahrung für Fische und als Bakterien- und Protozoenfiltrierer eine große Rolle im Stoffkreislauf der Gewässer. Bekannteste Gattungen sind *Rotaria*, *Philodina*, *Brachionus*, *Keratella*, *Kellicottia*, *Notholca*, *Polyarthra*, *Synchaeta*, *Asplanchna*, *Filinia*.

Nematoda: Zahlreiche Arten leben in Pflanzenbeständen und im Sediment. Einige Vertreter besiedeln das Kapillarwasser im Boden. Bei ungenügender Aufbereitung und unhygienischen Verhältnissen in Trinkwasserversorgungsanlagen werden Nematoden zum Problem, Sie besitzen jedoch keine gesundheitliche Relevanz.

Mollusca: Zwei Klassen sind im Süßwasser vertreten: Gastropoda (Schnecken) und Lamellibranchia (Muscheln). Wichtige Formen der Schnecken im Süßwasser sind *Theodoxus*, *Viviparus*, *Valvata*, *Bythinella*, *Radix*, *Lymnaea*, *Planorbis*, *Ancylus*. Wichtige Formen der Muscheln sind *Margaritifera*, *Unio*, *Anodonta*, *Sphaerium*, *Pisidium*, *Dreissena*. *Dreissena polymorpha* besitzt eine planktisch lebende Larve, die in Wasserversorgungsleitungen eindringt, sich dort festsetzt und nach Wachstum zur fertigen Muschel zu Verstopfungen führt.

Oligochaeta: Sogenannte Wenigborster (Würmer) leben vor allem im organischen Sediment stehender und fließender Gewässer. Sie sind maßgeblich an Stoffumsetzungen und Austauschprozessen im Schlamm-Wasser-Kontaktbereich beteiligt.

Bekannte Gattungen sind *Aelosoma, Chaetogaster, Nais, Tubifex, Lumbriculus.* Der Brunnengräber *Haplotaxis gordioides* lebt in Brunnen und durchfeuchtetem Erdreich. Ähnlich wie der Brunnendrahtwurm kann er bis zu 30 cm lang werden und bei der Trinkwasserversorgung aus Einzelbrunnen Besorgnis erregen, obwohl auch dieser Wurm keine gesundheitlichen Probleme hervorruft.

Hirudinea: Aus der Familie der Blutegel sind zahlreiche Bewohner der Gewässer bekannt geworden. Typische blutsaugende Formen sind *Hirudo medicinalis* (Mensch und Warmblüter), *Haementeria* (Geflügel), *Piscicola* (Fische). Andere Arten leben von Kleintieren: *Glossiphonia, Helobdella, Theromyzon, Hemiclepsis, Haemopis, Herpobdella, Dina, Trocheta.*

Tardigrada: In Moosen leben die Bärtierchen semiaquatisch, einige Formen auch im Grundwasser. Über die Gruppe ist relativ wenig bekannt. Bekanntere Gattungen sind *Macrobiotus* und *Hypsibius.*

Hydracarina: Eine der formenreichsten Tiergruppe im Süßwasser bilden die Wassermilben. Sie besiedeln alle Arten von Gewässern, auch das Grundwasser. Bekanntere Gattungen sind *Hydrachina, Limnochares, Eylais, Hydrodroma, Teutonia, Torrenticola, Hygrobates.*

Entomostraca u. Malacostraca: Zu den Krebsen gehören die Cladocera, Ostracoda, Copepoda, Decapoda, Isopoda, Amphipoda. Zu ihnen gehören die sogenannten Wasserflöhe, die maßgebliche Vertreter des Zooplanktons sind: *Daphnia, Moina, Bosmina, Chydorus, Polyphemus, Bythotrephes, Leptodora, Candona, Cyclocypris, Cypria, Cypris, Diaptomus, Acanthodiaptomus, Eucyclops, Cyclops, Thermocyclops.* Die Großkrebse *Astacus* und *Orconectes* leben überwiegend in Gewässern mit klarem Wasser zwischen Pflanzen und unter Steinen und Wurzeln. Wasserasseln und Flohkrebse leben vor allem in Fließgewässern, bedeutendere Gattungen sind *Asellus, Corophium, Chaetogamnmarus, Gammarus, Niphargus, Rivulogammarus.*

Insecta: Die Insekten sind durch zahlreiche Arten und Familien mit ihren Larvenstadien an der Fauna der Gewässer beteiligt, nur wenige Gruppen besiedeln auch mit ihren Imagines das Wasser, z. B. die Wasserwanzen (*Corixa, Sigara, Micronecta, Gerris, Naucoris, Nepa, Notonecta, Velia*) und Wasserkäfer (*Gyrinus, Dytiscus, Hydroporus, Hydraena, Donacia*). Bekannteste Wasserbewohner sind aber die Larven der Ephemeroptera (Eintagsfliegen), Plecoptera (Steinfliegen) und Odonata (Libellen), die meist Bioindikatoren für sauberes Wasser sind und sowohl Fließgewässer und stehende Gewässer besiedeln. Unter den Libellen leben viele Arten in Moorgewässern. Nicht minder bekannt sind die Larven der Trichoptera (Köcherfliegen), Culicidae (Stechmücken), Simuliidae (Kriebelmücken) und Chironomidae (Zuckmücken). Einige Chironomidenlarven sind sehr gute Trophieanzeiger (*Tanytarsus, Chironomus*).

Bryozoa: Moostierchen sind in sauerstoffreichem Wasser nicht selten, sie bilden dichte Kolonienpolster. Gattungen: *Paludicella, Plumatella.* In Wasserversorgungsanlagen können sie bei Massenentwicklung zum Problem werden.

Pisces: Im Süßwasser leben folgende Familien: Petromyzondae mit den typischen Vertretern des Fluß- und Bachneunauges (*Lampetra*), Acipenseridae (Störe), Salmonidae (Forellenfische: *Salmo, Thymallus, Osmerus, Coregonus*), Cyprinidae (Karpfenartige: *Rutilus, Leuciscus, Tinca, Gobio, Scardinius, Alburnus, Abramis, Cyprinus*), Siluridae (Welse: *Silurus*), Anguillidae (Aale), Esoxidae (Hechte: *Esox*), Percidae (Barsche: *Perca, Acerina, Lucioperca*), Gobiidae (Schmerlen: *Gobius*),

Cottidae (Groppen: *Cottus*), Gasterosteidae (Stichlinge: *Gasterosteus)*, Gadidae (Quappen: *Lota*).

Amphibia, Reptilia: In Gewässern leben verschiedene Arten der Molche, Frösche, Kröten, Unken und Schildkröten.

Aves: Typische Wasservögel sind vor allem Seetaucher (*Gavia*), Lappentaucher (*Podiceps*), Kormorane (*Phalacrocorax)*, Enten (*Anas, Aythya*), Säger (*Mergus*), Gänse (*Anser)*, Schwäne (*Cygnus),* Rallen (*Rallus, Fulica, Porzana, Gallinula*). Meist gehören die Wasservögel sowohl der Fauna terrestrischer wie limnischer Ökosysteme an. Manche Arten besitzen einen großen Einfluß auf die Lebensgemeinschaft, vor allem als Fischfresser. Fast alle Wasservögel brüten in der Gelegezone. Einige Arten brüten abseits der Gewässer in Baumhöhlen oder auf Wiesen.

Mammalia: Einige wenige Vertreter sind typische Gewässerbewohner. Die engsten Anpassungen besitzen Wasserspitzmaus (*Neomys*), Fischotter (*Lutra*), Biber (*Castor)*, Bisamratte (*Ondatra*).

Literatur

AGA (1991): Allgemeine Güteanforderungen für Fließgewässer. Minist. URL Nordrhein-Westfalen. Min.-Bl. 42, 863-874.

AMBÜHL, H. (1959): Die Bedeutung der Strömung als ökologischer Faktor. Schweiz. Z. Hydrol. 21, 133-264.

AMBÜHL, H. (1962): Die Besonderheiten der Wasserströmung in physikalischer, chemischer und biologischer Hinsicht. Schweiz. Z. Hydrol. 24, 367-382.

ANL (1984): Akademie für Naturschutz und Landschaftspflege (ANL) und Dachverband wissenschaftlicher Gesellschaften der Agrar-, Forst-, Ernährungs-, Veteriär- und Umweltforschung e. V. (Ed.): Begriffe aus Ökologie, Umweltschutz und Landnutzung - Informationen der ANL (Laufen), Heft 4.

Ausgewählte Methoden der Wasseruntersuchungen (1978, 1982), Bd. II. Fischer Jena.

BALLSCHMITTER, K., W. HALTRICH, W. KÜHN u. W. NIEMITZ (1987): Halogenorganische Verbindungen in Wässern. HDV-Studie im Auftrag UBA, unveröff. Forsch.-Ber. Berlin.

BALZER, W., B. PACKEBUSCH, P. PLUSCHKE u. P. ROSENBAUER (1991): PCB-Eintrag durch Öl aus Abwasserbehandlungsanlagen ins Nürnberger Abwasser. Vortrag Jahrestag. FG Wasserchemie, Bad Kissingen.

BARTHELMES, D. (1981): Hydrobiologische Grundlagen der Binnenfischerei. Fischer Jena.

BAUCH, G. (1958): Die einheimischen Süßwasserfische. Neumann-Verlag Radebeul u. Berlin.

BÄUERLE, E. (1992): Horizontalstrukturen interner Eigenschwingungen im Bodensee. Vortrag der 9. Jahrestag. DGL Konstanz (unveröff.).

BÄUERLE, E. (1994): Folgerungen aus windbedingten Vertikalversetzungen von Wasserinhaltsstoffen. Vortrag der 10. Jahrestag. DGL Hamburg (unveröff.).

BEER, W.-D. (1954): Über den Einfluß des Phenolgehaltes des Pleißewassers auf die Mikrolebewelt. Wasserwirtsch.-Wassertechn. 4, 125-131.

BEHRENDT, H., u. D. OPITZ (1994): Ableitung einer Klassifikation für die Gewässergüte von planktondominierten Fließgewässern und Flußseen im Berliner Raum. Unveröff. Studie, Senat f. Stadtentw. u. Umweltsch. Berlin.

BERG, R., u. S. BLANK (1989): Fische in Baden-Württemberg. Informat. Min. f. ländl. Raum, Ernährung, Landwirtschaft u. Forsten. Stuttgart.

BENNDORF, J., u. H. BAUMERT (1981): Modellvorstellungen zum Einfluß der Durchmischung des Wasserkörpers auf die phytoplanktische Primärproduktion. In: UNGER, K., u. G. STÖCKER: Biophysikalische Ökologie und Ökosystemforschung. Akademie-Verlag Berlin.

BENNDORF, J., F. RECKNAGEL, H. KNESCHKE u. P. LOTH (1981): Ökologische Modelle als Instrument einer effektiven Wassergütebewirtschaftung stehender Gewässer. Wasserwirtsch.-Wassertechn. 31, 193-197.

BENNDORF, J., H. KNESCHKE, K. KOSSATZ u. E. PENZ (1983): Manipulation der pelagischen Nahrungskette durch Raubfischbesatz in einem Steinbruchgewässer. Veröff. Museum Westlausitz (Kamenz) 7, 41-70.

BENNDORF, J., H. KNESCHKE, K. KOSSATZ u. E.PENZ (1984): Manipulation of the Pelagic Food Web by Stocking with Predacious Fishes. Int. Revue ges. Hydrobiol. 69, 407-428.

BERNHARDT, H., u. J. CLASEN (1985): Recent developments and perspectives of restoration for artificial basins used for water supply. Intern. Congr. on lakes pollution and recovery, Rome. Proceedings 213-227.

BERTALANFFY, L. v. (1942): Theoretische Biologie. 2. Aufl. Berlin.

BERTALANFFY, L. V. (1968): Das Modell des offenen Systems. N. Acta Acad. Leopold. 33, 73-87.

BEZZEL, E., u. J. REICHHOLF (1974): Die Diversität als Kriterium zur Bewertung der Reichhaltigkeit von Wasservogel-Lebensräumen. Journ. Orn. 115, 50-61.

BICK, H. (1989): Ökologie. Fischer Stuttgart - New York.

BJÖRK, S. (1971): Restoration of the lakes. Lund Univ. Public. (Sweden).

BJÖRK, S. (1985): Lake restoration techniques. Intern. Congr. on lakes pollution and recovery, Rome. Proc. 202-212.

Brandenburgische Liste v. 27.7.1990 für Boden und Abwasser. Teil I. Eingreifwerte zur Sanierung kontaminierter Standorte, Teil II. Einbau- und Einleitwerte für gereinigte Böden und Wässer. Potsdam.

BRAUKMANN, U. (1987): Zoozönologische und saprobiologische Beiträge zu einer allgemeinen regionalen Bachtypologie. Arch. Hydrobiol., Beih. 26, 1-355.

BRAUN, P. (1970): Beitrag zur Silikatbestimmung in Oberflächengewässern. Fortschr. Wasserchem. u. Grenzgeb. 12, 9-19.

BREITIG, G. (1961): Vorschlag einer Einheitsmethodik zur biologischen Untersuchung von Fließgewässern. Mitt. Inst. Wasserwirtsch. Berlin 12, 99-118.

BREITIG, G. (1982): Saprobiensystem. In: Ausgew. Methoden der Wasseruntersuchung. 2. Aufl.,
    Bd. II. Fischer Jena.

BRITZ, A. (1980): Die Lebewelt der Fließgewässer. In: KLAPPER (Ed.): Flüsse und Seen der Erde.
    Urania-Verlag Leipzig - Jena - Berlin.

BROSCHINSKY, L. (1981): Der Einfluß endogener und exogener Faktoren auf die Toxizität der Algen-
    art Microcystis aeruginosa. Unveröff. Dissert. Humboldt-Univ. Berlin.

CASPERS, H. I., u. L. KARBE (1966): Trophie und Saprobität als stoffwechseldynamischer Komplex.
    Gesichtspunkte für die Definition der Saprobitätsstufen. Arch. Hydrobiol. 61, 453-470.

CASPERS, H. I., u. L. KARBE (1967): Vorschläge für eine saprobiologische Typisierung der Gewässer.
    Int. Revue ges. Hydrobiol. 52, 145-162.

DVWK-Merkblätter (1988): Sanierung und Restaurierung von Seen. Hamburg u. Berlin.

ELLENBERG, H. (1973): Vegetation Mitteleuropas mit den Alpen in ökologischer Sicht. Fischer Stutt-
    gart.

ELSTER, H. J. (1958): Das limnologische Seentypensystem. Rückblick und Ausblick. Verh. Internat.
    Verein. Limnol. 13, 101-120.

ELSTER, H. J. (1962): Seetypen, Fließgewässertypen und Saprobiensystem. Internat. Revue ges. Hydro-
    biol. 47, 211-218.

ELSTER, H. J. (1974): History of limnology. Mitt. Internat. Verein. Limnol. 20, 7-30.

ELTON, C. (1927): Animal ecology. London.

    Eutrosym '76 (1976): Materialien des Internat. Symposiums zu Fragen der Eutrophierung. Karl-
    Marx-Stadt.

FAIR, G. M., u. J. C. GEYER (1961): Wasserversorgung und Abwasserbehandlung. Urban u. Schwar-
    zenberg München.

FEILER, M., u. B. KÖHLER (1977): Massensterben von Wasservögeln durch Botulismus auf der Pots-
    damer Havel im Sommer 1975. Falke 24, 226-239.

FELLENBERG, G. (1990): Chemie der Umweltbelastung. 2. Aufl. 1992. Teubner-Verlag Stuttgart.

FIEDLER, H. J. (1982): Bodenkunde. Fischer Jena.

FIEDLER, H. J., u.W. HOFMANN (1978): Bodensystematik - Bodennutzung und Bodenschutz. Stud.-
    Mat. Weiterbild. TU Dresden.

FINDENEGG, I. (1943): Untersuchungen über die Ökologie und die Produktionsverhältnisse des Plank-
    tons im Kärtner Seengebiet. Intern. Revue ges. Hydrobiol. 43, 366-429.

FJERDINGSTAD, E. (1964): Pollution of streams estimated by benthal phytomicro-organisms. I. A saprobic system based on communities of organsims and ecological factors. Intern. Revue ges. Hydrobiol. 49, 63-131.

FJERDINGSTAD, E. (1965): Taxonomy and saprobic valency of benthic phytomicroorganisms. Intern. Revue ges. Hydrobiol. 50, 475-604.

FREYE, A. (1985): Humanökologie. Fischer Jena.

FRIEDRICH, G. (1990): Eine Revision des Saprobiensystems. Z. Wasser- u. Abwassertechnik. 23, 141-152.

GESSNER, F. (1955): Hydrobotanik. Bd. I. Energiehaushalt. Akademie-Verlag Berlin.

GESSNER, F. (1959): Hydrobotanik. Bd. II. Akademie-Verlag Berlin.

GLAESON, H. (1925): Species and area. Ecology 6, 66-74.

GOOCH, J. A., u. M. K. HAMDY (1982): Depuration and biological half-life of 14C-PCB in aquatic organisms. Bull. Environ. Contam. Toxicol. 28, 305-312.

GORHAM, P. R. (1960): Toxic Waterblooms of blue-green algae. Can. Vet. Journ. 1, 235-244.

GORHAM, P. R. (1964): Toxic Algae. In: D. F. JACKSON (Ed.), Algae and Man. New York Plenum Press, 307-336.

GRIMM, V., E. SCHMIDT u. C. WISSEL (1992): On the application of stability concepts in ecology. Ecol. Modelling 63, 143-161.

GUSFRU, E., et al. (1966): Measurements of Eutrophication and Trends. Journ. Water Pollut. Control Federat. 38, 1237-1258.

HARNISH, O. (1929): Die Biologie der Moore. Binnengewässer VII. Fischer Stuttgart.

HAECKEL, E. (1866): Generelle Morphologie der Organismen. Jena.

HAECKEL, E. (1870): Lehre vom Naturhaushalt. Jena.

HAMM, A. (1968): Bisherige Untersuchungen an oberbayrischen Seen im Hinblick auf die Auswirkungen von Seensanierungsmaßnahmen. Z. Wasser- Abwasserforsch. 1, 135-141.

HAMM, A. (1971): Limnologische Untersuchungen am Tegernsee und Schliersee nach der Abwasserfernhaltung (Stand 1970). Z. Wasser-Abwasserforsch. 4, 81-89.

HAMM, A. (Ed.) (1991): Studie über Wirkungen und Qualitätsziele von Nährstoffen in Fließgewässern. Academia Verlag Sankt Augustin.

HANSEN, P.-D. (1995): Normung von Testverfahren zur Gentoxizität im DIN UA 12 - Suborganismische Testverfahren. Vortrag Utech Berlin, Sympiosum: Möglichkeiten und Grenzen in der Emissionsüberwachung von Einleitern und Immissionsüberwachung am Gewässer. Ber. 99-109.

HAVEL, J. E. (1985): Cyclomorphosis of Daphnia pulex spined morphs. Limnol. Oceanogr. 30, 853-861.

HAVEL, J. E., u. S. I. DODSON (1984): Chaoborus predation on typical and spined morphs of Daphnia pulex: Behavioral observations. Limnol. Oceanogr. 29, 487-494.

HENTSCHEL, E. (1923): Grundzüge der Hydrobiologie. Fischer Jena.

HERTER, K. (1968): Der Medizinische Blutegel und seine Verwandten. Neue Brehm-Bücherei 381. Ziemsenverlag Wittenberg Lutherstadt.

HÖHNE, L., u. H. RIESENBERG (1994): Studie zur Belastung des Ruppiner Sees (Brandenburg). Unveröff. Mat. des LUA Potsdam.

HÖLL, K. (1986): Wasser: Untersuchung, Beurteilung, Aufbereitung. 7. Aufl. Berlin.

HOLLAN, E. (1994): Können seebeckenweite Standwirbelströmungen im Bodensee durch den kinetischen Energiefluß des Alpenrheins angetrieben werden? Vortrag 10. Jahrestagung DGL Hamburg (unveröff.)

HOLLING, C. S. (1973): Resilience and Stability of Ecological Systems. Ann. Rev. Ecol. Syst. 4, 1-23.

HÜBEL, H. (1966): Die 14C-Methode zur Bestimmung der Primärproduktion des Phytoplanktons. Limnologica (Berlin) 4, 267-280.

HÜBEL, H. (1970): Primärproduktion des Phytoplanktons. Hell-Dunkel-Flaschen-Methode. In: Ausgewählte Methode der Wasseruntersuchung. Bd. II. Fischer Jena.

HUSTEDT, A. (1957): Die Diatomeenflora des Flußsystems der Weser im Gebiet der Hansestadt Bremen. Abh. naturwiss. Ver. Bremen 34, 181-440.

HUTCHINSON, G. E. (1957): A treatise on limnology. Vol 1. New York.

HUTCHINSON, G. E. (1959): Homage to Santa Rosalia, or why are there so many kind of animals? Am. Natur 93, 145-159.

HUTCHINSON, G. E. (1967): A treatise on limnology. Vol. 2: Introduction to lake biology and the limnoplankton. New York.

HUTCHINSON, G. E. (1969): The Ecological Theatre and the Evolutionary Play. Yale Univ. Press. New Haven.

HUTCHINSON, G. E., u. H. LÖFFLER (1956): The thermal classification of lakes. Proc. Nat. Acad. Sci. Wash 42, 84-86.

ILLIES, J. (1952): Die Mölle. Faunistisch-ökologische Untersuchungen an einem Forellenbach im Lipper Bergland. Arch. Hydrobiol. 46, 424-612.

ILLIES, J. (1958): Die Barbenregion mitteleuropäischer Fließgewässer. Verh. Internat. Ver. Limnol. 13, 834-844.

ILLIES, J. (1961): Versuch einer allgemeinen biozönotischen Gliederung der Fließgewässer. Internat. Revue ges. Hydrobiol. 46, 205-213.

IMHOFF, K. (1952, 1972): Taschenbuch der Stadtentwässerung. Oldenburg München.

IRMER, U., Ch. MARKARD, K. BLONDZIK u. B. RECHENBERG (1995): Zielvorgaben für gefährliche Stoffe in Oberflächengewässern. Vortrag Utech Berlin. Symposium: Möglichkeiten und Grenzen in der Emissionsüberwachung von Einleitern und Immissionsüberwachung der Gewässer. 193-203.

KALBE, L. (1958/59): Zur Verbreitung und Ökologie der Wirbeltiere an stillgelegten Braunkohlengruben im Süden Leipzigs. Wiss. Z. Univ. Leipzig, math.naturwiss. Reihe 8, 431-462.

KALBE, L. (1965): Gewässertypen und die Möglichkeit ihrer Besiedlung mit Entenvögeln. Falke 12, 10-16, 42-44

KALBE, L. (1966): Zur Ökologie und Saprobiewertung der Hirudineen im Havelgebiet. Internat. Revue ges. Hydrobiol. 51, 243-277.

KALBE, L. (1967): Zur Bedeutung des BSBw für die Beurteilung und Auslegung von biologischen Abwasserreinigungsanlagen. Fortschr. Wasserchem. u. Grenzgeb. 5, 115-131.

KALBE, L. (1970): Zur limnologischen Beurteilung von eutrophen Flachseen nach ihrer Biomasse. Limnologica (Berlin) 8, 311-320.

KALBE, L. (1972): Sauerstoff und Primärproduktion in hypertrophen Flachseen des Havelgebietes. Internat. Revue ges. Hydrobiol. 57, 825-862.

KALBE, L. (1975): Einfluß der Intensiventenmast auf Primärproduktion, Sauerstoffhaushalt und Nutzungsmöglichkeiten von Flachseen. Limnologica (Berlin) 10, 551-556.

KALBE, L. (1978): Ökologie der Wasservögel. Einführung in die Limnoornithologie. Ziemsen-Verlag Wittenberg Lutherstadt.

KALBE, L. (1982): Ecological Aspects of the Occurence of Geese on Lakes of the GDR with Respect to some hygienic Problems. Aquila 89, 41-47.

KALBE, L. (1985): Der Artenfehlbetrag in der Ornithökologie. Acta ornithoecol. 1, 47-56.

KALBE, L. (1985): Leben im Wassertropfen. Urania-Verlag Leipzig.

KALBE, L. (1986): Zur Wirkung eingetragener Phytoplanktonbiomasse auf die Wasserbeschaffenheit eines schnell fließenden Flachlandgewässers. Acta hydrochim. hydrobiol. 14, 37-46.

KALBE, L. (1986): Hygienische Beurteilung hocheutropher Badegewässer. Z. ges. Hygiene 32, 164-170.

KALBE, L. (1986): Regenerationsmöglichkeiten und Überlebenschancen stark reduzierter Vogelpopulationen, dargestellt am Beispiel der Großtrappe (Otis tarda). Beitr. Vogelk. 32, 154-160.

KALBE, L. (1990): Der Gänsesäger. Ziemsen-Verlag Wittenberg Lutherstadt.

KALBE, L. (1995): Stabilität von Gewässerökosystemen. Vortrag Utech Berlin. Symposium: Möglichkeiten und Grenzen in der Emissionsüberwachung von Einleitern und Immissionsüberwachung am Gewässer.

KALBE, L., u. D. THIESS (1964): Entenmassensterben durch Nodularia-Wasserblüte am Kleinen Jasmunder Bodden auf Rügen. Arch. Exp. Veterinärmed. 18, 535-555.

KLAPPER, H. (1968): Die wachstumsbegrenzenden Nährstoffe in Seen auf dem Gebiet der Deutschen Demokratischen Republik. Fortschr. Wasserchem. 8, 66-81.

KLAPPER, H. (Ed.)(1980): Flüsse und Seen der Erde. Urania-Verlag Leipzig.

KLAPPER, H. (1978): Möglichkeiten und Effektivität der Sanierung von Talsperren und Seen. Diss. TU Dresden.

KLAPPER, H. (1992): Eutrophierung und Gewässerschutz. Fischer Jena - Stuttgart.

KLEE, O. (1985): Angewandte Hydrobiologie. Trinkwasser, Abwässer, Gewässerschutz. Stuttgart.

KLIFFMÜLLER, R. (1960): Die in den Bodensee-Obersee eingebrachten Schmutz- und Düngestoffe und ihr Verbleib. Internat. Revue ges. Hydrobiol. 45, 359-380.

KNÖPP, H. (1960): Untersuchungen über das Sauerstoffproduktionspotential von Flußplankton. Schweiz. Z. Hydrol. 22, 152-166.

KLOSE, H. (1980): Das Grundwasser als Lebensraum. In: KLAPPER: Flüsse und Seen der Erde. Urania-Verlag Leipzig.

KLOSE, H. (1994): Ansätze zur Erarbeitung von Zielvorgaben für Kenngrößen der Wasserbeschaffenheit der Potsdamer Havel. Kurzbericht LUA Potsdam (unveröff.).

KLOSE, H., u. M. GIERK (1995): Globales Niederschlags-Abfluß-Gütemodell. Stellungnahme zum Simulationsmodell MMS/PRMS, LUA Potsdam (unveröff.).

KLUT-OLSCEWSKI (1965): Untersuchung des Wassers an Ort und Stelle. Berlin.

KOHL, W. (1982): Die Rolle von Mikroorganismen beim Abbau von Abwasserinhaltsstoffen. Schweiz. Z. Hydrol. 44, 204-215.

KOHL, J. G., M. HENNING, L. BROSCHINSKY u. H. HERTEL (1982, 1984): Ökologische und physiologische Grundlagen für das Auftreten toxischer Blaualgen-Wasserblüten. Forsch.-Ber. Humboldt-Univ. Berlin (unveröff.)

KÖHLER, B., M. FEILER, F. FRIEDRICHS u. E. BÖTTCHER (1977): Ausbruch von Botulismus bei Wasservögeln. Monatsh. Veterinärmed. 32, 178-182.

KOLKWITZ, R., u. M. MARSSON (1908): Ökologie der pflanzlichen Saprobien. Ber. Dt. Botan. Ges. 261, 505 - 519.

KOLKWITZ, R., u. M. MARSSON (1909): Ökologie der tierischen Saprobien. Internat. Revue ges. Hydrobiol. 2, 126-152.

KOSSATZ, K. (1982): Struktur und Dynamik wichtiger Zooplankton-Populationen in der Talsperre Bautzen und im Restgewässer Gräfenhain. Dipl.-Arbeit TU Dresden (unveröff.).

KOSCHEL, R. (1974): Einfluß der physikalischen und chemischen Umweltfaktoren auf die Primär-produktion des Phytoplanktons im Stechlinsee. Unveröff. Diss. TU Dresden.

KOTHE´, P. (1962): Der "Artenfehlbetrag" ein neues Gütekriterium und seine Anwendung bei biologi-schen Vorfluteruntersuchungen. DGM 6, 60-65.

KÜSTER, F. (1978): Korrelationsmodell eines natürlichen Fließgewässers aus der Sicht des Naturschut-zes. Verh. Ges. Ökol. (Kiel), 233-242.

KUMMERT, R., u. W. STUMM (1988): Gewässer als Ökosysteme. Teubner-Verlag Stuttgart.

LAMPERT, W., u. H. G. WOLF (1986): Cyclomorphosis in Daphnia cucullata: morphometric and popu-lation genetic analyses. Journ. Plankton Research 8, 289-303.

LAMPERT, W., W. FLECKNER, H. RAI u. B. E. TAYLOR (1986): Phytoplankton control by grazing zooplankton: A study on the spring clearwater phase. Limnol. Ozeanogr. 31, 478-490.

LAWA (1976, 1990, 1992): Material Gewässerbewertung fließende u. stehende Gewässer. Klassifizierung und Bewertung.

LIEBMANN, H. (1951, 1958): Handbuch der Frischwasser- und Abwasserbiologie I u. II. München.

LIEBIG, (1840, 1862): Die Grundsätze der Agrikulturchemie. 1. u. 3. Aufl., Braunschweig.

LINK, G., D. JAHN, R. OSTROWER u. H. REUNECKER (1989): Wasseruntersuchungen. Mat. f. d. naturwiss. Unterricht. Päd. Zentrum Berlin.

LUND, J. W. G. (1965, 1970): The Ecology of the Freshwater Phytoplankton. Biol. Revue 40, 231-293.

MARCINEK, J. (1975): Das Wasser des Festlandes. Haack Gotha - Leipzig.

MARGALEF, R. (1958): Temporal succession and spatial heterogenity in phytoplankton. In: BUZATTI-TRAVERSO, A. A., Perspectives in marine Biology. Los Angeles (Univ. Californ. Press).

MAY, R. M. (Ed.) (1980): Theoretische Ökologie. Verlag Chemie Weinheim.

MITSCHERLICH (1926, 1928): Bodenkunde. 1. u. 2. Aufl. Berlin

MÖBIUS, K. (1877): Die Auster und Austernwirtschaft. Berlin.

MÖLLER, F. (1964): Oscillatorienseen als Badegewässer. Z. ges. Hygiene u. Grenzgeb. 10, 850-861.

MÜLLER, H. (1959): Die Fischereiliche Nutzbarmachung der Restgewässer des Braunkohlenbergbaues. Sitzungsber. Deutsch. Akad. Landwirtschaftswiss. Berlin VII.

MÜLLER, H. (1966): Klassifizierung von Seen nach fischereiwirtschaftlichen Merkmalen. Verh. Internat. Ver. Limnol. 16, 267-279

MÜLLER, H. J. (1976): Wesen und Probleme der Agroökosysteme. Zur Charakterisierung von Agrobiozönosen. Biol. Rsch. 14, 285-296.

MÜLLER, H. J. (Ed.) (1984): Ökologie. Fischer Stuttgart - New York - Jena.

ODUM, H. T. (1956): Primary production in flowing waters. Limnol. Oceanogr. 1, 102-117.

ODUM, E. P. (1983): Grundlagen der Ökologie. Bd 1: Grundlagen, Bd. 2: Standorte u. Anwendung. 2. Aufl. Fischer Stuttgart - New York.

OLAH, J. (1975): Metalimnion functions in Shallow Lakes. Symp. Biol. Hungaria 15, 149-155.

OLCZEWSKI, P. (1961): Versuch einer Ableitung des hypolimnischen Wassers an einem See. Verh. Internat. Ver. Limnol. 18, 1792-1797.

ORIANS, G. H. (1975): Diversity, stability and maturity in natural ecosystems. In: DOBBEN, W. H. van (Ed.): Unifying concepts in ecology. The Hague.

OSGOOD, R. A. (1988): A hypothesis on the role of Aphanizomenon in translocating phosphorus. Hydrobiologia (Dordrecht) 169, 69-76.

OWENS, M. (1965): Some factors involved in the use of dissolved-oxygen distribution in streams to determine productivity. Mem. ist. Ital. Idrobiol. Suppl. 18, 209-224.

PANTLE, R., u. H. BUCK (1955): Die biologische Überwachung der Gewässer und die Darstellung der Ergebnisse. Gas u. Wasserfach 96, 604-620.

PEUS, F. (1954): Auflösung der Begriffe "Biotop" und "Biozönose". Dtsch. Entomol. Z. NF 1, 273-308.

PIETSCH, W. (1965): Die Erstbesiedlungs-Vegetation eines Tagebau-Sees. Synökologische Untersuchungen im Lausitzer Braunkohlen-Revier. Limnologica (Berlin) 3, 177-222.

PIETSCH, W. (1973): Vegetationsentwicklung und Gewässergenese in den Tagebauseen des Lausitzer Braunkohlen-Revieres. Arch. Naturschutz u. Landschaftsforsch. 13, 187-217.

PIETSCH, W. (1979): Klassifizierung und Nutzungsmöglichkeiten der Tagebaugewässer des Lausitzer Braunkohlen-Revieres. Arch. Naturschutz u. Landschaftsforsch. 19, 187-215.

PLEISS, H. (1977): Der Kreislauf des Wassers in der Natur. Fischer Jena.

RASMUSSEN, J. B., D. J. ROWAN, D. R. S. LEAN u. J. H. CAREY (1990): Food chain structure in Ontario lakes determines PCB levels in Lake Trout (Salvelinus namaycush) and other pelagic fish. Can. Journ. Fish. Aquat. Sci. 47, 2030-2038.

REMMERT, H. (1973): Über die Bedeutung warmblütiger Pflanzenfresser für den Energiefluß in terrestrischen Ökosystemen. Journ. Orn. 114, 227-249.

REMMERT, H. (1992): Ökologie. 5. Aufl. Berlin - Heidelberg - New York.

RIPPEN, G. (Ed.) (1990): Handbuch der Umweltchemikalien. 3. Aufl. Landsberg.

RODHE, W. (1961): Die Dynamik des limnischen Stoff- und Energiehaushaltes. Verh. Internat. Verein. Limnol. 14, 300-315.

ROHDE, E. (1983): Veränderungen der Beschaffenheitsparameter von Wasser und Sediment eines hypertrophen Flachsees unter Einfluß einer Entschlammungsmaßnahme. Diss. TU Dresden (unveröff.).

ROHDE, E. (1995): Situation der Wasserbeschaffenheit der Oberflächengewässer Brandenburgs. Vortrag UTECH Berlin. Symposium: Möglichkeiten und Grenzen in der Emissionsüberwachung von Einleitern und Immissionsüberwachung am Gewässer, 231-246.

RÖNICKE, H. (1986): Beitrag zur Fixation des molekularen Stickstoffs durch planktische Cyanophyceen in einem dimiktischen, schwach durchflossenen Standgewässer. Diss. Humboldt-Univ. Berlin, (unveröff.).

RUDOLPH, G. (1970): Sauerstoffproduktionspotential. In: Ausgewählte Methoden der Wasseruntersuchung. Bd. II. Jena.

RUTTNER, F. (1940): Grundriß der Limnologie (Hydrobiologie des Süßwassers). Berlin.

RUTTNER, F. (1962): Grundriß der Limnologie. 3. Aufl. Berlin.

SCHAEFER, M., u. W. TISCHLER (1983): Ökologie. 2. Aufl. Stuttgart.

SCHERER, E. (1965): Zur Methodik der experimentellen Fließwasser-Ökologie. Arch. Hydrobiol. 61, 242-248.

SCHMASSMANN, H. (1955): Die Stoffkreislauftypen der Fließgewässer. Arch. Hydrobiol. Suppl. 22, 504-509.

SCHÖNBORN, W. (1992): Fließgewässerbiologie. Fischer Jena.

SCHÖNBORN, W. (1994): Ökosystemare Abwehrreaktionen der Rhitrale bei zusätzlicher Nährstoffbelastung. Vortrag 10. Tagung DGL, Hamburg.

SCHROEDER, S. (1994): Horizontale Heterogenität im Bodensee. Vortrag Jahrestag. DGL. Hamburg (unveröff.).

SCHUBERT, R. (Ed.) (1986): Lehrbuch der Ökologie. 2. Aufl. Fischer Jena.

SCHWERDTFEGER, F. (1968): Ökologie der Tiere. Bd. II: Demökologie. Hamburg - Berlin.

SCHWERDTFEGER, F. (1975): Ökologie der Tiere. Bd. III: Synökologie. Hamburg - Berlin.

SCHWOERBEL, J. (1966): Methoden der Hydrobiologie - Süßwasserbiologie. Stuttgart.

SCHWOERBEL, J. (1971): Einführung in die Limnologie. Fischer Jena.

SERNOV, S. A. (1958): Allgemeine Hydrobiologie. Deutscher Verlag d. Wissensch. Berlin.

SHANNON, C. E. (1948): The mathematical theory of communication. Bell System Techn. Journ. 27, 379-423.

SHANNON, C. E., u. W. WEAVER (1949): The mathematical theory of communication. Urbana.

SHAPIRO, J., V. LAMARRA u. M. LYNCH (1975): Biomanipulation. Limnol. Res. Centre, Univ. Minnesota, 1-32

SHELFORT, V. E. (1913): Animal communities in temperate America. Univ. Chicago Press.

SIMPSON, G., u. A. ROE (1949): Quantitative Zoology. 2. Aufl. New York.

SJÖBERG, K. (1987): Temporal relationships between fisheating birds and their prey in a North Swe dish river. Univ. Umea.

SLADECEK, V. (1964): Zur Ermittlung des Indikationsgewichtes in der Gewässeruntersuchung. Arch. Hydrobiol. 60, 241-243.

SONNENBURG, F. (1995): Auswertung des Untersuchungsprogramms 1993 zur Oder und ihrer deutschen Zuflüsse unter besonderer Berücksichtigung der Schwermetalle und organischer Spurenstoffe in der Wasserphase. Ber. aus d. Arbeit 1994, LUA Brandenburg, Potsdam.

SRAMEK-HUSEK, R. (1956): Zur biologischen Charakteristik der höheren Saprobitätsstufen. Arch. Hydrobiol. 51, 376-390.

STEINMANN, P. (1915): Praktikum der Süßwasserbiologie. I. Die Organismen des fließenden Wassers. Berlin.

STREETER, H. W., u. E. B. PHELPS (1925): Study of the pollution and natural purification of Ohio River. III. Bull. U.S. Public. Health Service No. 146, 1-75.

STORTELDER, P. (1995): Qualitätsziele zum Schutz von Oberflächengewässern und Sedimenten - Das niederländische Konzept. Vortrag UTECH Berlin. Symp.: Möglichkeiten und Grenzen in der Emissionsüberwachung von Einleitern und Immissionsüberwachung am Gewässer. 205-216.

STUGREN, B. (1972): Grundlagen der allgemeinen Ökologie. Fischer Jena.

STUGREN, B. (1978): Grundlagen der allgemeinen Ökologie. 3. Aufl., Fischer Stuttgart - New York.

SZIJJ, J. (1965): Ökologische Untersuchungen an Entenvögeln (Anatidae) des Ermatinger Beckens (Bodensee). Vogelwarte 23, 24-71.

THIENEMANN, A. (1924): Die Gewässer Mitteleuropas. In: Handbuch der Binnenfischerei Mitteleuropas. Bd. I, Fischer Stuttgart.

THIENEMANN, A. (1925): Die Binnengewässer Mitteleuropas. Eine limnologische Einführung. In: Die Binnengewässer, Bd. I, Stuttgart.

THIENEMANN, A. (1926): Limnologie. Breslau.

THIENEMANN, A. (1928): Der Sauerstoff im eutrophen und oligotrophen See. In: Die Binnengewässer IV. Stuttgart.

THIENEMANN, A. (1939): Grundzüge der allgemeinen Ökologie. Arch. Hydrobiol. 35, 267-285.

THOMAS, E. A. (1955): Sedimentation in oligotrophen und eutrophen Seen als Ausdruck der Produktivität. Verh. Internat. Ver. Limnol. 12, 383-393.

TISCHLER, W. (1955): Synökologie der Landtiere. Fischer Stuttgart.

TISCHLER, W. (1975): Ökologie. Wörterbücher der Biologie. Fischer Jena.

TrinkwV v. 5.12.1990. BGBl I, 2612-2629.

UHLMANN, D. (1966): Produktion und Atmung im hypertrophen Teich. Verh. Internat. Ver. Limnol. 16, 934-941.

UHLMANN, D. (1975): Hydrobiologie. 1. Aufl. Fischer Jena.

UHLMANN, D. (1977): Möglichkeiten und Grenzen einer Regenerierung geschädigter Ökosysteme. Sitz.-Ber. Sächs. Akad. Wiss. Leipzig 112, Heft 5.

UHLMANN, D. (1984): Die anthropogene Eutrophierung der Gewässer - ein umkehrbarer Prozeß? Sitz.-Ber. Sächs. Akad. Wiss. Leipzig 119.

UHLMANN, D. (1985): Anforderungen an die Gütebewirtschaftung von Oberflächengewässern in tropischen und subtropischen Klimaten. Acta hydrochim. hydrobiol. 13, 507-525.

UHLMANN, D. (1988): Hydrobiologie. 3. Aufl. Fischer Jena.

UTSCHINK, H. (1981): Wasservögel als Indikatoren für die ökologische Stabilität südbayerischer Stauseen. Verh. Ornith. Ges. Bayern 23, 273-345.

VOLLENWEIDER, R. (1965): Calculation Models of Photosynthesis-Depth Curves and some Implications regarding Day Rate Estimates in Primary Production Measurements. Mem. Ist. Ital. Idrobiol. 18, 425-457.

VOLLENWEIDER, R. (1968): The scientific basis of lake andstream eutrophication, with particular reference to phosphorus and nitrogen as eutrophication factors. Technical Report to O.E.C.D, Paris, DAS/CSI/68, 27, 1-182.

VOLLENWEIDER, R. (1969): Möglichkeiten und Grenzen elementarer Modelle der Stoffbilanz von Seen. Arch. Hydrobiol. 66, 1-36.

VOLLENWEIDER, R. (1975): Schweiz. Z. Hydrol. 37, 53-84.

VOLLENWEIDER, R. (1976): Advances in defining critical loads for phosphorus in lake eutrophication. Mem. Ist. Ital. Idrobiol. 33, 53-83.

VOLLENWEIDER, R., u. P. J. DILLON (1974): The application of the phosphorus loading concept to eutrophication research. National Research Council Can. Rep. BO 13690, 1-42.

VOLLENWEIDER, R. A., u. J. KEREKES (1982): OECD cooperative programme for monitoring of inland waters (eutrophication control). Synthesis Report, Paris.

WALTER, R. (1981): Bericht über den Fortbildungskurs der Bundesanstalt f. Wassergüte des Bundesministeriums f. Land- und Forstwirtschaft der Rep. Österreich v. 4. - 8.5.1981. Mitt. Ges. Allg. u. Kommunale Hygiene der DDR, Heft 3-4, 53-59.

WALTER, R., u. S. RÜDIGER (1974): Z. ges Hygiene u. Grenzgeb. 20, 691-699.

WARD, J. V. (1985): Thermal characteritics of running waters. Hydrobiologica 125, 31-46.

WENDLAND, F., H. ALBERT, M. BACH u. R. SCHMIDT (Ed.) (1993): Atlas zum Nitratstrom in der Bundesrepublik Deutschland. Berlin - Heidelberg - New York.

WESENBERG-LUND, C. (1939): Biologie der Süßwassertiere. Wirbellose Tiere. Springer Wien.

WESENBERG-LUND, C. (1943): Biologie der Süßwasserinsekten. Berlin - Wien.

WETZEL, A. (1969): Technische Hydrobiologie. Akad. Verlagsgesellschaft Geest &. Portig Leipzig.

WILHELMI, J. (1915, 1927): Kompendium der biologischen Beurteilung des Wassers. Jena.

WILKE, H. (1974): Die Bedeutung der Messung des Sauerstoffproduktionspotentials für die Einschätzung einer Mehrfachnutzung von Oberflächengewässern. Ing.-Arbeit Wasserwirtschaftsdirektion Potsdam (unveröff.).

WINCZUK, E., u. L. KALBE (1978): Zur Nährstoffällung mit Eisen(III)-chlorid in Flachseen. Acta hydrochim. hydrobiol. 6, 283-286.

WILSON, E. O., u. W. H. BOSSERT (1973): Einführung in die Populationsbiologie. Springer-Verlag Heidelberg.

WÜEST, A. (1992): Interaktion zwischen physikalischen und biologischen Prozessen in Seen: Die Biologie als Quelle dominanter Kräfte.Vortrag Jahrestagung DGL, Konstanz (unveröff.).

WUNDSCH, H. H. (1940): Beiträge zur Fischereibiologie märkischer Seen. IV. Die Entwicklung eines besonderen Seentypus (H2S-Oscillatorien-See) im Flußgebiet der Spree und Havel und seine Bedeutung für die fischereibiologischen Bedingungen in dieser Region. Z. Fisch. u. Hilfswiss. 38, 443.

ZELINKA, M., u. P. MARVAN (1961): Zur Präzisierung der biologischen Klassifikation der Reinheit fließender Gewässer. Arch. Hydro biol. 57, 384-407.

ZIEMANN, K. (1971): Die Wirkung des Salzgehaltes auf die Diatomeenflora als Grundlage für eine biologische Analyse und Klassifikation der Binnengewässer. Limnologica (Berlin) 8, 505-525.

ZIEMANN, K. (1986): Zur Einschätzung des Phosphoreintrages in Gewässer durch Wasservögel, dargestellt am Beispiel der Talsperre Kelbra. Acta ornithoecol. 1, 145-154.

Register